国家社科基金
GUOJIA SHEKE JIJIN HOUQI ZIZHU XIANGMU
后期资助项目

发展性协调障碍青少年
视空间注意缺陷：
来自ERP的证据

王恩国　著

科学出版社
北　京

内 容 简 介

动作是人类最重要的基本能力之一，也是进行社会实践活动不可缺少的重要工具，青少年的动作发展与认知发展密切相关。个体早期的认知发展是通过动作发展不断建构起来的，随着感知运动及动作图式的形成，青少年的认知能力得到快速提升。发展性协调障碍是一种特殊的动作学习困难，其主要特征为动作协调能力明显落后于同龄青少年。这种动作发展障碍会影响其认知发展，认知发展的迟缓反过来又会制约动作的协调发展。本书采用事件相关电位（ERP）技术，系统探讨发展性协调障碍青少年的视空间注意信息加工的神经机制特点，探明导致动作发展迟缓的神经机制缺陷，揭示青少年的动作发展与认知发展的关系这一心理学前沿问题，为发展性协调障碍的早期识别、干预与矫正提供科学的理论指导。

本书可供心理学研究生、中小学教师、学生家长及心理学爱好者参考。

图书在版编目（CIP）数据

发展性协调障碍青少年视空间注意缺陷：来自 ERP 的证据 / 王恩国著. -- 北京：科学出版社，2024. 11. -- ISBN 978-7-03-079791-9

Ⅰ. B842.3

中国国家版本馆 CIP 数据核字第 2024AL8775 号

责任编辑：孙文影　高丽丽 / 责任校对：何艳萍
责任印制：徐晓晨 / 封面设计：润一文化

科学出版社 出版
北京东黄城根北街 16 号
邮政编码：100717
http://www.sciencep.com
北京中石油彩色印刷有限责任公司印刷
科学出版社发行　各地新华书店经销
*
2024 年 11 月第 一 版　开本：720×1000　1/16
2024 年 11 月第一次印刷　印张：13　插页：4
字数：252 000
定价：99.00 元
（如有印装质量问题，我社负责调换）

国家社科基金后期资助项目
出版说明

后期资助项目是国家社科基金设立的一类重要项目，旨在鼓励广大社科研究者潜心治学，支持基础研究多出优秀成果。它是经过严格评审，从接近完成的科研成果中遴选立项的。为扩大后期资助项目的影响，更好地推动学术发展，促进成果转化，全国哲学社会科学工作办公室按照"统一设计、统一标识、统一版式、形成系列"的总体要求，组织出版国家社科基金后期资助项目成果。

全国哲学社会科学工作办公室

前　言

　　动作是人类重要的基本能力之一，也是个体进行社会实践活动不可缺少的重要工具。青少年早期的动作发展与认知发展密切相关。皮亚杰认为，由遗传所驱动的动作发展和认知能力发展是密不可分的（皮亚杰，1990）。发展性协调学习障碍神经机制是目前认知心理学和脑科学等多学科探讨的重要问题。本书借助脑成像技术，以发展性协调障碍青少年的视空间注意信息加工这一核心共性缺陷的神经机制为切入点，深入探讨了发展性协调障碍青少年视空间注意的神经机制。本书通过探索导致动作发展迟缓的神经机制缺陷，揭示青少年的动作发展与认知发展的关系这一重大心理学前沿问题。

　　本书共 9 章，第一章在介绍发展性协调障碍的概念与诊断的基础上，梳理了国内外相关研究的最新进展。第二章采用行为实验方法，初步考察了发展性协调障碍青少年的诊断及注意品质的特点。第三章采用事件相关电位（event-related potential，ERP）技术，通过关联性负波（contingent negative variation，CNV）实验范式考察其视空间注意保持的神经机制。第四章采用固定位置中心线索提示范式，探讨了发展性协调障碍青少年视空间注意范围的神经机制特点。第五章采用中心线索提示范式，分别考察了发展性协调障碍组和对照组青少年在视空间注意转移方位一致、不一致条件下的注意提示效应，以及其视空间注意转移的神经机制特点。第六章采用双任务范式，考察了发展性协调障碍青少年与对照组青少年在同一时间内把有限的注意资源分配到不同任务上的能力差异及其神经机制特点。第七章采用跨通路延迟反应实验范式，考察了发展性协调障碍组和对照组青少年在视空间前注意加工阶段所诱发的失匹配负波（mismatch negativity，MMN）波幅和潜伏期特征，通过比较 MMN 的差异，分析了发展性协调障碍组和对照组青少年的前注意信息加工的神经机制特点。第八章采用负启动实验范式，考察了发展性协调障碍组和对照组青少年视空间抑制信息加工诱发的脑电成分差异，揭示了发展性协调障碍青少年视空间选择性注意加工的神经机制特点。第九章进一步考察了发展性协调障碍组和对照组青少年在视空间注意瞬脱上的特点。通过上述研究，本书全面、系统地探讨了发展性协调障碍青少年视空间注意信息加工的神经机制特点，有利于从理论上进一步揭示青少年的动作发展与认知神经发展的内在关联。

本书的研究不仅有利于从理论上澄清发展性协调障碍与其他发育性障碍之间的关系，而且能促进人们对大脑早期发育与动作发展之间的关系的认识，为发展性协调障碍青少年的早期识别、干预与矫正提供科学的理论指导。

目　录

第一章 发展性协调障碍研究概述

第一节 发展性协调障碍的概念及诊断

一、发展性协调障碍的概念

发展性协调障碍（developmental coordination disorder，DCD）是一种特殊的动作学习困难，其主要特征为动作协调存在明显缺陷。《中国精神障碍分类与诊断标准（第三版）》和美国的《精神障碍诊断与统计手册（第五版）》（The Diagnostic and Statistical Manual of Mental Disorders V，DSM-V）把发展性协调障碍定义为发展性协调失衡，其显著特征为肌肉协调能力有明显缺陷，协调障碍并非源自偏瘫、大脑性瘫痪或肌肉性失养症等医学上的原因，协调障碍是一种典型的发育缺陷。本书采用世界卫生组织发布的《国际疾病与相关健康问题统计分类（第十版）》（The International Statistical Classification of Diseases and Related Health Problems 10th Revision，ICD-10）中对发展性协调障碍的定义：青少年在精细和粗大动作任务中，动作协调能力显著落后于其年龄和智力所预期的水平，通常与某种程度的视空间信息加工缺陷有关，动作协调障碍主要表现在青少年发展早期，其高发年龄为 3—11 岁。不同国家报告的发病率为 5%—15%，从性别看，男孩的发病率高于女孩。

理论上，动作发展和认知发展存在密切关系，个体的身体、动作和认知能力是协调发展的，并最终由生物倾向所决定。ICD-10 明确指出，发展性协调障碍的动作缺陷与视觉空间信息加工及特定神经功能受损有关。心理学、神经电生理等多领域的研究提示，早期精细动作技能发育可能与脑认知发育进程存在时间和空间上的重合，认知神经加工缺陷可能是发展性协调障碍产生的深层原因（Alloway & Archibald，2007）。

已有大量研究指出，发展性协调障碍青少年的信息处理系统受损，在视觉-知觉、注意力、计划或工作记忆以及学习缺陷等认知功能上存在障碍（Asonitou et al.，2012；Ricon，2010；Wilson et al.，2009）。新的认知运动技能的习得和认知自动化实证研究表明，发展性协调障碍青少年在执行功能方面有特定缺陷（Alloway & Temple，2010；Leonard et al.，2015；

Michel et al.，2011；Piek et al.，2006）。与对照组相比，患有动作障碍的青少年在工作记忆、计划、监测和错误检测、注意力和抑制能力等方面表现较差，甚至无法完成难度较高的任务。Gilger 和 Kaplan（2001）提出，发展性协调障碍、阅读障碍和注意缺陷的症状均反映了相同的潜在脑区缺陷，可能是由大脑生长发育中断时间、中断位置和中断严重程度造成的多种行为症状和缺陷，被称为"非典型脑发育"（atypical brain development，ABD）。

由于发展性协调障碍青少年的神经解剖学基础尚不明确，对潜在神经病理学的推测可以用注意认知解剖学的理论解释。运动协调障碍与低级知觉功能机制密切相关，特别是与视觉空间信息处理机制相关（Tsai & Wu，2008；Wilson et al.，2013）。已有研究在神经心理学领域的基础上，使用内源性和外源性视空间注意范式（Tsai et al.，2009a，2009b，2009c；Wilson et al.，1998）、经典西蒙任务范式（Tsai et al.，2009a，2009b，2009c）和视空间线索靶刺激范式（Wilmut et al.，2013）探究了运动障碍青少年注意缺陷的潜在机制。

二、发展性协调障碍的诊断

迄今用于发展性协调障碍筛查的主要手段有加拿大 Wilson 等（2000）编制的发展性协调障碍问卷（Developmental Coordination Disorder Questionnaire，DCDQ）和青少年运动协调能力成套评估工具（Movement Assessment Battery for Children，MABC）。

（一）发展性协调障碍问卷

发展性协调障碍问卷是目前国际上公认的最佳筛查量表，具有一定的临床意义。该问卷的适用年龄为 5—15 岁，是由家长报告、用于识别障碍青少年的筛查问卷，具有极大的便宜性。

该问卷共包含 17 个测试项目，后 5 个为反向计分项目。发展性协调障碍青少年问卷分数低于 48 分，问卷分数为 49—57 分的为可疑发展性协调障碍青少年；问卷分数高于 58 分的为正常青少年。该问卷通过运动控制技能、精细运动技能/书写技能和整体协调性技能 3 个因子来反映障碍青少年的运动技能困难。经心理测量学研究分析，该量表总体敏感性为 84.6%，特异性为 70.8%。以往诸多研究表明，发展性协调障碍问卷可用于运动发育的流行病学临床实践或研究，被翻译成多种语言，有跨文化研究意义，但实际应用中依然可能存在一些假阳性，因此建议在今后的研究中对该问卷进行多次筛查检验，有条件的情况下可以对筛查出的青少年进行进一步的诊断性评测。

（二）青少年运动协调能力成套评估工具

青少年运动协调能力成套评估工具也是常用的关于发展性协调障碍的标准化诊断评定工具，国际上将青少年运动协调能力成套评估工具测试作为判定青少年运动能力是否低于正常水平的"金标准"。青少年运动协调能力成套评估工具测试的信度和效度已在多项研究中得到证实（Asonitou et al.，2012），测试共包含 4 个年龄组别（4—6 岁、7—8 岁、9—10 岁、11—12 岁），每一年龄组别进行 8 个测试项目，分别用于测量青少年的操作灵巧度、球类技巧及静态、动态平衡能力。测试测得的原始分数需按照青少年运动协调能力成套评估工具的使用手册转化为标准分。界定发展性协调障碍时，总分以 15% 临界值为标准；以治疗为目的时可以进行诊断，界定标准可以考虑以 5% 作为临界值。青少年运动协调能力成套评估工具测试的总分越低，说明其运动能力越好。国内已有多项研究证明了青少年运动协调能力成套评估工具测试有良好的信度和效度，该测试被多个国家翻译使用，亦有令人满意的临床测量学特性。需要注意的是，即使在发育早期就会出现发展性协调障碍病症，但从诊断工具的局限性方面考虑，现阶段不主张在 5 岁以前对个体的发展性协调障碍进行诊断。

（三）发展性协调障碍的诊断标准

DSM-V 公布的发展性协调障碍诊断标准如：协调性运动技能的获得和使用显著低于基于个体的生理年龄和技能的学习以及使用机会的预期水平，其困难的表现为动作笨拙（例如，跌倒或碰撞到物体）以及运动技能（例如，抓一个物体，使用剪刀或刀叉，写字、骑自行车或参加体育运动）的缓慢和不精确；诊断标准中的运动技能缺陷显著、持续地干扰了与生理年龄相应的日常生活中的活动（例如，自我照顾和自我维护），影响其学业成绩；症状发生于发育早期；运动技能的缺陷不能用智力障碍（智力发育障碍）或视觉损害来更好地解释，也并非由于某种神经疾病影响了运动功能。

发展性协调障碍的排除标准如下：合并症障碍，如发育性言语与语言障碍等；诊断其存在认知、心理、情绪、神经或其他运动障碍；可能影响平衡的重要先天性障碍，如肌肉、骨骼、视觉、前庭或其他感觉运动障碍；接受康复服务；无法遵循评估员的指示。

三、发展性协调障碍及其合并症

许多研究表明，发展性协调障碍常伴发其他障碍，如注意缺陷多动障碍（attention deficit hyperactivity disorder，ADHD）、阅读障碍（reading disorder，RD）和语言发育迟缓（Dewey et al.，2002）。Kadesjo 和 Gillberg（1999）发现，将近 50%的发展性协调障碍青少年符合 ADHD 青少年的诊断条件，可见这两种障碍的共病率很高。同时，有研究者在临床研究中发现，50%的诵读困难学龄青少年存在动作协调问题。Dewey 和 Kaplan（1994）的研究发现，仅存在单纯的某种障碍反而是例外而非常规，发展性协调障碍通常伴有多种障碍。他们在对 115 名青少年的研究中发现，只有 53 名青少年患有纯粹的某种障碍，如发展性协调障碍、ADHD、RD，62 名青少年存在并存障碍，其中 23 名青少年表现在各方面都存在困难。Rasmussen 和 Gillberg（2000）认为，发展性协调障碍表现越严重，那么它与其他障碍的共病程度越高。随着各类障碍共病率的提升，Dewey 等认为发展性协调障碍、RD、ADHD 的特征表现可能是相同潜在脑发育不足的反映，即非典型脑发育。Gillberg 和 Rasmussen（1982）则对注意、动作和知觉进行了大量的研究，来论证它们之间的关系，并且提出了注意缺陷、运动技能障碍的概念。近年来，探讨发展性协调障碍与其他障碍的共病研究引用了自动化假说（the automatization deficit hypothesis），尽管到目前还没有证据证明发展性协调障碍青少年存在自动化缺陷。

（一）发育性语言障碍

患有发育性言语与语言障碍（developmental speech and language disorder，DSLD）的青少年在言语和语言方面的表现低于平均水平，且从生理、心理、情感或环境方面考虑找不到合理解释，他们中的一些人在运动技能等多方面表现出困难，包括手眼协调能力和持球平衡技能等方面的困难。

关于 DSLD 和发展性协调障碍合并症的现有研究主要集中于青少年群体，其原因在于青少年发育会受到基因、文化和环境等多种因素的影响，因此运动障碍和言语/语言障碍的合并症在不同国家的表现方式可能不一样（Cheng et al.，2009）。在众多研究中，患有 DSLD 的青少年中同时存在发展性协调障碍症状的比例和患有发展性协调障碍的青少年中同时存在 DSLD 症状的比例相差很大，为 20%—71%。

（二）注意缺陷多动障碍

发展性协调障碍和 ADHD 均属于神经发育障碍，ADHD 在儿科群体中普遍存在，约有 6%以上的青少年患有此障碍（Blank et al.，2012）。已发现的发展性协调障碍和 ADHD 确诊青少年中有多达 50%的人同时存在两种神经发育障碍（Martin et al.，2006；Moreno-De-Luca et al.，2013；Pieters et al.，2012；Williams et al.，2013），并且两者都存在神经心理学缺陷、学业困难和行为等问题，导致出现社会和心理健康方面的长期问题（Able et al.，2007；Lingam et al.，2012），且患有发展性协调障碍和 ADHD 的青少年同时存在认知执行功能障碍（Castellanos et al.，2006；Leonard et al.，2015；Wilson et al.，2017）、社会心理学问题（Cairney et al.，2013；Cocks et al.，2009；Dewey et al.，2002；Rasmussen & Gillberg，2000；Riley et al.，2006），并且学术能力较差（Harpin，2005；Kirby & Sugden，2007；Zwicker et al.，2012）。患有发展性协调障碍和 ADHD 的青少年在核心执行功能中都有反应抑制缺陷（Diamond，2013；Lehto et al.，2011；Miyake et al.，2000），并且研究发现这些缺陷与大脑前纹状体-丘脑-顶叶通路功能障碍有关（Hart et al.，2012；Querne et al.，2008）。患有发展性协调障碍和 ADHD 的单一或合并症患者，其神经基质会导致运动不良和注意力发展缺陷，从共病症、症状学和共有或相似的病因学角度看，他们可能存在的障碍具有一致性。

（三）孤独症谱系障碍

孤独症谱系障碍（autism spectrum disorder，ASD）是一种多系统神经发育障碍，其特征是社交能力的初级缺陷、高度重复与受限的行为和兴趣。多项研究结果显示，ASD 青少年在基本运动表现标准化测试中的得分低于正常发展青少年（Ament et al.，2015；Barbeau et al.，2015）。ASD 青少年存在运动方面的障碍，如在模仿、口头命令和使用工具时熟练的运动序列/手势的表现受损，这不能全部归于基本的感知运动缺陷（Carmo et al.，2013；Srinivasan et al.，2013）。虽然在患有 ASD 和发展性协调障碍的青少年中均发现了基本的粗大和精细运动技能缺陷，但运动序列/手势障碍似乎是 ASD 青少年特有的（MacNeil & Mostofsky，2012）。总的来说，有相当多的证据表明，ASD 青少年在日常生活中存在明显的发展性协调障碍。

第二节　国内外发展性协调障碍相关研究概述

一、国外发展性协调障碍相关研究

相对于其他类型的发育性障碍，发展性协调障碍的研究起步较晚。早期研究主要集中在视觉加工领域，发展性协调障碍的基本视觉加工过程无明显缺陷，其视敏度与锐敏度完好，也未发现从视觉皮层到中枢传导通路的明显缺陷。Henderson S E 和 Henderson L（2003）在随后的研究中发现，动作能力发展与视空间注意发育存在关联。Wilson 和 Mckenzie（1998）通过元分析发现，发展性协调障碍青少年存在广泛的信息加工缺陷，尤其是在视空间和跨通路信息加工上的缺陷更为明显。随后，发展性协调障碍研究扩展至动觉、跨通道知觉、反应选择和动作计划等更为广泛的领域。不同程度的发展性协调障碍患者存在类似的知觉-动作缺陷。Hill 和 Wing（1999）的研究还发现，发展性协调障碍与学习困难、行为和言语等其他发育性障碍并存，可能是由视空间注意缺陷、反应迟缓、计划缺陷和理解困难等一系列认知障碍导致的，视空间注意功能缺陷可能是导致发展性协调障碍的深层原因。上述基于行为数据的研究结论，仍需更多神经机制研究的支持。

随着研究的不断深入，发展性协调障碍的研究领域扩展至注意、工作记忆和执行功能等高级认知加工过程。有研究（Williams et al.，2013；Alloway et al.，2009）发现，发展性协调障碍患者存在普遍的工作记忆缺陷。工作记忆的核心成分为执行功能，后来，对发展性协调障碍的认知加工的研究更多集中在对执行功能的探讨。随后，研究者从大样本群体中随机抽取有代表性的子样本进行后续的磁共振成像（magnetic resonance imaging，MRI）研究。结果表明，早期的动作发育与成年前动作皮层的灰质密度增加、纹状体以及小脑发育程度有关，并在同一时间伴随着额叶白质密度的增大。额叶是注意和执行功能的神经基础，影像学结果再次印证了注意和执行功能对于动作发展的重要性。有趣的是，发展性协调障碍患者在工作记忆的其他两个子成分上存在选择性缺陷，其语音回路是完好的，而视空间模板的缺陷明显。执行功能与视空间模板的功能类似于视空间注意，该结果进一步支持了发展性协调障碍患者可能存在视空间注意缺陷的假设。与上述研究结果类似，Roebers 等（2011）的研究发现，在个体发育早期，动作技能对视空间注意的依赖性更为明显。随后，Rigoli 等

（2012）采用横断研究发现，青少年的动作协调能力和视空间注意之间存在显著的重叠，体现在动作灵活性和抑制能力高度相关。他们据此认为，注意中的抑制能力是调节动作技能和学业成就之间的中介变量。然而，上述研究没有控制智力因素，不能排除个体差异是由智力因素所导致的。

Davis 等（2011）采用横断研究发现，发展性协调障碍青少年存在不同程度的视空间注意缺陷。其视空间注意和动作成绩之间呈正相关。Davis 等在控制了年龄、性别等有影响力的背景因素后发现，动作技能个体差异的42%变异可以由视空间注意来解释，由此提出了视空间注意和动作能力的共同因素理论。Roebers 和 Kauer（2009）采用大样本纵向研究，考察了青少年早期视空间注意和动作发展的关系，通过交叉滞后关系检验发现，视空间注意在动作-认知链接通路中扮演着重要角色。然而，该研究缺乏大脑成熟指标信息可供参考，因此不能排除其他因素的干扰。同时，上述研究侧重于视空间注意加工的行为指标，大脑神经影像学的证据仍然不足。

随着脑成像技术的发展，国外研究者开始关注发展性协调障碍的脑机制特点。磁共振成像研究中采用摇杆跟踪任务考察了发展性协调障碍个体视空间注意的特点，结果表明，与对照组青少年相比，发展性协调障碍组青少年左侧后顶叶皮层和中央后回脑区的激活程度降低。随后，Zwicker 等（2015）使用功能磁共振成像（functional magnetic resonance imaging, fMRI）技术，采用跟踪任务考察了发展性协调障碍组和对照组青少年的大脑激活状况。结果发现，两组被试在行为数据上没有显著差异。然而，血氧水平依赖（blood oxygenation level dependent，BOLD）信号表明，与对照组相比，发展性协调障碍青少年右小脑Ⅰ，左小脑小叶Ⅵ、Ⅸ，双侧顶下小叶以及右额中回的激活程度较低，二者存在显著差异。该结果还进一步证实，动作技能与视空间注意受损存在密切关系。该研究尽管受到样本较小（发展性协调障碍青少年和对照组均为 7 人）的限制，却开创了发展性协调障碍的脑成像研究的先河。Hyde 等（2019）采用 fMRI 考察发展性协调障碍青少年的神经缺陷时也发现，与对照组相比，发展性协调障碍青少年的前额叶皮层、右额下回、颞顶交界区域以及左侧后小脑的激活程度降低。然而，这些区域对运动技能学习效果的影响目前尚不明确，对该研究结果的解释仍然需要更多实验的验证。近期，研究者（Lawerman et al.，2020）采用静息态功能磁共振成像技术（resting-state fMRI）考察了发展性协调障碍的神经机制，结果发现，与对照组相比，发展性协调障碍青少年表现出类似的神经连接功能受损，其功能缺陷主要表现在初级运动皮层和双侧额上回、角回、杏仁核以及苍白球等多个脑区，结果提示，发展性协调障碍青少年可能存在视空间神经功能连接缺陷。这些区域与动作学习功能存在密不可分的联系，因此这些功能区域是否会影响发展性协调障碍的动作发展，需要今后的研究给予更多关注。同时，上述神经机制研究采用的技术手段主要集中在 fMRI，该方法最大的特点是空间分辨率较高，有利于考察特定脑区的激活，然而视空间信息加工的时间进程的特点尚不清晰。

二、国内发展性协调障碍相关研究

在国内，发展性协调障碍的研究则刚刚起步，早期研究主要集中在发病率的考察。邵宝（2011）考察了上海市 7—12 岁青少年的发展性协调障碍人口学特点，结果发现，上海市青少年发展性协调障碍的总发生率为15.9%。刘晓等（2012）考察了南京市区幼儿园 4—6 岁发展性协调障碍儿童的发病率及影响因素，结果发现，南京市区幼儿园发展性协调障碍儿童检出率高达 24.7%，显著高于其他研究。管萍等（2019）的研究表明，无锡市青少年发展性协调障碍的发病率为 11%。上述结果偏差可能与不同研究所使用的测量工具和诊断标准存在差异有关。同时，上述研究尚未涉及发病机制这一核心问题。另外，我国目前仍没有诊断常模，其总体发病率尚不清楚。孟祥芝等（2003）采用个案研究，证实了发展性协调障碍青少年存在视空间注意和命名速度缺陷。朱盛等（2012）采用威斯康星分类卡片测验，初步考察了发展性动作协调障碍青少年的执行功能，结果表明发展性协调障碍青少年的错误应答数、持续性应答数和错误率等显著高于对照组，提示发展性协调障碍青少年可能存在执行功能缺陷。李旭东（2009）考察了发展性协调障碍青少年工作记忆的特点，结果发现发展性协调障碍青少年的视空间工作记忆存在缺陷，随后的 ERP 结果进一步探明了发展性协调障碍青少年加工早期认知资源不足和加工晚期记忆保持能力存在缺陷，并存在记忆力、注意力和执行功能障碍。

在上述研究的基础上，笔者共分三个阶段对发展性协调障碍青少年的认知加工和神经机制特点进行了系列研究，得到了有启发意义的结论。第一阶段（2015—2017 年），重点考察发展性协调障碍青少年的认知加工特点，研究涉及工作记忆、短时记忆、执行功能、加工速度和注意等内容，结果发现发展性协调障碍青少年存在不同程度的认知加工缺陷。随后的回归分析显示，在众多影响认知加工的因素中，注意的贡献率最高，注意缺陷可能是导致动作发展迟缓的核心障碍（黄楠，2017）。第二阶段

（2018—2019 年），研究集中在发展性协调障碍青少年的注意缺陷特点，通过视觉和听觉两种信息加工通道，分别考察了发展性协调障碍青少年的注意分配、注意广度、注意转移和选择性注意。行为数据显示，发展性协调障碍青少年存在跨通道选择性注意缺陷，其听觉通道的注意信息加工是完好的，信息加工缺陷主要表现在视空间注意通道。这一有趣的发现使我们更加坚信视空间注意加工缺陷可能是发展性协调障碍的深层原因的假设（吕志芳，2017）。第三阶段（2020 年至今），我们对发展性协调障碍青少年视空间注意的神经机制特点展开了初步探索。有学者（高晶晶等，2019；贾静茹，2020）分别对发展性协调障碍青少年视空间注意分配和视空间持续性注意进行了预实验。脑电结果显示，发展性协调障碍青少年存在视空间注意分配缺陷，脑电成分主要表现在刺激后的 200 ms 诱发的 N2 和 P3 成分上。然而，发展性协调障碍青少年的视空间持续性注意缺陷主要表现在刺激后的 300 ms 以后所诱发的关联性负波（contingent negative variation，CNV）晚成分，其平均波幅亦显著小于对照组。结果表明，发展性协调障碍青少年的视空间持续性注意存在缺陷，上述实验结果初步验证了我们提出的预期假设。

随着该领域研究的不断深入，不同研究者根据自己的研究结论相继提出一系列发展性协调障碍的认知加工理论和脑功能缺陷假说，如感觉统合障碍假说、视空间定向障碍假说、视空间注意和知觉缺陷假说、顶叶缺陷假说以及非典型大脑发育缺陷等。到目前为止，上述理论或假说尚不能达成一致，其主要原因在于不同理论探讨的问题仍存在很人分歧，更为重要的是，上述许多研究涉及的认知加工任务单一，对发展性协调障碍的视空间注意神经机制的探索刚刚起步。由此可见，发展性协调障碍个体的视空间注意的神经机制特点需要更多研究来证实。

三、发展性协调障碍青少年的注意缺陷

人们有效地应对一些事情而离开另一些事情的过程即为注意。Posne 等（1984）指出，注意是指人们在进行信息加工时，优先选择某一信息而忽略另一信息的过程，重在强调注意的选择功能的重要性。尽管各家的观点并不一致，但并不影响人们对注意的认识和理解。综上可知，注意是心理活动对一定事物的指向和集中，任何活动的有效进行和完成都需要注意的参与。

国内外有关注意品质的研究集中在体育运动、体育竞技等领域。在竞技比赛或者日常动作技能的完成过程中，如果运动员没有良好的注意品

质，则很难高质量地完成动作、获得优异的比赛成绩。注意分配在动作技能的形成过程中有着不可忽视的作用，在运动过程中，运动员的注意分配能力越差，那么他对动作的反应灵敏度、动作完成的协调性、节奏性上的表现也会相对越差。同样，若射击运动员注意力不够集中，稳定性较差，则很可能在射击比赛中脱离靶心，在注意转移过程中，也可能因为转移速度过慢而错失良好的射靶机会。这些现象表明了注意品质是完成运动技能的关键指标，对比赛成绩有着显著的影响。

吴广宏（2005）对 150 名小学生进行了注意力测验，发现乒乓球训练能够显著提高学生的注意集中性水平，注意的集中性和训练成绩有密切的关系，注意集中性水平越高的选手，相应的乒乓球训练成绩越好。丛林（2006）运用脑生物电学技术研究了 24 名男性拳击运动员的竞技水平与注意集中程度之间的关系，结果表明，不同竞技水平的拳击运动员之间的注意水平存在显著的差异，注意维持时间越长，竞技水平越高。吴燕和隋光远（2006）采用眼动仪记录青少年的外显空间注意转移水平，实验数据表明，学习障碍青少年在外显注意转移上存在缺陷或不足，而注意转移不足会影响他们在其他认知任务中的表现。侯东风（2006）对长春市中小学各年龄段学生注意品质的四个方面进行了系统研究，结果发现，随着年级的升高、年龄的增长，男女在注意广度的发展上表现出不同的态势，女生表现为"三快一停"，男生则表现为"两快一慢"，男女在年级上均存在显著差异；注意的稳定性则呈现了逐步发展的态势，初高中是注意稳定性的快速发展期；在注意的分配上，呈现缓慢增长—快速增长—缓慢增长的趋势，在各年龄段上，男女无显著差异；在注意转移上，年级越低，注意的转移能力越差，总体态势为两个快速发展期、一个发展停滞期、一个缓慢发展期。该研究同林镜秋（1996）关于大中小学生注意转移的实验研究结果相吻合。辛晓昱等（2011）采用视听整合持续操作评估系统（integrated visual and auditory continuous performance test，IVA-CPT），对江苏地区 60 例发展性协调障碍青少年进行了智力与注意力关系的研究，结果表明，发展性协调障碍组青少年的综合注意力商数和视、听觉注意力商数均显著低于正常青少年，发展性协调障碍青少年存在注意力的不足。

四、发展性协调障碍青少年视空间注意及其神经机制进一步研究的思考

上述研究从不同侧面揭示了发展性协调障碍青少年存在特定的视空间注意缺陷，但其信息加工的神经机制特点尚不清晰，这可能是目前不同理

论假说存在分歧的主要原因。梳理以往研究不难发现，发展性协调障碍视空间注意的神经机制研究尚存在许多问题与不足。首先，从研究方法看，不同研究选取被试的标准存在较大差异，发展性协调障碍与 ADHD 的并存早已达成共识，其共病率高达 50%。然而，以往许多研究并没有排除 ADHD 这一特殊被试群体。此外，被试选取的智商标准存在较大差异，常见的智商选取标准为 70、80 或 85 以上，部分研究甚至没有排除低智商青少年或缺乏相关信息的报道，上述问题可能是造成研究结果不一致的重要原因之一。其次，研究手段单一，有限的脑功能成像研究采用的技术手段主要集中在 fMRI，该方法的最大特点是空间分辨率较高，有利于考察特定脑区的激活，然而信息加工的时间进程尚不清晰。ERP 技术可以精确地记录不同信息加工时程所诱发的脑动态信息变化的神经机制特点，有效探索发展性协调障碍组与对照组青少年在视空间注意信息加工时程上的脑机制差异。最后，研究的细化与系统化不足。发展性协调障碍青少年存在视空间注意缺陷，然而视空间注意包括视空间信息自动加工、注意范围、注意转移、注意持续性、注意分配和注意的选择性等多个维度，发展性协调障碍青少年的哪些视空间注意功能受损影响了动作技能的发展？受损的这些认知功能具有普遍性还是特殊性？系统探讨发展性协调障碍青少年视空间注意信息加工的神经机制是解决上述问题的关键，因此，有关发展性协调障碍青少年视空间注意信息加工的神经机制尚需更多系统研究的支持，当前需要在整合心理学、脑科学和认知神经科学研究成果的基础上，进一步系统探讨发展性协调障碍青少年视空间注意信息加工的神经机制特点，进而从理论层面揭示青少年的动作发展与认知神经机制发展的内在关联。

本书研究预测，如果发展性协调障碍青少年的视空间注意信息加工缺陷具有普遍性，那么发展性协调障碍青少年在视空间加工的注意的范围、注意的转移、注意的持续性、注意的分配和注意的选择性等多个维度上均存在不足；如果其认知功能受损是特异性的，那么发展性协调障碍青少年可能在部分视空间注意信息加工维度上存在缺陷。此外，发展性协调障碍青少年的视空间注意信息加工缺陷如果出现在早期，那么刺激诱发的N1、P1、N2 和 P2 等 ERP 成分的潜伏期和波幅会存在差异；如果其缺陷出现在晚期，那么刺激诱发的晚期 ERP 成分的潜伏期和波幅会存在差异。随着研究的不断深入，其信息加工缺陷时程与脑区特点将在脑电信息分析中被逐一探明。

第二章 发展性协调障碍青少年的诊断及注意品质特点

第一节 发展性协调障碍青少年筛查问卷检验

鉴于发展性协调障碍问卷更具有广泛性和便捷性，本研究选用发展性协调障碍问卷作为主要筛选工具，并在青少年测试数据中再次检测发展性协调障碍问卷的信度和效度。但由于国内并没有足够多的实验证明发展性协调障碍问卷的信效度，为确保后期脑电研究的准确性，本研究选用MABC测试进行二次评估，经过两次筛选，MABC测试对发展性协调障碍青少年被试的临床诊断性更为准确。

一、研究方法

（一）研究对象

本研究采用整群抽样方法，在河南省安阳市滑县3所小学一至三年级抽取1110名学生，逐步完成瑞文标准推理测验、发展性协调障碍问卷，并结合最熟悉学生日常行为等的班主任和体育老师的评价，逐步筛选出136名学生进行MABC测试，确定发展性协调障碍青少年68人，对照组青少年68人。最后，从筛选出的两组被试中选出发展性协调障碍组16人，对照组16人，共32名被试参与脑电实验，男女比例均衡，年龄在7—10岁，视力正常或矫正后正常。被试首次参加电生理学实验，身体健康且无重病记录，参加脑电实验期间均有父母陪同，共同填写知情同意书。实验结束后给予奖品报酬。

被试筛选的具体流程如下：主试1人，助手3人，均为河南大学教育科学学院研究生，实测前统一培训。测试一共有4个阶段：第一阶段为瑞文标准推理测试，利用学校班会和课后时间进行问卷测试，时间为2018年3月12—20日；第二阶段为发展性协调障碍问卷测试，学生放学后将问卷带回家，由家长填写，学生第二天带回，时间为2018年3月20—28日；第三阶段为MABC测试，利用体育课对青少年进行项目测试，时间为2018年4月12—30日；第四阶段为电生理学实验，时间为2018年4

月 28—30 日。

实验中，首先对 1110 名 7—10 岁的青少年进行瑞文标准推理测验，剔除智商低于 75 的青少年，其中 1 人的智商低于 75，被排除在实验外。随后。向智力水平在 75 以上的 1109 名学生发放发展性协调障碍问卷，有 97 名学生因问卷没有回收或填写不全被排除在实验外，分数低于 49 分的被试可被判定为具有发展性协调障碍，分数在 49—57 分的为疑似发展性协调障碍，分数高于 57 分的基本可以排除发展性协调障碍。本研究选用低于 49 分的 68 名发展性协调障碍青少年和高于 58 分的 68 名对照组青少年进行 MABC 测试，再次确定障碍组青少年。最后，家长和老师结合 DSM-V 的标准对筛选出的发展性协调障碍青少年进行共病排除。经过层层筛选，确定运动技能远低于预期水平发展性协调障碍青少年，以及正常发展的年龄与性别匹配的对照组。

（二）研究工具

1. 瑞文标准推理测验

瑞文标准推理测验（Raven's Standard Progressive Matrices，SPM）由英国著名心理学家瑞文（Raven）编制，由我国学者张厚粲等（1989）修订。该测验每组 12 题，共 60 题，每题 1 分，根据离差智商公式将原始分数转换成智力分数，分半信度为 0.95，间隔 15 天和 30 天的再测信度分别为 0.82 和 0.79；该测评的分数与中国修订版韦氏成人智力量表（Wechsler Adult Intelligence Scale，WAIS-RC）的言语智商、操作智商、总智商的相关系数分别为 0.54、0.70、0.71；在学生中施测，发现其分数与高考数学分、总分的相关系数分别为 0.54、0.45，这些数据说明 SPM 具有很高的信效度。

2. 发展性协调障碍问卷

发展性协调障碍问卷（Developmental Coordination Disorder Questionnaire）于 2000 年由 Wilson 等编制。该问卷具有较高的内部一致性，克龙巴赫 α 系数为 0.84。

3. 青少年运动协调能力成套评估工具

青少年运动协调能力成套评估工具（MABC）是最常用的标准化测试工具，由亨德森（Henderson）等研制，其前身是运动损伤测评（Test of Motor Impairment，TOMI），本次研究选用该问卷进行青少年运动协调能力评估。它评估三个机制领域的性能：手操作灵巧度、球类技巧和动/静态平衡能力。从测试手册中获得了标准分数的计算方法，根据失败或成功的尝试，如秒、步等，青少年在每项运动任务上获得了从 0—5 的子测试标准分数。测试得出的标准分数为总损伤评分（范围为 0—40），是区分有发展性协调障碍和无发展性协调障碍青少年的标准。用测试所得总损伤评分将学生分为 3 类，代表不同程度的运动功能障碍：大于 15 百分位分数，没有发展性协调障碍（没有运动问题）；5—15 百分位分数，有中度困难（有风险）；小于 5 百分位分数，存在发展性协调障碍（严重运动问题）。

施测流程如图 2-1 和图 2-2、表 2-1 和表 2-2 所示。

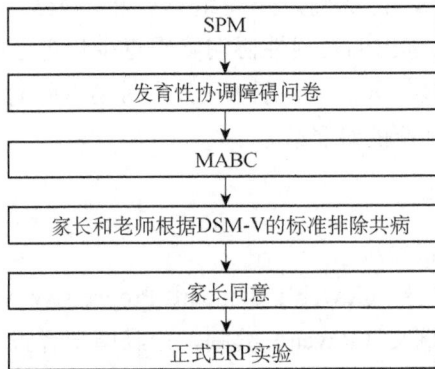

图 2-1　施测流程图

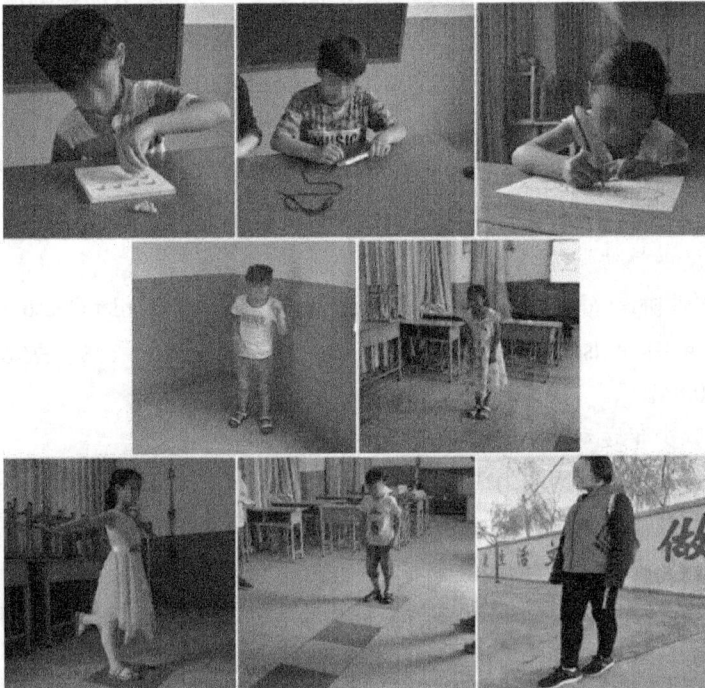

图 2-2 手操作灵巧度、球类技巧和动/静态平衡能力测试

表 2-1 7—8 岁测试项目

项目	手操作灵巧度	球类技巧	动/静态平衡能力
项目一	放珠子	单手弹接球	单脚站立
项目二	穿线	投豆袋	双脚跳方格
项目三	描花边		脚尖-脚跟走

表 2-2 9—10 岁测试项目

项目	手操作灵巧度	球类技巧	动/静态平衡能力
项目一	移动珠子	双手接球	单脚站立
项目二	转螺丝帽	投豆袋	单脚跳方格
项目三	描花边		持球走路

（三）数据分析

本研究采用 SPSS 20.0 统计软件进行分析，采用克龙巴赫 α 系数进行内部一致性信度评价，总量表的信度系数大于 0.8 为信度较高，0.7—0.8 为可接受，小于 0.7 为信度不良。另外，使用探索性因素分析（exploratory factor analysis，EFA）来评估量表的结构效度。

二、研究结果

（一）发展性协调障碍问卷测试结果

1. 信度分析

总量表的克龙巴赫 α 系数为 0.817，说明发展性协调障碍问卷的内部一致性具有较高可信度。

2. 结构效度

KMO 检验值为 0.874，大于 0.7，根据统计学家 Kaiser 给出的标准，Bartlett 球形检验值为 4799.998，相关概率 $p<0.0001$，说明本研究适合进行探索性因素分析。用主成分分析法提取因子，结果如表 2-3 所示。

表 2-3　发展性协调障碍问卷因子提取的方差分析

初始解序号	初始解			提取因子后对原变量总体分布			旋转后原变量总体分布		
	方差贡献	方差贡献率（%）	累计方差贡献率（%）	方差贡献	方差贡献率（%）	累计方差贡献率（%）	方差贡献	方差贡献率（%）	累计方差贡献率（%）
1	4.787	28.159	28.159	4.787	28.159	28.159	3.155	18.56	18.56
2	2.949	17.345	45.504	2.949	17.345	45.504	3.086	18.152	36.712
3	1.214	7.141	52.645	1.214	7.141	52.645	2.709	15.933	52.645
4	0.872	5.128	57.773						
5	0.796	4.68	62.453						
6	0.733	4.312	66.765						
7	0.633	3.902	70.667						
8	0.612	3.600	74.267						
9	0.609	3.584	77.851						
10	0.587	3.456	81.307						
11	0.527	3.101	84.408						
12	0.509	2.996	87.404						
13	0.490	2.881	90.285						
14	0.440	2.588	92.873						
15	0.435	2.557	95.430						
16	0.417	2.453	97.883						
17	0.360	2.117	100.000						

（二）运动评估测试结果

1. 两组被试手操作灵巧度比较

本实验中（结果见表 2-4），7—8 岁年龄组中，发展性协调障碍组被试惯用手和非惯用手放珠子、穿线时间和描花边的出错数分别为 26.32 ± 2.88 s、27.08 ± 3.93 s、26.67 ± 3.89 s 和 1.79 ± 1.56 个，对照组的数值分别为 22.34 ± 2.59 s、23.00 ± 2.49 s、24.17 ± 4.46 s 和 0.33 ± 0.64 个。两组差

异显著，具有统计学意义（t 分别为 5.03、4.29、2.07 和 4.24，$p<0.05$），表明 7—8 岁发展性协调障碍组的手操作灵巧度明显落后于对照组。

表 2-4 7—8 岁不同组别被试的手操作灵巧度比较（$M \pm SD$）

项目		发展性协调障碍组	对照组	t	p
放珠子（s）	惯用	26.32±2.88	22.34±2.59	5.03**	0.0001
	非惯用	27.08±3.93	23.00±2.49	4.29**	0.0001
穿线（s）		26.67±3.89	24.17±4.46	2.07*	0.04
描花边（出错数）		1.79±1.56	0.33±0.64	4.24**	0.0001

注：*表示 $p<0.05$，**表示 $p<0.01$，下同

对于 9—10 岁年龄组（表 2-5），发展性协调障碍组被试惯用手和非惯用手移动珠子、转螺丝帽时间和描花边的错误数分别为 15.36±2.39 s、16.62±3.11 s、11.77±2.69 s、2.21±1.72 个，对照组被试的对应数值分别为 12.15±2.86 s、14.18±3.36 s、9.18±1.83 s、0.77±1.31 个，两组差异显著，具有统计学意义（t 分别为 4.68、2.92、4.33 和 3.65，$p<0.01$），表明 9—10 岁发展性协调障碍组的手操作灵巧度明显落后于对照组被试。

表 2-5 9—10 岁不同组别被试的手操作灵巧度比较（$M \pm SD$）

项目		发展性协调障碍组	对照组	t	p
移动珠子（s）	惯用	15.36±2.39	12.15±2.86	4.68**	0.0001
	非惯用	16.62±3.11	14.18±3.36	2.92**	0.005
转螺丝帽（s）		11.77±2.69	9.18±1.83	4.33**	0.0001
描花边（错误数）		2.21±1.72	0.77±1.31	3.65**	0.001

2. 两组被试球类技巧比较

本实验中，7—8 岁发展性协调障碍组被试惯用手和非惯用手接弹球数分别为 4.83±2.11 个和 3.79±2.10 个，对照组被试的对应数值分别为 6.46±2.41 个和 5.25±2.35 个，两组间存在显著的统计学差异（$t=-2.48$、-2.27、-3.09，$p<0.05$）；发展性协调障碍组被试豆袋投中数为 3.25±2.11 个，对照组被试的这一数值为 4.92±1.59 个，两者存在非常显著的统计学差异（$t=-3.09$，$p<0.01$），表明 7—8 岁发展性协调障碍组的球类技巧明显落后于对照组（表 2-6）。

表 2-6 7—8 岁不同组别被试的球类技巧比较（$M \pm SD$）

项目		发展性协调障碍组	对照组	t	p
单手接弹球（数）	惯用	4.83±2.11	6.46±2.41	-2.48*	0.017
	非惯用	3.79±2.10	5.25±2.35	-2.27*	0.028
投豆袋（数）		3.25±2.11	4.92±1.59	-3.09**	0.003

9—10 岁年龄段发展性协调障碍组被试双手接球数和投豆袋数分别为 2.34±1.32 个和 3.03±2.26 个，对照组被试的对应数值分别为 3.90±1.07 个和 4.97±1.78 个，两组间存在非常显著的统计学差异（t=-4.31，t=-3.70，$p<0.01$），表明 9—10 岁发展性协调障碍组被试的球类技巧明显落后于对照组被试（表 2-7）。

表 2-7　9—10 岁不同组别被试的球类技巧比较（$M \pm SD$）

项目	发展性协调障碍组	对照组	t	p
双手接球（个）	2.34±1.32	3.90±1.07	-4.31**	0.0001
投豆袋（个）	3.03±2.26	4.97±1.78	-3.70**	0.0001

3. 两组被试动/静态平衡能力比较

本实验中，7—8 岁发展性协调障碍组被试惯用腿和非惯用腿单脚站立的时间分别是 18.58±2.32 s 和 17.54±3.26 s；双脚跳方格数和脚尖-脚跟走的步数分别为 4.08±1.53 步和 7.04±1.85 步，而对照组被试单脚站立的时间分别为 19.75±0.74 s 和 19.85±0.97 s，双腿跳方格和脚尖-脚跟走的步数分别为 4.92±0.28 步和 13.38±2.30 步，两组间存在显著的统计学差距（t=-2.35、-2.94、-2.62、-10.51，$p<0.05$），表明 7—8 岁发展性协调障碍组被试的动/静态平衡能力明显落后于对照组（表 2-8）。

表 2-8　7—8 岁不同组别被试的动/静态平衡能力比较（$M \pm SD$）

项目		发展性协调障碍组	对照组	t	p
单脚站立（s）	惯用	18.58±2.32	19.75±0.74	-2.35*	0.026
	非惯用	17.54±3.26	19.85±0.97	-2.94*	0.007
双腿跳方格（步数）		4.08±1.53	4.92±0.28	-2.62*	0.015
脚尖-脚跟走（步数）		7.04±1.85	13.38±2.30	-10.51**	0.0001

9—10 岁发展性协调障碍组被试惯用腿和非惯用腿单脚站立的时间分别为 17.97±3.43 s 和 18.74±2.47 s，惯用腿和非惯用腿单脚跳方格数分别为 4.38±0.98 个和 4.55±0.87 个，持球走路的掉球数为 1.00±1.91 个；对照组被试的对应数值分别为 19.94±0.36 s，19.97±0.10 s，4.97±0.18 个，4.90±0.30 个和 0.19±0.48 个，两组间存在显著的统计学差异（t=-3.15、-2.66、-3.19、-2.07，t=2.21，$p<0.05$ 和 $p<0.01$ 之间），表明 9—10 岁发展性协调障碍组被试的动/静态平衡能力明显落后于对照组被试（表 2-9）。

表 2-9 9—10 岁不同组别被试的动/静态平衡能力比较（$M \pm SD$）

项目		发展性协调障碍组	对照组	t	p
单脚站立（s）	惯用	17.97 ± 3.43	19.94 ± 0.36	-3.15^{**}	0.004
	非惯用	18.74 ± 2.47	19.97 ± 0.10	-2.66^{*}	0.013
单脚跳方格（步数）	惯用	4.38 ± 0.98	4.97 ± 0.18	-3.19^{**}	0.003
	非惯用	4.55 ± 0.87	4.90 ± 0.30	-2.07^{*}	0.047
持球走路（掉球数）		1.00 ± 1.91	0.19 ± 0.48	2.21^{*}	0.034

三、讨论

虽然国内外关于青少年运动协调障碍临床性的评测仍然存在争议，但是发展性协调障碍问卷已经被国内引进，并具有良好信效度，因此本研究采用了这一问卷作为青少年运动协调能力的主要评测工具。由于此问卷为父母主观问卷，笔者将 MABC 作为筛选被试的再次确认测试，以确保后期电生理学实验数据的准确性。

中文版的发展性协调障碍问卷的内部一致性信度较高，本研究结果显示，在 7—10 岁青少年中，发展性协调障碍问卷的内部一致性与欧美国家原版本的研究结果一致（Parmar et al.，2014；Wilson et al.，2009；Cairney et al.，2008），同样本研究结果与对 2013 年南京地区 750 名青少年、2011 年上海地区 1099 名青少年和 2015 年苏州地区 3693 名青少年的研究结果一致。中文版的发展性协调障碍问卷的内容效度、结构效度以及区分效度均较高，本研究选择探索性因素分析对发展性协调障碍问卷的结构效度进行检验，结果显示运动控制能力、精细运动和粗大运动能力的三因素结构与发展性协调障碍问卷原作者 Wilson 提出的三因素发展性协调障碍问卷是一致的。

已有荷兰、丹麦、瑞典及日本等多个国家引用 MABC 测试，该工具在全球范围内得到了广泛的应用（Cool et al.，2009），同样研究者在中国台湾地区率先进行了适用性的相关探究，结果显示其具有较高的信效度（Chow & Henderson，2003）。MABC 不但可以作为发展性协调障碍病症的调查和筛选工具，而且其结果可以为临床诊断病例提供可靠的依据。MABC 操作简便，有良好的信效度，也具有良好的临床测量学特征（Smits-Engelsman et al.，2011；Slater et al.，2010），并且多项研究证明了其跨文化效度较好（Brown，2013）。从运动学理论基础出发，该工具对障碍青少年的运动控制能力、精细运动、粗大运动能力的发展状况进行了全面评测。本实验通过 MABC 测试，再次确定发展性协调障碍问卷选出的被试与对照组差异显著，从而为后期实验提供了更为合适的被试群体。

四、结论

综上所述，中文版发展性协调障碍问卷在本研究中具有良好的信效度，其与 Wilson 等的研究结果一致。本研究采用具有良好信效度的发展性协调障碍问卷和 MABC 进行测试，筛选出来的青少年具有可靠的临床依据，可为后续电生理实验提供更合适的发展性协调障碍青少年被试。

第二节　发展性协调青少年注意品质特点研究

注意的品质包括 4 个维度，分别是注意的广度、注意的稳定性、注意的分配以及注意的转移。注意品质的高低会直接影响人们做事的效率和质量，注意的品质越高，人们越能高效、准确地完成任务。

注意的广度又叫作注意范围，是指个体能够同时知觉到的对象的多少。有研究发现，注意的广度受到任务难易程度的影响，在简单任务条件下，人们的注意广度为 5—9 个项目。注意的广度还受到注意任务目标的影响，当注意的目标任务有一定的规律时，人们能注意到的范围就比较广。同时。注意的广度还受到个体自身的认知水平、知识经验的影响，当个体的认知发展水平比较成熟、经验比较丰富时，个体的注意广度比较广，即注意的范围比较广。注意范围大小是影响动作有效性的重要因素。

注意的稳定性也叫注意的持久性，是指注意能够长时间保持在某一事物或活动上的特性。它是和人的意识活动状态以及意志相联系的，是人顺利完成某种活动的基本心理条件之一。同稳定性相反的是注意的分散或分心，主要是指注意被当前的任务对象以外的无关刺激活动所吸引，被动离开了当前需要集中指向的任务。注意的稳定性和注意对象的特点、人的状态有关，当注意的对象枯燥乏味，个人又缺乏兴趣时，注意往往容易分散。同时，在稳定注意的条件下，存在着注意的起伏现象，即人们长时间进行某种活动时感受性时强时弱的现象，比如，当你长时间进行阅读时，会感觉书中一样大小的字体，看起来一会儿大、一会儿小。注意的起伏是一种正常的生理现象。注意保持是保证意识加工不被中断、阻止无关信息进入意识的能力，其功能障碍表现为分心易化。

注意的分配是指心理活动同时指向多个不同的任务或对象。在日常生活中，注意的分配起着重要的作用：学生在听课时，就要能边听边记笔记，边看边读；老师在上课时，要做到边讲边观察学生的反应；歌手在舞台上要做到边跳边唱,也需要对注意进行合理的分配。个体常常需要进行多种活动,对于一些活动个体有着非常熟练的活动技巧,个体可以把更多的注意分配到其他比较生疏的活动中去。同时,注意还要求个体从事的几种活动之间存在一定的内在联系,否则将很难同时进行。个体能否在同时进行两种或多种活动时把有限的认知资源分配给不同对象,是影响动作协调的重要因素。发展性协调障碍青少年可能由于注意分配能力不足,因此其动作发展出现障碍。

注意的转移是心理活动主动地转换到不同对象上的能力。这种转移不同于注意的分散,它是人们根据任务的特点,主动、有意地进行注意对象的切换和转移。注意转移的快慢,受到注意对象的特点和个体自身状态的影响,当前后两种注意活动相似或者存在某种内在关联时,较容易实现注意的转移,同时主体对前后两种注意对象的态度和兴趣也会影响到注意转移的速度。注意的转移还和个体的人格特点、神经活动的灵活性有着密切的关系。动作协调需要快速的注意资源转换,注意转移能力在动作协调中扮演着重要角色。

本研究在前人研究的基础上,初步探讨发展性协调障碍青少年与正常青少年在注意品质特点方面的差异,初步探明发展性协调障碍青少年是否存在普遍的视空间注意缺陷,在注意品质的各个维度上是否与正常青少年存在差异。

一、研究目的

本研究的目的是考察发展性协调障碍组与对照组青少年的注意广度、注意稳定性、注意分配、注意转移的特点及差异。

二、研究方法

(一)研究对象

在许昌市选取两所小学的三、四、五年级(三年级 3 个班,四年级 3 个班,五年级 3 个班,共 9 个班)学生,通过班主任向学生发放发展性协调障碍问卷 482 份,收回有效问卷 466 份,有效率达 96.7%。根据发展性协调障碍问卷的得分,将不足 49 分且 MABC 分数为 10 分以上的青少年选入实验组,即发展性协调障碍组,将高于 57 分的选入对照组;同时通过与班主任谈话以及向家长了解情况,排除广泛性发育障碍(pervasive developmental disorder,PDD)和其他器质性疾病(如偏瘫、脑瘫、肌肉萎缩等）青少年。最终确定符合标准的 22 名发展性协调障碍青少年为实验组被试，同时按 1∶1 比例随机抽取同年龄、同性别、同班级的 22 名健康青少年为对照组被试。被试中男生 26 名，女生 18 名；三年级 16 名，四年级 12 名，五年级 16 名；年龄范围在 8—11 岁，平均年龄为 9.72 岁（表 2-10）。以上被试智力均正常，无任何视力方面的问题。

表 2-10　被试分布情况

年级	n	男（人）	女（人）	年龄（岁）			
				M	SD	min	max
三年级	16	10	6	8.78	0.41	8.08	9.67
四年级	12	6	6	9.63	0.38	9.08	10.25
五年级	16	10	6	10.73	0.49	10.17	11.50
总数	44	26	18	9.72	0.94	8.08	11.50

（二）研究工具

1）实验采用北京师范大学殷恒婵于 2003 年开发的青少年注意力测验量表。该量表被证明信效度很高。量表包括 4 个分测验：图形辨别测验，测量注意的分配；选四圈测验，测量注意的广度；视觉追踪测验，测量注意的稳定性；加减法测验，测量注意的转移能力。每个分测验的得分都可以通过计算测验中的正确答题数、遗漏数、错误数以及总答题数来进行计算，最终形成原始得分，然后根据被试年龄对照常模查出量表分。

2）采用 Wilson 等编制的发展性协调障碍问卷（发展性协调障碍 Q）。该问卷共有 17 道题，包括动作的控制、精细和粗大动作以及协调性等方面的内容，其克龙巴赫 α 系数为 0.84，高于可接受水平的分数 0.70，表明量表具有较高的内部一致性信度。通过 Person 相关系数评估发展性协调障碍 Q 的重测信度，得到 Person 相关系数为 0.98（$p<0.001$），表明具有较高的信度。探索性因素分析和验证性因素分析结果显示结构效度良好。

3）采用 Henderson 等研制的 MABC。它共包含 4 个年龄组别（4—6 岁，7—8 岁，9—10 岁，11—12 岁），每一年龄组有 8 个项目，包括手操作灵巧度、球类技巧及动/静态平衡能力，将记录的原始数据转化为 1—5 等级分值，各项目等级分值相加为 MABC 总障碍分。Smits-Engelsman 等（2015）以分隔两周的测验发现，量表在动作表现上的重测一致性达到了 0.90—0.96。

（三）研究程序

1. 预实验

在正式实验开始之前进行预实验。首先让一部分被试自己阅读指导语，直接进行测验，每项分测验之间休息 1 分钟，单次测验所有项目结束后休息 5 分钟，然后进行重测，结果发现第一次测验与第二次测验的结果差异较大，第二次与第三次测验结果不存在显著差异。其原因可能是第一次测验中被试不太熟悉测验内容，同时也说明第二次测验存在练习效应。为了避免出现练习效应，让另一部分被试先自己阅读指导语，然后听主试讲解测验内容和需要注意的问题，被试理解测验内容后进行 1 分钟练习，主试检查被试的测验结果，以确定被试是否充分理解了测验内容。然后计时，开始进行正式测验，结果发现，此次测验能很好地避免操作过程中的练习效应，且测验信效度良好。

2. 正式实验

按照预实验确定的实验流程进行集体施测。首先与被试所在学校联系，确定可以集体施测的时间、地点，做好测验的各项准备工作。本次测验共发放测验量表 44 份，收回有效测验量表 44 份。

在施测过程中，对于青少年注意力测验量表中的 4 个分测验，在具体施测时随机编排呈现顺序，以防止各个分测验之间影响而带来的顺序效应和记忆效应。量表分测验之间的休息时间为 2 分钟，以防止出现眼睛疲劳等生理问题，影响实验结果。实验过程中，首先让被试自己阅读实验说明，接下来主试对说明做进一步讲解。被试充分理解后，让其进行一次练习，主试检查一下，以确定被试充分理解，之后开始进行计时测验，每个分测验持续 3 分钟。一个月后进行重测，以检验实验量表的信度，施测程序、评分方法与前测保持一致，运用 SPSS 16.0 软件进行数据分析，得出量表的克龙巴赫系数为 0.812，验证了实验结果的稳定一致性。

（1）分测验一：图形辨别测验

该测验要求被试在多个相似但又不一样的圆环中按要求找到指定的圆环。该测验由 15×20=300 个图形组成，每个图形由两个大小不同、缺口方向不一的圆环组成。在查找指定图形过程中，被试要注意以下几点：要同时查找指定要求的两个圆环，不能找完一个再找另一个；要从上到下、从左到右一个一个挨着查找，不能跳行，直到找完为止；查找的图形必须与指定图形完全相同，每查找一个，便在上面打"√"；在查找过程中，如果查找错误，被试不能擦除，继续查找即可；尽可能又快又准确地找到指定图形，如有问题，举手向老师示意。

（2）分测验二：选四圈测验

在圆圈数目不同的方格中找出只有 4 个圆圈的方格。该测验由 26×25=650 个小方格组成，每个小方格由数量不同、排列不同、大小相同的小圆圈组成。在查找过程中，被试要注意以下几点：不管小圆圈的排列组合方式如何，只要是 4 个小圆圈即为指定图形；要从上到下、从左到右一个一个挨着查找，不能跳行，直到找完为止；查找的图形必须与指定图形完全相同，每查找一个，便在上面打"√"；在查找过程中，如果查找错误，被试不能擦除，继续查找即可；尽可能又快又准确地找到指定图形，如有问题，举手向老师示意。

（3）分测验三：视觉追踪测验

该测验要求被试把无数条错综交叉、左起右止的曲线末端序号查找并填写出来，末端序号要与其起始序号保持一致。测验由 A、B 两部分组成，共计 A（10）+B（25）=35 条曲线。在测验中，被试要注意以下几点：必须用眼睛来追踪曲线的路径，而不能用笔、手来画；从上到下依次查找，不跳行；找到后在相应的方格中填入起始序号，直到查找完成或者测验时间停止，测验结束。

（4）分测验四：加减法测验

该测验要求被试对相邻的两个数字交替、依次进行加减法运算。测验由 22×12=264 道加减法题组成，加减过程中，要从头至尾、从左到右、从上到下依次计算，不能跳行或者一列一列地计算，将计算结果写入两个数字中间。

（四）数据分析

采用 SPSS 16.0 软件对实验数据进行分析，比较发展性协调障碍组和对照组青少年注意品质发展的差异。

三、研究结果

（一）注意品质的相关分析

对注意品质的 4 个维度进行相关分析，结果表明，注意品质的 4 个维度之间存在显著正相关，实验结果符合预期，结果如表 2-11 所示。

表 2-11　注意品质的各个维度间的相关矩阵（N=44）

项目	M	SD	注意稳定	注意分配	注意广度	注意转移	注意品质总分
注意稳定	15.48	5.10	1				

续表

项目	M	SD	注意稳定	注意分配	注意广度	注意转移	注意品质总分
注意分配	16.61	7.27	0.60**	1			
注意广度	67.55	15.64	0.69**	0.63**	1		
注意转移	60.98	27.33	0.59**	0.68**	0.66**	1	
注意品质总分	160.61	48.63	0.75**	0.79**	0.86**	0.94**	1

（二）发展性协调障碍组与对照组青少年注意品质的差异分析

发展性协调障碍组与对照组青少年在注意品质各方面的测验结果如表2-12所示。结果显示，发展性协调障碍组与对照组青少年在注意品质的各个方面的表现均存在极其显著的差异（$p<0.001$）；发展性协调障碍青少年的注意品质各方面的平均成绩普遍低于对照组青少年，发展性协调障碍青少年在注意分配、注意稳定、注意转移、注意广度以及注意品质总分上的成绩均值分别为12.27、12.27、43.05、59.00、126.59，对照组青少年的注意分配、注意稳定、注意转移、注意广度及注意品质总分上的成绩均值分别为20.95、18.68、78.91、76.09、194.64，发展性协调障碍青少年的注意力在4个维度上的表现水平显著低于正常青少年。

表2-12 发展性协调障碍组与对照组青少年在注意品质各方面的测验结果

项目	发展性协调障碍组（n=22）		对照组（n=22）		t
	M	SD	M	SD	
注意分配	12.27	6.54	20.95	5.09	−4.92***
注意稳定	12.27	4.78	18.68	2.97	−5.34***
注意转移	43.05	21.49	78.91	19.85	−5.75***
注意广度	59.00	14.88	76.09	11.23	−4.30***
注意品质总分	126.59	39.01	194.64	29.93	−6.49***

为了进一步考察造成上述差异的原因，随后，我们对发展性协调障碍青少年数据进行逐步多元回归分析（表2-13），发现注意转移对注意品质总体的解释率最高，为77%，其次为注意广度，解释率为20%，注意分配的解释率为2%，注意稳定的解释率为1%。

表2-13 发展性协调障碍组注意品质的4个维度对注意品质总分的回归分析

因变量	预测变量	$\triangle R^2$	β	p
注意品质总分	注意转移	0.77	0.55	<0.001
	注意广度	0.20	0.38	<0.001
	注意分配	0.02	0.17	<0.001
	注意稳定	0.01	0.12	<0.001

（三）不同年级发展性协调障碍组与对照组青少年注意品质的差异分析

为了进一步考察不同类型青少年注意品质是如何随年级升高而发生变化的，有必要进一步分析其年级差异。如表 2-14 所示，经过 t 检验分析，小学三年级发展性协调障碍组与对照组青少年在注意稳定、注意广度上存在非常显著的差异 $p<0.01$，在注意分配、注意转移以及注意品质总分上的表现存在极其显著的差异（$p<0.001$）。

表 2-14　小学三年级发展性协调障碍组与对照组青少年注意品质的差异分析

项目	发展性协调障碍组（n=8）		对照组（n=8）		t
	M	SD	M	SD	
注意分配	8.88	3.87	19.63	6.02	−4.25***
注意稳定	10.38	5.95	18.00	4.21	−2.96**
注意转移	35.75	8.97	79.25	18.20	−6.06***
注意广度	53.88	10.23	71.38	7.39	−3.92**
注意品质总分	108.88	22.24	188.25	29.54	−6.07***

如表 2-15 所示，经过 t 检验分析，四年级发展性协调障碍组与对照组青少年在注意分配、注意转移上存在显著的差异（$p<0.05$），在注意广度、注意品质总分上存在非常显著的差异（$p<0.01$），在注意稳定上存在极其显著的差异（$p<0.001$）。

表 2-15　小学四年级发展性协调障碍组与对照组青少年注意品质的差异分析

项目	发展性协调障碍组（n=6）		对照组（n=6）		t
	M	SD	M	SD	
注意分配	13.17	6.65	22.33	5.35	−2.63*
注意稳定	12.50	3.08	19.17	2.14	−4.35***
注意转移	43.83	22.75	72.83	21.07	−2.29*
注意广度	55.00	8.70	82.00	14.85	−3.92**
注意品质总分	124.50	35.08	196.33	32.41	−3.84**

如表 2-16 所示，经过 t 检验分析，五年级发展性协调障碍组与对照组青少年在注意稳定、注意转移、注意品质总分上存在显著的差异（$p<0.05$），在注意分配、注意广度上不存在显著差异（$p>0.05$）。

表 2-16　小学五年级发展性协调障碍组与对照组青少年注意品质的差异分析

项目	发展性协调障碍组（n=8）		对照组（n=8）		t
	M	SD	M	SD	
注意分配	15.00	7.71	21.25	4.13	−2.02

续表

项目	发展性协调障碍组（n=8）		对照组（n=8）		t
	M	SD	M	SD	
注意稳定	14.00	4.34	19.00	2.19	−2.92*
注意转移	49.75	28.68	83.13	21.96	−2.61*
注意广度	67.13	19.67	76.38	10.51	−1.17
注意品质总分	145.88	49.03	199.75	31.39	−2.62*

如图 2-3 所示，随着年级的不断升高，发展性协调障碍组和对照组青少年的注意品质总分均值都在呈上升趋势，并且发展性协调障碍青少年的注意品质发展速度要略快于对照组青少年，但是不存在显著性差异。

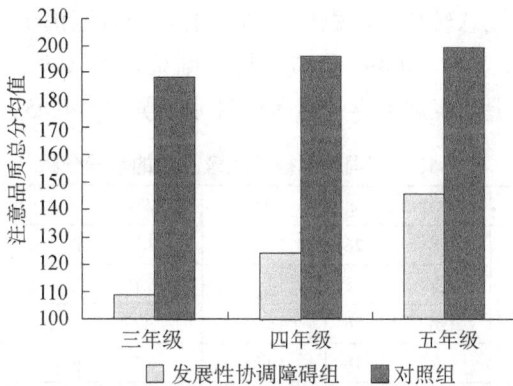

图 2-3　不同年级发展性协调障碍组与对照组青少年注意品质总分均值的差异

不同年级的被试在注意分配、注意稳定、注意转移、注意广度等方面的测验结果表明，随着年级的升高，小学生相应的注意品质的各个方面不断发展。注意分配、注意稳定、注意广度的均值差结果表明，小学三年级到四年级的增长较明显，小学四年级到五年级的增长不太明显，而注意转移则正好相反。然而 t 检验结果表明（表 2-17），小学生注意品质的各维度在不同年级的表现不存在显著差异（p>0.05）。

表 2-17　不同年级被试注意品质的差异分析

注意品质	年级	n	M	SD	min	max
注意分配	三年级	16	14.25	7.40	4	27
	四年级	12	17.75	7.49	2	27
	五年级	16	18.13	6.79	6	26
注意稳定	三年级	16	14.19	6.35	3	28
	四年级	12	15.83	4.30	8	22
	五年级	16	16.50	4.20	6	22

续表

注意品质	年级	n	M	SD	min	max
注意转移	三年级	16	57.50	26.40	22	102
	四年级	12	58.33	25.81	14	115
	五年级	16	66.44	30.10	10	104
注意广度	三年级	16	62.63	12.49	42	82
	四年级	12	68.50	18.26	44	108
	五年级	16	71.75	15.97	34	104

（四）不同性别被试注意品质的差异分析

不同性别被试在注意品质各维度的测验结果表明，虽男生在注意分配、注意稳定、注意转移、注意广度方面的得分普遍优于女生，均值差分别为 3.76、2.03、5.41、4.49，但是 t 检验结果表明（表 2-18），小学生在注意品质各维度上的表现不存在显著的性别差异（$p > 0.05$）。

表 2-18　不同性别被试注意品质的差异分析

注意品质	性别	n	M	SD	均值差	t
注意分配	男	26	18.15	7.33	3.76	1.73
	女	18	14.39	6.76		
注意稳定	男	26	16.31	3.77	2.03	1.31
	女	18	14.28	6.50		
注意转移	男	26	63.19	24.34	5.41	0.64
	女	18	57.78	31.62		
注意广度	男	26	69.38	13.66	4.49	0.94
	女	18	64.89	18.17		

四、讨论

（一）发展性协调障碍的现状分析

与其他发育性障碍（语言障碍、孤独症、抑郁症、阅读障碍和注意缺陷障碍等）相比，发展性协调障碍的发病率最高，这种状况直接影响了对此类障碍的早期识别和干预。在实验过程中，通过走访学校及与班主任和家长进行沟通，笔者初步了解了发展性协调障碍青少年的现实状况。目前学校和社会对发展性协调障碍的了解很少，班主任和家长对此类青少年的关注度很低，同时此类青少年在学业成绩上普遍落后于正常青少年。研究中还发现，教师普遍反映发展性协调障碍青少年存在阅读、书写速度慢，注意力集中时间短，字体的结构、平衡性、规整性差，字体的间距、松紧、笔画的均匀性差，握笔姿势不正确等问题。这与孟祥芝和周晓林（2002）对 14 岁发展性协调障碍青少年的动作表现个案的研究结果相一致。该研究也发现发展性协调障碍青少年存在书写速度慢、字迹不清晰、笔画混乱、动作不协调与控制困难等情况。相关研究表明，青少年发展性协调障碍的患病率达 5%—10%，同时因地域、环境文化以及研究方法的差异，各地的发病率并不一致。本研究结果显示，许昌地区两所小学青少年发展性协调障碍的发病率达 5%左右，并且男女比率达 1.4∶1，而之前针对苏州等地所做的调查表明，发病率高达 9.6%，男女生的比为 1.4∶1。邵宝（2011）对上海 600 名青少年进行了调查研究，结果显示，在 7—8 岁、9—10 岁、11—12 岁三个阶段，青少年发展性协调障碍的发生率分别为 13.9%、17.1%、15.4%，总体发生率为 15.9%。这可能是因为各研究的工具、评估手段不一致，以及地域的各方面条件、样本的取样大小和代表性、被试的年龄段不同，各地区间青少年的发病率存在一定的差异。

（二）发展性协调障碍青少年的注意品质特点

目前，国内关于发展性协调障碍的研究并不多，而且多从认知机制、发病率等方面进行调查分析。本研究在前人研究的基础上，对发展性协调障碍青少年的注意品质特点进行研究，发现发展性协调障碍组与对照组青少年在总体注意品质上存在显著差异（$p<0.001$），发展性协调障碍组青少年在注意品质上的总体表现明显不如对照组青少年。在国外，Asonitou 等（2012）利用 PASS 模型对个体的认知和动作进行了详细的研究，研究对象是注意的选择性和注意分配，结果也表明发展性协调障碍青少年存在注意不足。Rosenblum 等（2018）的研究发现，发展性协调障碍青少年在执行功能和注意方面存在缺陷。关于发展性协调障碍青少年注意缺陷的发病机制，国内外尚无统一观点，但是国内外的许多学者均发现发展性协调障碍青少年存在抑制功能上的缺陷，而抑制功能缺陷可能导致注意力的不足。这是否可以解释发展性协调障碍青少年的注意力问题是由抑制功能缺陷引起的？

为了进一步了解两组青少年在注意上的差异，本研究对两组青少年的注意品质进行了全面的分析。结果表明，两组青少年在注意转移、注意分配、注意广度、注意稳定 4 个维度上均存在显著差异（$p<0.001$），发展性协调障碍组青少年在各维度上的得分均低于对照组青少年，对照组青少年表现出明显的优势，这进一步验证了发展性协调障碍青少年在注意方面存

在损伤或缺陷，与国内外其他学者的研究保持一致。注意使人们在进行信息加工时能根据任务的目标优先选择一部分信息，而抑制另一部分无关信息的干扰，它能使心理活动长时间地保持和集中在当前需要进行的活动上，对人们的心理活动进行监控，当心理活动被无关刺激吸引，发生注意力转移时，它能起到调节作用。笔者在进行注意转移实验任务时发现，发展性协调障碍青少年需要很长时间来实现加减法之间的切换，当上一个运算计算错误时，他们需要更多的时间来进行下一个运算，而且时常出现连加连减的情况，加减运算很缓慢。同时，发展性协调障碍青少年在进入测试状态时需要花更多的时间，而在对当前实验任务的注意保持上普遍表现时间偏短，而且很容易被一些细微动作、声音等无关刺激干扰，注意的监控、调节和保持功能明显没有对照组青少年好。我们都知道，要想实现注意的快速转移，需要心理活动能快速摆脱无关、错误刺激的干扰，而这一能力的提升需要反应抑制功能。国内外很多学者通过隐蔽性视觉导向测验发现，发展性协调障碍青少年存在抑制功能缺陷，而这种缺陷影响了青少年的注意力和某些部位的动作应答能力。但是，也有些研究通过 Go/No-go 实验任务或者其他神经心理学实验发现，发展性协调障碍青少年不存在明显的抑制功能障碍，发展性协调障碍青少年的注意问题与抑制功能无关。也有些研究发现，发展性协调障碍与小脑病变有一定的关系，因为研究发现了小脑病变的患者存在注意转移困难和动作障碍问题。那么，到底是何种原因引起发展性协调障碍青少年的注意缺陷，我们还需要进一步研究。注意的稳定性是从时间上来观测心理活动的，在发展性协调障碍青少年进行注意的稳定性测验时，对于错综复杂的线段，视觉追踪常常发生混乱，他们经常进行到一半重新开始，注意保持的时间短、稳定性差；注意广度测验是从注意的对象上来研究心理活动在同一时间内能够觉察到客体的数量，在进行注意广度测验时，发展性协调障碍青少年很难同时知觉到不同方格内圆圈的数量，有的青少年甚至需要数数，而圆圈排列方式的差异促使他们花更多的时间来完成实验任务。注意广度受到刺激物的特点和主体自身的学识经验的影响，发展性协调障碍青少年的学业成绩普遍偏低，在精细和粗大动作上有困难，存在语言表达和组织能力上的困难。同时，发展性协调障碍青少年在学习和成长中习得的经验等，使其的意识能觉察到的客体数量比较少，与正常青少年之间存在显著差异。在注意的分配测验中，发展性协调障碍青少年很难同时对两个刺激对象进行加工，经常需要反复比对，指定目标与测题，效率低下，常出现顾此失彼和测验中断的现象。大脑对信息进行加工时的容量是有限的，而人们要想同时对多个活动进行注意加工，则与刺激对象的特点、主体自身的状态有很大的关系，而发展性协调障碍青少年在注意分配上表现出来缺陷性的神经机制，还需要进一步研究。

在发展性协调障碍青少年的共病研究中，纯粹的发展性协调障碍可以说是特例（Dewey & Kaplan，1994），发展性协调障碍常与其他障碍共病，如 ADHD、学习障碍和语言发育迟缓（Dewey et al.，2002）。Gillberg 和 Rasmussen（1982）的研究发现，将近 50% 的发展性协调障碍青少年符合 ADHD 的诊断条件，同时临床研究发现 50% 的诵读困难学龄青少年存在动作协调问题。这些研究结果都印证了发展性协调障碍与其他障碍共病的情况。本研究在筛选被试时，通过与家长和老师沟通，发现很多发展性协调障碍青少年在各个科目上的学习情况都比较糟糕，上课注意力不集中，语言组织和表达能力不强，学习成绩在班级中排名靠后，这进一步验证了发展性协调障碍与学业不良、诵读障碍共病的情况。这些障碍相互重叠的观点得到了不少理论和实证研究的支持，我们是否可以认为动作、语言和注意是同时存在的，单独纯粹的发展性障碍是一种特例，而几种障碍同时存在才是普遍的规律？这还需要我们通过大量更加细致、深入的研究来证实。同时，共病研究结果也表明，我们需要更加严格地鉴别和筛选被试的诊断标准与评估工具，这样才能找到各类发展性障碍的核心表现，针对不同的研究对象采取不同的干预和管理措施。

学者针对发展性障碍中的学业不良进行了研究，张曼华和刘卿（1999）对学困生和正常青少年注意品质各维度的研究表明，除注意转移外，学困生在注意稳定、注意广度和注意分配上与正常青少年相比均存在显著差异，在各维度上学优生均表现出明显的优势。刘卿等（1999）的研究表明，学困青少年在注意分配上有明显的缺陷，在注意广度上的表现落后于学优生。刘敏（2011）关于学优生和学困生的注意品质研究发现，两组青少年在注意品质总体上表现出显著的差异。国内外关于学业不良的大量研究均表明，学业不良者存在注意上的缺陷，而在共病研究中，我们知道发展性协调障碍通常伴随着学业不良，而导致学业不良的原因可能与遗传、脑神经发育、感知情况、生理心理发育情况，以及学校、家庭的环境和自身对待学习的态度有关，这是否和发展性协调障碍青少年存在注意缺陷有一定的关系呢？发展性协调障碍和学业不良是否在注意缺陷产生的神经生理机制上存在一定的关联性？这些问题需要进一步探讨与研究。

注意是进行任何心理活动和任务必不可少的条件，它监控和调节着人们的心理活动，与意识、感知觉、记忆等认知活动都有着密切的联系。孟祥芝和周晓林（2002）的研究发现，发展性协调障碍表现在认知方面存在缺陷，他们对发展性协调障碍青少年个案进行长时间的追踪调查，发现该个体的一般智能、视觉和序列加工、阅读和理解能力均表现正常，但是在视空间加工和动作技能上的表现显著低于对照组青少年，两组之间存在显著差异。李旭东对发展性协调障碍青少年进行了认知和视空间工作记忆方面的 ERP 研究，对发展性协调障碍组和对照组青少年进行了数字工作记忆广度、汉字旋转和心算成绩的基本认知能力分析，发现两组之间在认知方面存在显著差异，发展性协调障碍组青少年的表现均落后于对照组青少年。花静等（2007）对苏州地区发展性协调障碍青少年进行的功能性行为特征的研究表明，这些青少年在早期就表现出视空间通道整合障碍。Wilson 和 Mckenzie（1988）的研究也表明，发展性协调障碍青少年在跨通道知觉、动觉和视空间知觉上有明显的缺陷，尤其是视空间知觉。Alloway 和 Archibald（2007）对 6—11 岁的发展性协调障碍青少年和特殊语言损害青少年的工作记忆与学习进行的研究发现，典型语言技能发展性协调障碍青少年在言语和视空间的短时记忆及工作记忆任务上均存在损伤。Williams 等（2013）利用手旋转和身体旋转的实验任务研究了被试的动作表象能力，发现严重发展性协调障碍青少年存在各方面的动作表象缺陷。国内外大量的研究证明了发展性协调障碍青少年在认知上的缺陷。本实验对认知的内在机制进行了研究，发现发展性协调障碍青少年在注意上存在缺陷性，这和发展性协调障碍青少年在其他认知任务（工作记忆、动作表象）上的表现存在一致性，这是否可以进一步说明发展性协调障碍青少年存在认知上的缺陷？

进一步，本研究对注意品质的 4 个维度进行了探讨，但还需要更多的研究来进一步论证支持。在研究过程中，我们并未对发展性协调障碍青少年注意品质的各维度进行深入的探讨与研究。找出致使这些青少年存在缺陷的原因及其发生机制，需要我们今后进行更深入的研究。

通过对不同性别发展性协调障碍组与对照组青少年的分析研究，我们发现他们存在性别的一致性，不管是男性发展性协调障碍青少年，还是女性发展性协调障碍青少年，结果都表明组间存在显著差异，发展性协调障碍青少年的表现低于正常青少年。在注意转移维度，发展性协调障碍男性青少年与正常青少年存在极其显著的差异（$p<0.001$），而男性发展性协调障碍青少年与正常青少年相比差异显著（$p<0.05$），男生之所以比女生的差异更加显著，可能和男女的心理特点、被试量的大小有关。

从总体水平来看，注意力品质在性别上不存在显著差异，这与侯东风

（2006）对长春市中小学生的注意品质测查结果保持一致。这可能与同龄男女生身体发育、脑结构及其机能水平大体发展的一致性相关。本研究发现，男生注意品质各维度的平均成绩普遍高于女生，这可能和取样的大小、取样的群体性有一定的关系，今后可以在不同地域进行大样本调查研究。

　　随着年级的不断升高，青少年的思维发展水平不断提高，大脑不断发育成熟。本研究结果表明，随着年级的升高，青少年在注意品质的各维度上都有明显的提高，但是三个年级之间不存在显著差异。这可能是因为小学三年级到五年级，在生理机能、外部环境的影响下，青少年各方面的发展都处于一个稳步上升的过程，并没有发生突飞猛进的变化。注意分配、注意稳定、注意广度的均值差结果表明，小学三年级到四年级增长较明显，小学四年级到五年级增长不太明显，而注意转移则正好相反。但是 t 检验分析表明，注意品质的各维度在不同年级的表现不存在显著差异（$p>0.05$），这与侯东风对长春市中小学生的注意品质测查结果保持一致。针对三、四年级的发展性协调障碍组和对照组青少年的注意品质各维度发展水平的研究发现，两者之间均存在显著差异，而五年级青少年在注意分配和注意广度上不存在显著差异，这可能和注意的发展水平及样本取样有关。

　　注意的 4 个维度是紧密相关的，随着年级的升高，青少年的认知水平、注意力水平都在发展变化。相关研究也表明，注意广度和注意分配、注意稳定、注意转移各个维度之间存在显著的正相关。这也说明注意的稳定性越好，注意的广度越大，注意的转移和分配能力也越强。吴燕和隋光远（2006）采用眼动仪记录了青少年的内源性和外源性外显空间注意转移的实验数据，表明学习障碍青少年存在外显注意转移不足，而注意转移不足会影响他们在其他认知任务中的表现。有关注意品质研究的调查发现，国内外主要在体育运动、体育竞技中开展了这类研究。有效地实施运动技能需要良好的注意品质，很多运动员因注意不当而发挥失常。所以，提高发展性协调障碍青少年的注意品质，对于提高他们今后的认知表现、学业成绩、社交生活水平都有极为重要的意义。

五、结论

　　与正常青少年相比，发展性协调障碍青少年在注意品质各维度上均存在显著差异，并且各方面的表现均落后于正常青少年。与同性别正常青少年相比，发展性协调障碍青少年在注意品质的各个维度上均存在不同程度的显著差异。与正常青少年相比，小学三、四年级的发展性协调障碍青少年在注意品质的各维度上均存在不同程度的显著差异；与正常青少年相比，五年级发展性协调障碍青少年在注意稳定、注意转移、注意品质总分上存在显著差异（$p<0.05$），在注意分配、注意广度上不存在显著差异（$p>0.05$）。随着年级的不断升高，小学生的注意力发展水平呈现上升趋势。小学生注意品质的发展水平虽然不存在显著的性别、年级差异，但是男生的表现普遍优于女生。

第三章 发展性协调障碍青少年视空间注意保持的神经机制

关于发展性协调障碍青少年视空间注意品质的研究发现，发展性协调障碍青少年存在普遍的视空间注意缺陷，然而，视空间注意保持在大脑内的信息加工进程尚不清晰。本章在上述研究的基础上，进一步深入探讨发展性协调障碍青少年视空间注意保持的神经机制。

第一节 注意保持及其神经机制的客观指标

一、注意保持及其相关研究

注意是指心理活动对一定对象的指向和集中，是心理过程的动力特征，是人正确知觉事物的基础，是人的认知功能的一个重要成分。注意被称为"心灵的窗户"。注意是人脑完成操作和任务的重要心理条件，是认知活动的一种准备状态，也是与智力相关的因素之一。

注意保持（也称注意的稳定性、持续性注意）是指个体有意识地将有限的注意资源保持在同一对象或活动上的心理特性，通常用持续的时间来表示。个体活动在一定时间段内的高效率是持续性注意的标志，可以使心理活动集中在一定的对象上，保证最清晰、最完善、最准确地作出反应，直至完成活动、达到目的为止。通常婴幼儿的注意只能维持几分钟左右，正常学龄前儿童的注意能维持 10 分钟左右或更长。青少年的注意维持能力在快速发展，同时性别、年龄、兴趣爱好和意志力等诸多因素也会影响个体注意的稳定性。反过来，注意保持能力会影响个体的动作协调。

早期研究者关注更多的是持续性注意对学习成绩的影响。朱洌烈等（2000）的研究发现，学习困难青少年比学习优秀及学习一般青少年存在更多的注意问题，注意力更不集中，更容易分心。凌光明（2001）的研究发现，小学低年级学生的有意注意稳定性会影响学业成绩，学习困难青少年的有意注意稳定性显著低于学优生。张曼华和刘卿（1999）的研究结果表明，除注意转移能力外，学习困难青少年在注意广度、注意稳定性和注意分配能力上与正常青少年相比存在显著差异。郭文斌和姚树桥（2003）

的研究表明，学困青少年有明显的注意障碍和多动行为。尹霞（2007）的研究发现，5—6 岁儿童的注意稳定性发展迅速，存在性别、个体和年龄差异，同年龄段女孩的注意稳定性明显高于男孩，6 岁儿童的注意稳定性高于 5 岁儿童。郑晖（2008）的研究发现，学优组学生的注意稳定性水平比学中、学困组学生都要高，差异达到显著水平。任文芳（2010）的研究发现，学困青少年存在广泛的神经心理缺陷，主要表现为以额叶为主的注意、计划和执行功能缺陷；快速命名和言语理解能力不足；较差的精细动作能力；视空间加工能力和视觉运动整合能力不足；视觉记忆能力和言语学习能力的缺陷。此外，学困青少年表现出左右脑功能不平衡的神经心理特征，左脑功能略显不足。

随着研究的不断深入，有研究发现，患有发展性协调障碍的青少年在视空间注意加工上存在缺陷，具体表现为这类青少年在非语言类型的任务中表现不佳，不能取得较好的成绩，包括流利性、工作记忆和抑制等方面（Leonard et al.，2015）。这项研究主要对一组具有发展性协调障碍风险的青少年和一组年龄相匹配的正常发育青少年进行了读写能力的比较，结果发现正常组青少年的协调能力与字母识别任务的正确率呈正相关，协调能力的习得和执行与读写能力有关，然而并未在发展性协调障碍组青少年中发现这些相关性。此外，在评估对不同方向的字母的视觉记忆、视觉分析能力、视觉辨别能力、视觉注意力和空间方向等大多数指标上，患有发展性协调障碍的青少年明显比正常组的同龄人表现差。这可能是由于患有发展性协调障碍的青少年的执行能力受损，从而导致其在工作记忆、双任务加工和元认知任务方面表现较差（Houwen et al.，2017；Vaivre-Douret et al.，2011；Wilson et al.，2013）。也有研究使用 PASS 模型对选择性注意和分配性注意进行了研究，结果发现发展性协调障碍青少年的视空间注意存在缺陷，与正常发育的同龄人相比，这类青少年的注意功能和执行功能存在不足（Asonitou et al.，2012）。有研究表明，患有发展性协调障碍的青少年在视觉、注意力、规划以及学业成绩等认知功能上存在困难，从而推论该类型青少年的信息处理系统受损（Asonitou et al.，2012；Ricon，2010；Wilson et al.，2003）。运动障碍与视空间信息处理机制关系密切，与低级知觉功能机制也存在相关关系。以上观点与最近的研究结果相一致，发展性协调障碍青少年在视觉空间执行能力、工作记忆、语言流利性和抑制控制能力等方面表现不佳（Alesi et al.，2018）。因此，可以得出结论：患有发展性协调障碍的青少年具有特殊的视空间障碍。此外，有研究指出，发展性协调障碍青少年不仅在运动领域存在缺陷，而且在读写领域也存在不足。尽管发展性协调障碍通常被认为只会影响个体运动系统的发展，从而导致青少年的运动表现为笨拙、缓慢和不准确，但是事实上这类疾病的影响还会延伸到其他认知系统，对个体的认知功能造成损害（Alesi et al.，2019）。

二、注意保持神经机制的客观指标

CNV 又称伴随负反应、伴随性负变或期待波（expectancy wave，EW），是反映人脑复杂心理活动的负向电位，其波幅改变受到人脑对事件的准备、期待、注意、动机等的影响，与被试的注意保持能力密切相关。CNV 波幅的改变与注意、警觉、动机等因素密切相关。给被试一个命令刺激（S2）之前，先给其一个警告刺激（S1）。S1 为预备信号（如一个短纯音或一个喀声），S2 为命令信号（如另一个短纯音或者一个闪光），两个刺激一般间隔 1—2 s，要求被试在命令信号 S2 出现后尽快做出某种按键反应。从预备信号 S1 出现后 200—300 ms 左右到命令信号 S2 完成反应之前，在额叶或顶叶可以记录到一个持续时间较长的负向偏转电位，将之称为 CNV。通常把 Walt 的实验方法称为标准 CNV 或经典 CNV 实验方法（图 3-1）。

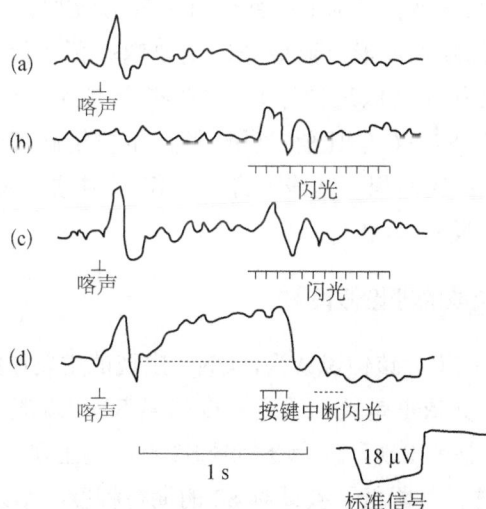

图 3-1　Damen & Brunia（1987）获得的 CNV

CNV 有 3 个亚成分。①CNV 早成分（initial CNV，iCNV）：S1 出现后 500—750 ms，反映了朝向反射和运动准备，其生理基础最有可能位于前扣带回。②CNV 晚成分（late CNV，LCNV）：S2 出现前 200 ms 到 S2

出现。CNV 晚成分与任务期待和运动准备过程有关。CNV 晚成分反映持续性注意，其生理基础是初级运动区、辅助运动区（supplementary motor area，SMA）和次级感觉皮质（Bender et al.，2007）。CNV 晚成分分布于中央区和顶区，反映了辅助运动区、初级运动区、顶叶和次级感觉皮层的高级运动准备与感知注意过程。CNV 晚成分可作为反映注意保持能力的恰当指标。③命令信号后负变化（postimperative negative variation，PINV）：当被试对命令信号 S2 做出反应后，负相电位会很快地回到基线，通常把命令信号 S2 后偏转至基线的这部分负相电位称为命令信号后负变化（PINV）。PINV 反映了对侧初级运动区和辅助运动区的运动估计及高级联想区的偶然性估计。

研究方法：刺激包括 S1 和 S2 两种，刺激的性质是不同的，一般常规用闪光和短声信号，且闪光和短声信号均可作为警告刺激（S1）或命令刺激（S2）。S1 与 S2 的时间间隔一般为 1—2 s，不能短于 0.5 s，以便 CNV 能充分发展，相隔 10—15 s 就会产生阴性结果。同时，分别用 0.8 s、1.6 s、4.8 s 来比较 S1—S2 间隔所产生的 CNV，发现相隔 4.8 s 时，CNV 波幅明显减小。成对的 S1—S2 与下一次成对刺激的间隔时间没有规律性，应控制在 3—10 s，使成对刺激产生的 CNV 有足够的时间恢复。由于 CNV 波幅减小，每名被试必须平均进行 10—20 次实验。

分析指标：①基本波形及亚成分，主要观察预备信号 S1 后的 CNV 波及 PINV；②潜伏期（以毫秒计），主要指标有 A、A—S2、S2—C、A—C 和 A—S2 与 S2—C 的比值；③波幅，主要指标有 CNV、LCNV、PINV 的平均波幅；④面积（基线上方的面积），主要指标有 A—S2 面积和 PINV 面积；⑤反应时。

三、关联性负波的理论假说

1）期待理论假说。该假说认为，CNV 出现的主要原因是被试对命令信号 S2 的期待，其依据是关于改变命令信号 S2 出现概率的实验。实验中，预备信号 S1 总是出现，但命令信号 S2 不一定出现，破坏了 S1 与 S2 之间的伴随性，这样就降低了被试对 S2 的期待程度。结果发现，随着 S2 出现概率的降低，CNV 波幅也相应减小。

2）意动理论假说。意动（即进行一种动作的意向）是决定 CNV 出现的主要心理因素。实验发现，当要求被试增加反应量时，CNV 波幅随之增大。另外，当运动反应可以切断 S2 时，与没有这种效果时相比，CNV 的波幅更大。

3）动机理论假说。该假说认为，CNV 的波幅与被试的动机水平相关。一些实验支持了动机理论假说，实验时若增加觉察难度，减小 S2（声音变小），提高被试觉察 S2 的努力程度时，CNV 的波幅会增大；若指导被试保持对 S2 的警觉，则可以使 CNV 的波幅增大。这一假说可以解释被试没有运动反应时也出现 CNV 的现象。但对有些现象尚不能解释，例如，分心或提高被试实验任务的难度，从而提高他们的努力程度时，CNV 的波幅却会减小。

4）注意与觉醒假说。该假说认为，CNV 和注意与觉醒这两种心理过程均有关系。CNV 波幅和注意成正比，例如，当被试分心时，CNV 波幅减小。具体如下：被试进行了对分心刺激物信息的加工，表现在被试记住了分心刺激物；对 S2 的信息加工受到了影响，表现为被试的反应时延长。当反应速度加快时，CNV 的波幅增大。这些实验都说明注意因素在 CNV 的出现中起着重要作用。Tecce（1972）认为，在 CNV 的出现过程中，觉醒因素是不可忽视的，动物实验表明，CNV 的产生涉及与觉醒有关的皮层下机制，如网状结构和丘脑。由于 S1—S2 的时间间隔在同一项实验中是固定的，被试可于 S2 出现后预知 S1 何时出现，这有可能提高 S1 与 S2 间的觉醒水平，于是 Tecce（1972）在提出注意假说的同时也提出了觉醒假说。根据觉醒假说，CNV 波幅与觉醒水平呈倒"U"形关系。也就是说，当要求被试增强注意时，CNV 波幅随觉醒水平的提高而增大；当要求被试处于紧张状态时，CNV 波幅随觉醒水平的提高而减小，意味着 S1—S2 间觉醒水平的提高。因此，可以说明 CNV 波幅和觉醒水平呈正相关，这就构成了曲线的上升段。至于曲线的下降，则与分心有关，分心使 CNV 波幅减小，同时提高了被试的紧张性觉醒水平。因为，此时测得被试的心率加快，反应变慢。

上述假说虽然各有一定的实验依据，但均不能完整地解释 CNV 的心理影响因素，从相关研究可以看出，与 CNV 相关的不是单一的心理因素，而是一个复杂的心理加工过程。

四、关联性负波的应用研究

CNV 实验范式是研究注意保持的适宜方法。研究发现，CNV 产生于前额叶皮质。CNV 波形和注意变化成正比关系。关于前额叶损伤与 CNV 关系的实验研究表明，前额叶损伤引起同侧半球各部位 CNV 的普遍减小，而对侧半球不变。这一实验表明，前额叶在注意保持中起着重要作用。目前，研究者普遍认为，CNV 波幅与被试做出反应的时间有一定关系，反应时间短，CNV 的波幅就大，也就是说被试的注意保持增强了。CNV 与人脑对事件的准备、期待、注意、动机等心理活动相关，尤其与被试的注意保持能力关系最为密切。CNV 晚成分（LCNV）可以反映持续性注意，其生理基础是初级运动区、辅助运动区和次级感觉皮质。CNV 晚成分分布于中央区和顶区，反映了辅助运动区、初级运动区、顶叶和次级感觉皮层的高级运动准备与感知注意。CNV 可作为反映注意保持能力的恰当指标。国内学者魏景汉和范思陆（1991）通过 CNV 的系列研究发现，注意是 CNV 的重要构成心理因素。

退伍军人创伤后应激障碍（post-traumatic stress disorder，PTSD）患者有较大的额部 CNV，但有较小的中央区和顶部 CNV。CNV 峰值上升表示前额叶的脑干网状结构的激活。Bender 等（2007）的研究显示，脑损伤可以引起 CNV 的变化，偏头痛青少年的 CNV 及亚成分与对照组存在显著差异。研究还发现，攻击性青少年在感知编码、注意和记忆等认知过程中的能力较差，其执行功能受损，精神分裂症患儿的 CNV 波形不规则，A 点潜伏期明显延迟，CNV 和 PINV 平均波幅小于对照组，关于焦虑症和抑郁症患者的 CNV 研究也得出了类似结论。

ERP 技术被认为是观察人脑心理活动的窗口，是就时间进程而言的，尤其在强调实时性的研究中，ERP 技术具有得天独厚的优势。ERP 技术在心理学、生理学、认知神经科学及临床医学等领域中得到了广泛的应用，被誉为"观察脑功能的窗口"，具有很高的应用和研究价值。ERP 以其时间分辨率高、非创伤性和适应年龄广等优点成为研究学习困难青少年注意保持的一种适宜方法。已有研究表明，学习困难青少年普遍存在注意功能缺陷，存在着更多的注意问题，注意力更不集中，更容易分心，等等。CNV 是反映人脑复杂心理活动的负向电位，与人脑对事件的准备、期待、注意、动机等心理活动相关，尤其是与被试的注意保持能力密切相关。在 ERP 研究中，CNV 实验范式是研究注意保持的适宜方法。

第二节　发展性协调障碍青少年视空间注意保持的神经机制研究

对发展性协调障碍青少年视空间内注意保持的研究多基于行为数据，神经机制研究多采用核磁共振技术，其优点是空间分辨率高，有利于考察被试脑区的激活程度，然而对其时间信息加工进程并不清晰。基于此，本研究采用 ERP 技术，重点考察发展性协调障碍青少年视空间注意保持在大脑内的时间加工进程及其动态变化。ERP 技术的优点是具有高时间分辨率，是人的大脑对刺激信息从最初的感觉反应一直到后期的认知加工过程的实时反应。该技术可用于研究发展性协调障碍青少年的视空间内注意保持的特点，将特定刺激所诱发的反应与特定的脑区激活联系起来，有助于探明视空间注意保持的信息加工特点及其神经机制。

一、研究目的

本研究在视空间注意保持实验中，探讨发展性协调障碍青少年与正常组青少年在行为学和电生理学上的差异，进一步发现发展性协调障碍青少年视空间注意保持的神经电生理机制特点。

二、研究假设

假设 1：发展性协调障碍组与对照组在视空间注意保持实验中的反应时存在显著差异。

假设 2：发展性协调障碍组与对照组在不同时段的 CNV 平均波幅及潜伏期存在差异。

三、研究方法

（一）研究对象

选取河南省邓州市赵集镇某 2 所小学 7—10 岁的学生 1200 名，按照顺序完成 SPM、发展性协调障碍问卷和 MABC-2 测试。根据问卷和测试的结果，让平时与被试接触最多的老师和父母参考 DSM-V 手册中发展性协调障碍的诊断标准进行筛选，最终确定发展性协调障碍组和正常组各 24 人。被试年龄均在 7—10 岁，其中男生 12 人，女生 12 人，男女比例为 1 : 1。被试均为右利手，视力正常。

所有材料采用 E-prime 2.0 软件进行编程，刺激呈现在显示屏中央。实验为二对一，主试坐在苹果电脑前实时监控实验进度，助手坐在被试身边，保证被试专心完成任务，及时处理意外情况。台式苹果电脑为 14 寸，显示器分辨率为 1920×1080，脑电记录设备为美国 EGI 公司的 64 导脑电采集系统。被试坐在显示器正前方约 60 cm 处，眼睛与显示器中央成 15°水平视角。实验开始前助手帮助被试熟悉键盘的使用，实验场所保证安静且无噪声。

（二）实验设计

采用经典 CNV 范式，实行被试类型（2 个水平：发展性协调障碍组、对照组）×电极点（3 个水平：C3、Cz、C4）的两因素混合实验设计，其中电极点为被试内设计，被试类型为被试间设计。

（三）实验材料与程序

实验采用经典 CNV 范式（图 3-2），在实验过程中，有两幅图片会接替连续出现，分别是黄灯（提示刺激）和红灯（目标刺激），两张图片均呈现 200 ms 后自动消失。首先屏幕中央会出现一个白色注视点，接着出现黄灯 S1（提示刺激），持续呈现 200 ms 后自动消失，然后间隔 1500 ms 呈现红灯 S2（目标刺激）。实验前提前告知被试在看见黄灯图片时要做好按键准备，看到红灯图片时立刻按下"B"键进行反应，即完成一个试次。实验中，各试次之间的时间间隔在 3—10 s。开始实验前有一个练习阶段，共 10 个试次，练习结束后会出现一个选择的界面，被试熟练掌握就可以开始正式实验，如果未掌握可以重新练习，直至被试理解实验任务要求。然后开始正式实验，正式实验一共 50 个试次。

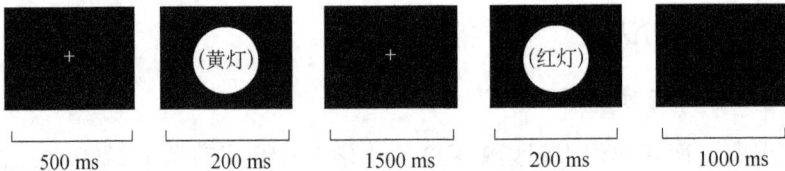

| 500 ms | 200 ms | 1500 ms | 200 ms | 1000 ms |

图 3-2　经典 CNV 实验范式

（四）EEG 记录与分析

实验使用美国 EGI（Electrical Geodesics，Inc.）公司的 ERP 记录系统，采用 64 导放大器和脑电帽记录脑电图（electroencephalogram，EEG）信号，使用 Net Station（Network Station）软件进行离线处理。参考电极为全脑平均，滤波带通为 0.1—30 Hz，采样率为 500 Hz，头皮电阻小于 5 KΩ。EEG 分段从刺激前 500 ms 到刺激后 3000 ms，共 3500 ms。基线校正选取刺激前 500 ms。在数据处理中，被试的眨眼、眼动和其他伪迹波幅超过 ±140 μV，在叠加中被自动剔除，电极帽上已包括眼电。以往的研究表明，通常 CNV 成分在顶中央区时波幅达到最大值，所以本研究选取 3 个电极点（C3，Cz，C4）的波幅和潜伏期进行分析。CNV 的分析时段分别为 500—1000 ms（初始 CNV），1000—1500 ms（中期 CNV）和 1500—2000 ms（晚期 CNV）。本研究主要采用平均波幅测量法对 CNV 成分的各个时间阶段进行统计比较，实际每种条件下叠加次数均在 25 次以上。随后比较两组青少年之间是否存在统计学意义上的差异，$p<0.05$ 为差异有统计学意义。因为在头皮记录 CNV 波幅时，中央区的波幅最大，故以 Cz 的 CNV 波形为分析指标。分析内容如下：①潜伏期（ms）：CNV 负变化起点（S_1—A），如图 3-3 所示；②平均波幅（μV）：包括初始 CNV 平均波幅、中期 CNV 平均波幅和晚期 CNV 平均波幅。

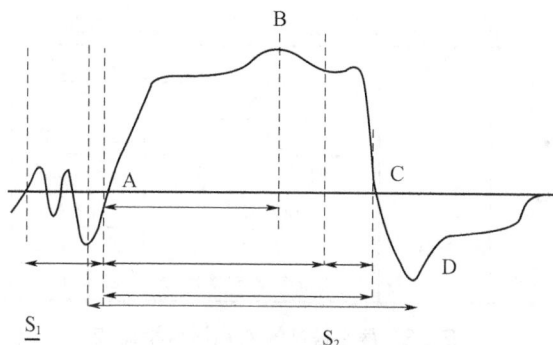

图 3-3　CNV 负变化起点

（五）数据统计与分析

采用 SPSS 22.0 对所有数据进行重复测量方差分析，描述性统计（标准差与平均值）用于描述所有的结果变量。对行为数据的反应时、正确率进行单因素方差分析，对电生理学数据 p 采用 Greenhouse-Geisser 法矫正。

四、研究结果

（一）行为结果

对反应时进行重复测量方差分析，结果表明：被试类型的主效应显著，$F_{(1, 46)}=6.847$，$p=0.012$，$\eta^2=0.13$，发展性协调障碍组被试的反应时（483.52 ± 30.79 ms）长于对照组被试的反应时（367.13 ± 32.1 ms），说明发展性协调障碍组的视觉注意保持能力显著低于对照组（表 3-1）。这一研究结果与前人的许多研究结果相一致。

表 3-1　注意保持实验中两组被试的平均反应时　　单位：ms

项目	发展性协调障碍组	对照组
反应时	$483.52\pm30.79^*$	367.13 ± 32.10

注：与对照组比较，*代表 $p<0.05$

（二）脑电结果

1. CNV 负变化起点及潜伏期

采用重复测量方差分析对 CNV 负变化起点的平均波幅进行统计分析，其中电极点主效应显著，$F(2, 46)=3.18$，$p=0.046$，$\eta^2=0.06$；被试类型主效应、电极点与被试类型的交互作用均不显著，$F(1, 46)=0.04$，$p=0.848$，$\eta^2=0.00$；$F(2, 46)=0.64$，$p=0.530$，$\eta^2=0.01$（表 3-2，表 3-3）。

表 3-2　CNV 负变化起点平均波幅及潜伏期

成分	类型	变异来源	df	F	p	η^2
CNV 负变化起点	波幅	被试类型	1	0.04	0.848	0.00
		电极点	2	3.18	0.046	0.06
		电极点×被试类型	2	0.64	0.530	0.01
	潜伏期	被试类型	1	4.13	0.048	0.08
		电极点	2	0.22	0.798	0.00
		电极点×被试类型	2	0.71	0.493	0.01

表 3-3　两组被试的 A 点潜伏期比较

项目	A 点潜伏期
对照组（ms）	247.97±1.30
发展性协调障碍组（ms）	251.72±1.30
F	4.13*
p	0.048

采用重复测量方差分析对 CNV 负变化起点的潜伏期进行统计分析（图 3-4），其中被试类型主效应显著，$F(1, 46)=4.134$，$p=0.048$，$\eta^2=0.082$，进一步分析表明，发展性协调障碍组相比对照组的 CNV 起点延迟，发展性协调障碍组的 CNV 负变化潜伏期显著长于对照组。电极点主效应、电极点与被试类型的交互作用均不显著，$F(2, 46)=0.226$，$p=0.798$，$\eta^2=50.005$；$F(2, 46)=0.713$，$p=0.493$，$\eta^2=0.015$。

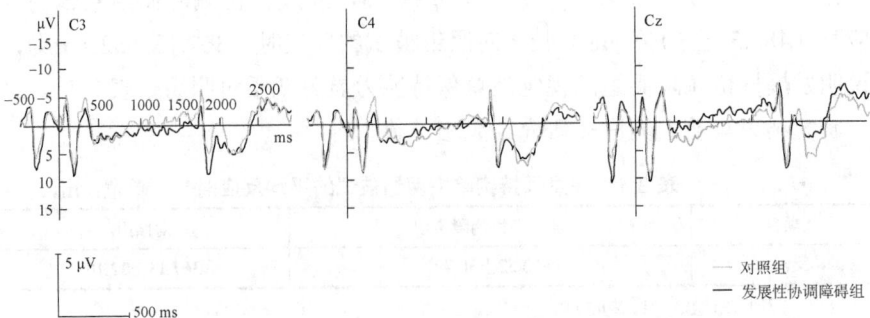

图 3-4　两组被试的 CNV 负变化起点比较

2. 发展性协调障碍组与对照组的 CNV 比较

在 CNV 实验中，发展性协调障碍组和正常组均诱发出了明显的 CNV 波形，从选取电极点的波形图和脑地形图中可以观察到 CNV 成分的时间与空间分布情况。

（1）500—1000 ms 内 CNV 平均波幅比较

对于 500—1000 ms 时段的 CNV 波幅（表 3-4，图 3-5，图 3-6），研究结果如下：被试类型主效应显著，$F(1, 46)=7.05$，$p=0.011$，$\eta^2=0.13$，进一步分析表明，发展性协调障碍组的 CNV 平均波幅显著小于对照组。其中，电极点与被试类型的交互作用显著，$F(1, 46)=3.33$，$p=0.039$，$\eta^2=0.06$，进一步分析发现，在 Cz 电极点上，对照组的 CNV 平均波幅（$-0.216 \pm 1.124 \, \mu V$，$p=0.002$）显著大于发展性协调障碍组（$4.982 \pm 1.124 \, \mu V$）。

表 3-4　500—1000 ms 内两组被试的 CNV 平均波幅比较

分析时段	变异来源	df	F	p	η^2
500—1000 ms	被试类型	1	7.05*	0.011	0.13
	电极点	2	1.95	0.147	0.04
	电极点×被试类型	2	3.33*	0.039	0.06

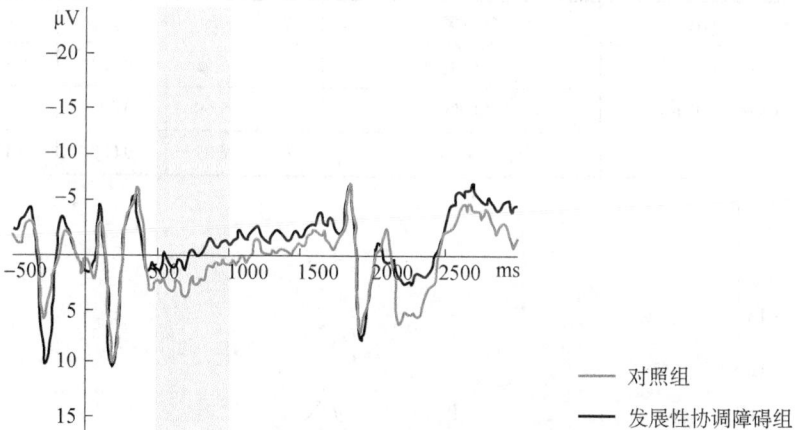

图 3-5　两组被试在 500—1000 ms 内的 CNV 比较

（2）1000—1500 ms 内 CNV 平均波幅比较

对于 1000—1500 ms 时段的 CNV 波幅（表 3-5，图 3-7，图 3-8），研究结果如下：被试类型主效应显著，$F(1, 46)=5.63$，$p=0.022$，$\eta^2=0.10$，进一步分析表明，发展性协调障碍组的 CNV 平均波幅显著小于对照组。其中电极点主效应显著，$F(1, 46)=5.69$，$p=0.005$，$\eta^2=0.11$；

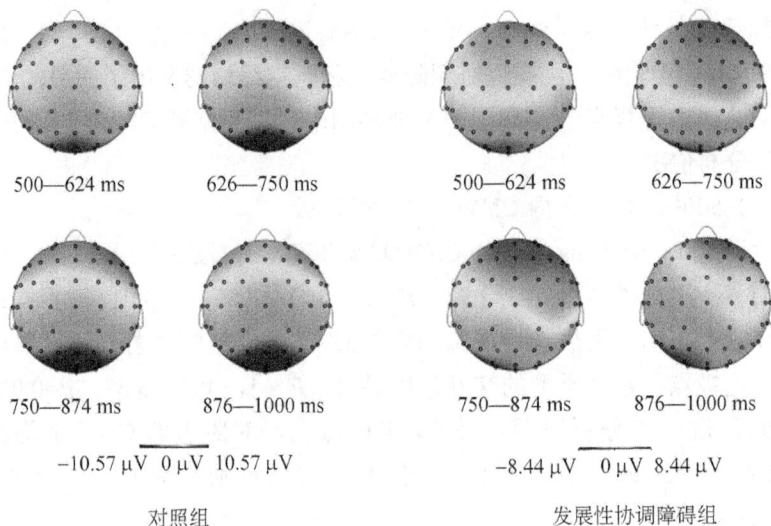

500—624 ms　　626—750 ms　　　　　500—624 ms　　626—750 ms

750—874 ms　　876—1000 ms　　　　750—874 ms　　876—1000 ms

−10.57 μV　0 μV　10.57 μV　　　　　−8.44 μV　0 μV　8.44 μV

对照组　　　　　　　　　　　发展性协调障碍组

图 3-6　两组被试在 500—1000 ms 内 CNV 地形图（见文后彩图 3-6）

电极点与被试类型的交互作用显著，F（1，46）=6.29，p=0.003，η^2=0.12，进一步分析发现，在 Cz 电极点上，对照组的 CNV 平均波幅（−3.131±1.255 μV，p=0.002）显著大于发展性协调障碍组（2.746±1.255 μV，p=0.002）。

表 3-5　1000—1500 ms 内两组被试 CNV 平均波幅比较

分析时段	变异来源	df	F	p	η^2
	被试类型	1	5.63	0.022	0.10
1000—1500 ms	电极点	2	5.69	0.005	0.11
	电极点×被试类型	2	6.29	0.003	0.12

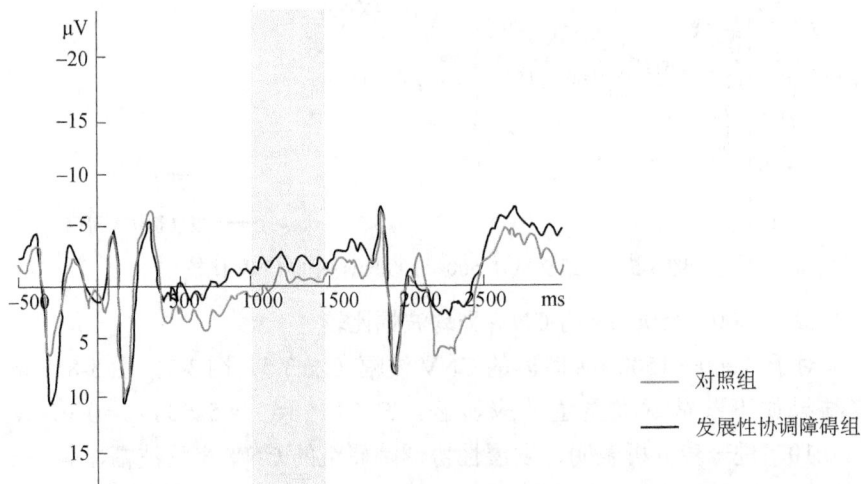

对照组

发展性协调障碍组

图 3-7　两组被试在 1000—1500 ms 内的 CNV 比较

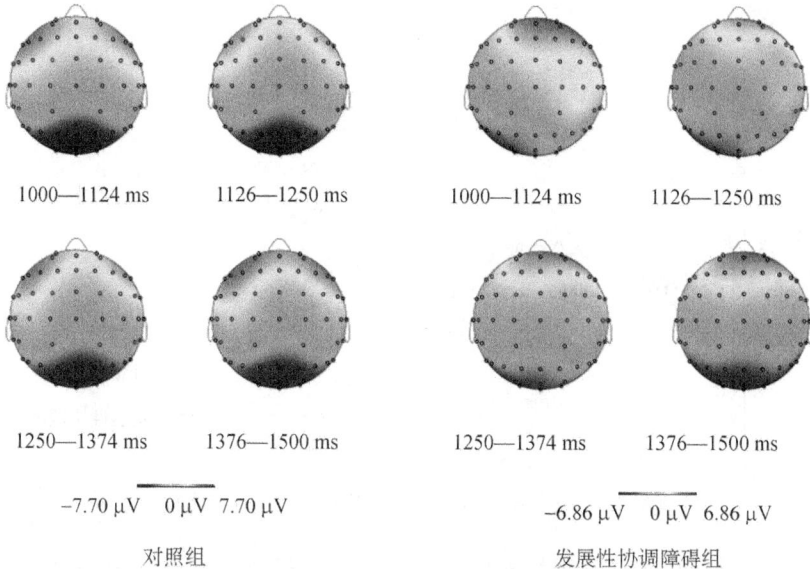

1000—1124 ms　　　1126—1250 ms　　　　1000—1124 ms　　　1126—1250 ms

1250—1374 ms　　　1376—1500 ms　　　　1250—1374 ms　　　1376—1500 ms

−7.70 μV　0 μV　7.70 μV　　　　　　−6.86 μV　0 μV　6.86 μV

对照组　　　　　　　　　　　　　发展性协调障碍组

图 3-8　两组被试在 1000—1500 ms 内的 CNV 地形图（见文后彩图 3-8）

（3）1500—2000 ms 内 CNV 平均波幅比较

对于 1500—2000 ms 时段的 CNV 波幅（表 3-6，图 3-9，图 3-10），研究结果如下：被试类型主效应显著，F（1，46）=4.27，p=0.044，η^2=0.08，进一步分析表明，发展性协调障碍组的 CNV 平均波幅显著小于对照组。其中，电极点主效应显著，F（1，46）=4.53，p=0.013，η^2=0.09；电极点与被试类型的交互作用显著，F（1，46）=4.96，p=0.009，η^2=0.09，进一步分析发现，在 Cz 电极点上，对照组的 CNV 平均波幅（−3.192±1.221 μV，p=0.003）显著大于发展性协调障碍组（2.195±1.221 μV，p=0.003）。

表 3-6　1500—2000 ms 内两组被试 CNV 平均波幅比较

分析时段	变异来源	df	F	p	η^2
1500—2000 ms	被试类型	1	4.27	0.044	0.08
	电极点	2	4.53	0.013	0.09
	电极点×被试类型	2	4.96	0.009	0.09

（4）两组被试 CNV 平均波幅比较

采用重复测量方差分析，对发展性协调障碍组和对照组的 CNV 平均波幅进行统计分析（表 3-7，图 3-11），其中 500—1000 ms 的 CNV 平均波幅的被试类型主效应显著，F（1，46）=7.057，p=0.011，η^2=0.133，进一步分析表明，发展性协调障碍组的 CNV 平均波幅显著小于对照组；

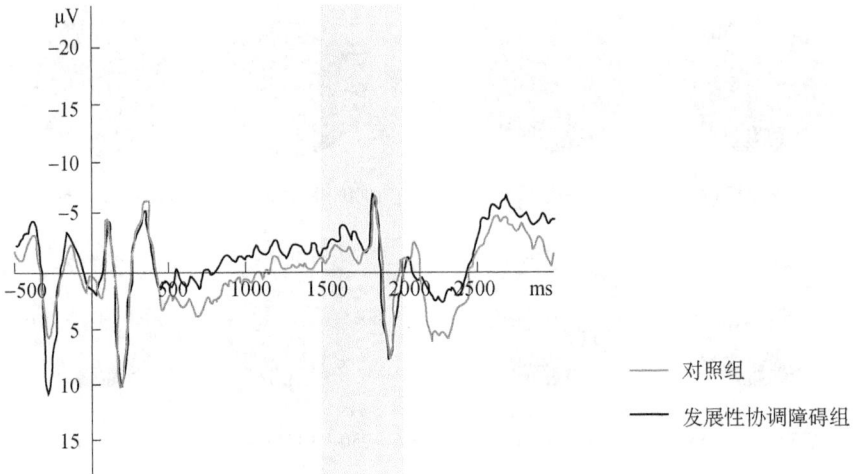

图 3-9　两组被试在 1500—2000 ms 内 CNV 比较

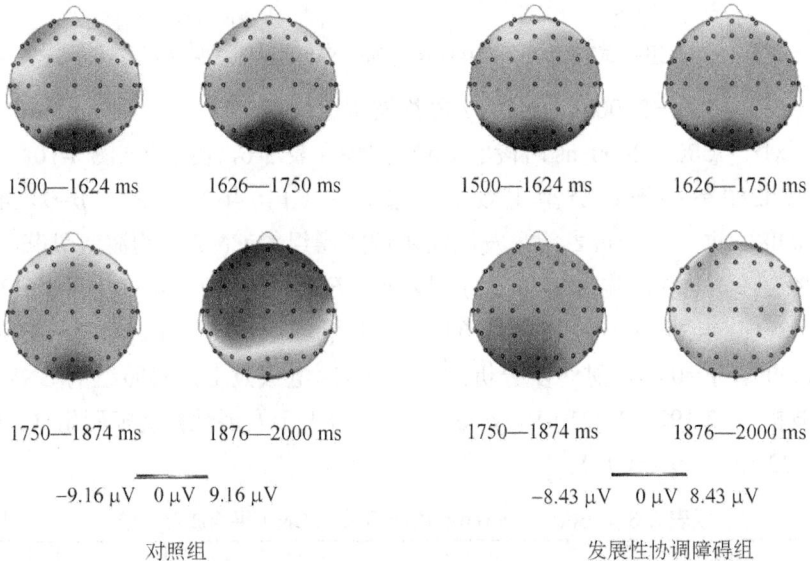

图 3-10　两组被试在 1500—2000 ms 内的 CNV 地形图（见文后彩图 3-10）

1000—1500 ms 的 CNV 平均波幅的被试类型主效应显著，$F(1, 46)=$ 5.634，$p=0.022$，$\eta^2=0.109$，进一步分析表明，发展性协调障碍组的 CNV 平均波幅显著小于对照组（$p=0.022$）；1500—2000 ms 的 CNV 平均波幅的被试类型主效应显著，$F(1, 46)=4.277$，$p=0.044$，$\eta^2=0.085$，进一步分析表明，发展性协调障碍组的 CNV 平均波幅显著小于对照组（$p=$ 0.044）。因此，两组被试之前的 CNV 波幅差异显著，发展性协调障碍组的 CNV 平均波幅均小于对照组的 CNV 平均波幅。

表 3-7　两组被试的 CNV 平均波幅（μV）比较（$M \pm SD$）

被试类型	500—1000 ms 平均波幅	1000—1500 ms 平均波幅	1500—2000 ms 平均波幅
发展性协调障碍组	4.699±0.927*	2.710±1.095*	2.075±1.062*
对照组	1.216±0.927	−0.996±1.095	−1.032±1.062

注：与对照组比较，*代表 $p < 0.05$

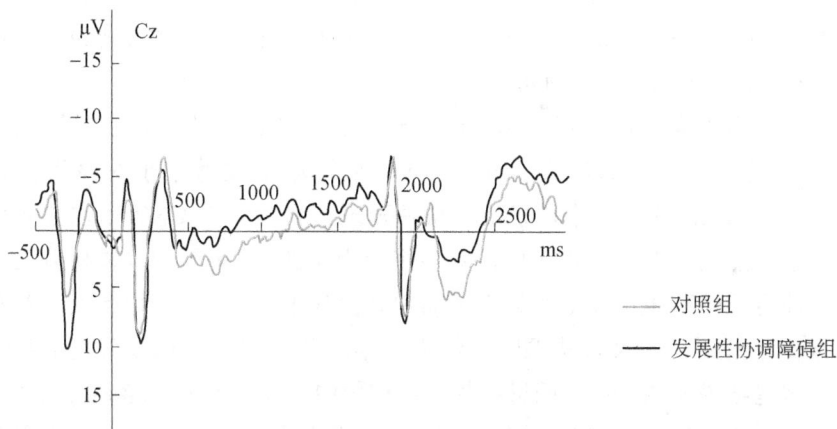

图 3-11　两组被试的 CNV 平均波幅比较

五、讨论

本研究的目的是探讨发展性协调障碍青少年视空间注意保持的特点及神经机制。发展性协调障碍具有复杂的神经机制，以往研究指出这类障碍与很多认知过程密切相关，然而关于发展性协调障碍与注意保持的相关研究却很少。CNV 是在特定刺激条件下所产生的诱发脑电活动，它是通过标准化的过程（S1—S2—运动反应）形成的稳定慢电位，可以反映人脑对事件的准备、期待和注意等状态，能够提供较多的定量分析指标，可以为发展性协调障碍青少年与正常发育的同龄人之间存在的差异提供电生理改变的客观依据。CNV 的皮层活动会受到大脑皮层锥体细胞的顶树突、中脑以及网状结构等部位的影响（张明岛等，1995；Ogura et al.，1996）。目前，CNV 被认为是分析与心理活动相关的脑电波的重要手段之一（肖泽萍等，2003）。

行为实验结果表明，发展性协调障碍组的平均按键反应时显著长于对照组，该结果与其他学者的研究结果一致，表明两组被试的注意保持能力存在差异，发展性协调障碍青少年的注意保持能力显著低于正常发展的同龄人，这类青少年的注意力不稳定，容易分心。有学者认为，CNV 的波幅与被试对特定刺激做出反应的反应时存在相关，反应时与 CNV 波幅之间呈负相关，反应时越短，CNV 的波幅就越大，也就是被试的注意保持能力越强，即注意保持时，CNV 波幅增大，注意分心时，CNV 波幅减小（Barratt，1967；Tecce，1972）。多数研究者认为，反应时越短，CNV 的波幅也就越大，即 CNV 的波幅与被试做出反应时间的长短呈负相关，反应时越长，说明注意力越不容易集中（Barratt，1967；Falkenstein et al.，1991；Gaillard & Näätänen，1980）。本研究结果表明，发展性协调障碍青少年视空间注意保持存在不足。

　　脑电数据表现出与行为结果的一致性。实验结果表明，在早期加工中，发展性协调障碍组青少年的 CNV 平均波幅显著小于对照组；在1000—1500 ms 的加工中，发展性协调障碍组青少年的 CNV 平均波幅显著小于对照组；在晚期加工中，对照组青少年的 CNV 平均波幅显著大于发展性协调障碍组；发展性协调障碍组青少年的 CNV 负变化起点比对照组青少年延迟，发展性协调障碍组青少年的负变化潜伏期显著晚于对照组。这些结果表明，在时间进程的加工过程中，发展性协调障碍组的注意保持能力存在缺陷。CNV 波幅是反映注意保持的一个重要指标。研究表明，CNV 波幅增大，意味着多巴胺系统和胆碱系统占据了主导地位；而 CNV 波幅减小，则与多巴胺系统活动过弱以及临床上情绪不佳和思维迟滞有关（肖泽萍等，2003；Boksem et al.，2006）。当注意力集中时，CNV 的波幅增大，当注意力分散时，CNV 波幅减小。有研究进一步指出，CNV 波幅小是注意力高度分散的表现（张明岛等，1995）。当注意力集中时，CNV 的波幅增大，当注意力分散时，CNV 的波幅减小。实验结果显示，在不同时段发展性协调障碍组青少年的 CNV 平均波幅均显著小于对照组。在本研究中，发展性协调障碍青少年 CNV 平均波幅减小可能提示神经系统中多巴胺系统活动减弱，导致对青少年的大脑产生损害。同时，本研究结果证实了发展性协调障碍青少年在视空间注意保持的加工过程存在不足。

　　本研究中，发展性协调障碍组青少年的 CNV 负变化起点比对照组青少年延迟，发展性协调障碍组青少年的负变化起点的潜伏期显著晚于对照组。CNV 潜伏期能够反映大脑对刺激进行编码、分类加工、识别以及决策等内在加工的时间进程，发展性协调障碍青少年的潜伏期延长说明该组青少年对提示刺激投入的资源过多，但是在提示刺激出现后，开始期待的时间晚于对照组，说明发展性协调障碍青少年大脑的感知容量小，可以利用的心理资源少，心理资源分配能力弱。这可能是由于发展性协调障碍青少年存在运动能力不足，较少参与社交活动和体育运动，导致无法处理好学校、父母和社会之间的关系，就容易产生焦虑、孤独、抑郁等心理问题，甚至会患上精神疾病和出现自杀倾向，而这些心理异常和精神病性行为反过来又会对青少年的大脑产生一定的影响，进而对青少年的认知功能造成损害。有大量证据表明，不良的运动规划是发展性协调障碍青少年的一个核心特征（Adams et al.，2016）。患有发展性协调障碍的青少年无法像同龄人一样有效地想象和完成更加复杂的任务，这表明他们的预测模型存在缺陷，因此无法合理分配心理资源（Bhoyroo et al.，2019）。本研究结果显示，与对照组青少年相比，发展性协调障碍组青少年的 CNV 负变化起点延迟，潜伏期延长以及平均波幅减小，表明发展性协调障碍青少年可能存在唤醒状态、期待、注意等认知功能的异常（刘光亚，谢光荣，2006），这与以往的研究结果相一致（李玲等，2008）。

发展性协调障碍组在早期加工（500—1000 ms）中与对照组的波幅存在显著差异，发展性协调障碍组的波幅显著小于对照组，说明发展性协调障碍青少年由于注意保持能力受损，注意力不稳定，对靶刺激的时间估计能力较差，不能提前为靶刺激的出现做好按键准备，从而对晚期加工认知控制产生影响。在 500—1000 ms 时间段的加工过程中，看到提示刺激后，被试开始进行早期阶段的知觉加工，这里的加工主要指时间知觉加工（Pfeuty et al.，2003）。Walter 等相继证实了 CNV 可以对时间进程的加工过程进行反映（McCallum & Walter，1968）。有研究表明 CNV 早成分是反映警告刺激的朝向活动（张窦斐，2013）。发展性协调障碍青少年早期加工的波幅小于对照组，说明发展性协调障碍组青少年对刺激的加工不够深入，时间信息积累不够，认知控制能力不足。发展性协调障碍组的 CNV 平均波幅较小，说明发展性协调障碍组的期待感不强，高级运动准备和感知注意力存在缺陷，初级运动区和辅助运动区没有得到完全的激活。先前的研究也表明，患有发展性协调障碍的青少年在视觉空间执行能力、工作记忆、语言流利性和抑制控制能力等方面表现不佳（Alesi et al.，2018）。

发展性协调障碍组在晚期加工中（1500—2000 ms）与对照组的波幅存在显著差异，发展性协调障碍组青少年的波幅显著小于对照组，发展性协调障碍组青少年的晚期波幅减小，表明发展性协调障碍组青少年具有注意保持的品质，只是这一功能减弱了。CNV 晚成分可以反映持续性注意力，与任务期待及运动准备过程有关（Damen & Brunia，1987），主要分布于大脑顶区和中央区，主要是对辅助运动区、初级运动区、顶叶和次级感觉皮层的高级准备与感知注意的反映（郭亚恒，2012；Bender et al.，

2003；Gómez et al., 2001）。研究表明，在时间进程中，时间信息累积越多，刺激加工强度也就越大，CNV 的波幅越大，即 CNV 的波幅有可能是对时间信息累积过程的反映（McAdam，1966）。与对照组青少年相比，发展性协调障碍组青少年的 CNV 波幅小，说明这类青少年对刺激进行加工的过程存在不足，时间信息积累不够，注意力不集中。

总体来看，对照组青少年从早期加工一直到晚期加工结束，CNV 波形稳定并未出现明显波动。发展性协调障碍组青少年的 CNV 平均波幅从早期加工到晚期加工结束呈递减趋势，波幅越来越小，注意保持能力越来越弱，这与以往的研究一致（周平等，2019），可能与发展性协调障碍青少年多巴胺能系统活动较弱、情感调节通道受损有关（吕静等，2005）。波幅的减小除了说明被试注意保持能力较差以外，还说明被试花费了不必要的资源在与任务无关的刺激上，从而导致可利用的心理资源不足（王国锋，2007）。发展性协调障碍组青少年的晚期波幅减小，表明发展性协调障碍组青少年具有注意保持的品质，只是这一功能减弱了。两组被试 CNV 的平均波幅在 Cz 点时达到最大，波形特征最明显，与以往的研究结果一致（周平等，2019；Olbrich et al., 2002）。研究发现，CNV 产生于前额叶皮质，有学者认为当注意保持能力增强时，CNV 的波幅也会增大，CNV 峰值的上升代表前额叶的脑干网状结构的激活（Bender et al., 2007），而前额叶在注意保持过程中具有重要作用。发展性协调障碍组青少年的 CNV 波幅呈递减趋势，说明在完成任务的过程中，该组青少年的注意保持能力逐渐下滑，前额叶网状结构激活不充分。有研究表明，发展性协调障碍青少年执行与其核心缺陷（即运动缺陷）有关的认知任务时，与此任务相关的重要脑区就会表现出激活不足，这主要是由于障碍青少年的行为和运动能力较差（丁颖等，2015）。因此，我们不难发现，发展性协调障碍青少年脑功能活动异常的原因可能与认知障碍缺陷、行为症状以及不同阶段的认知加工特点有关。从结果可以看出，CNV 波幅是对注意保持进行反映的一个很有价值的指标。

六、结论

发展性协调障碍青少年注意保持存在缺陷，前额叶网状结构激活不充分，可能是导致动作协调能力发展障碍的部分重要原因。

第四章 发展性协调障碍青少年视空间注意范围的神经机制

注意范围是指人们在同一时间内知觉到的对象数量，而不考虑知觉对象的言语或非言语特性。注意范围可以说是注意广度，人们所知觉的对象越多，注意广度越大；知觉的对象越少，注意广度越小。注意范围大小是影响动作有效性的重要因素之一，本章进一步考察发展性协调障碍青少年视空间注意范围的神经机制特点。

第一节 注意范围及其相关研究

一、注意范围的研究概述

在国外众多关于注意范围的研究中，多数人认为人类注意系统最显著的特点之一是可利用的资源有限。当执行视觉搜索任务时，与任务相关的视觉信息量往往会超过可由注意力系统处理的最大信息量。在这种情况下，自上而下的注意控制对于合理利用这种有限的资源进行注意处理起着关键作用。注意的聚光灯理论认为，由于供给视觉注意加工的能源是有限的，那么给定的注意范围越小，单一刺激物能够得到的加工资源也就越多（Jones et al.，2007）。这个模型也得到了一些神经证据的支持，例如，当人们注意到某个区域时，该区域的部分视觉皮层显示出增强的趋势（Brefczynski & DeYoe，1999；Somers et al.，1999；Tootell et al.，1998）。视觉理论中最为突出的是注意范围假说。注意范围已被证明与单词阅读表现有关（Germano et al.，2014；Zoubrinetzky et al.，2016）。此外，注意范围也被发现与其他识字技能相关，包括文本阅读和拼写（van den Boer et al.，2014；2015）。研究结果表明，注意范围随时间的变化非常稳定，并得出了注意范围与阅读成绩之间存在纵向关系（van den Boer & de Jong，2018）。从神经生理学的角度来看，视觉皮层的特征就是通过注意力范围的大小来调节注意力，从而处理资源，例如，在视觉搜索任务中，随着注意范围的缩小，特定视黄酮视觉皮层的神经活动水平降低，这就反映了一个观点，即同时处理多个目标或位置的能力会受到视觉皮层可用资源的限制（Franconeri et al.，2013）。多数研究者认为，在较小注意范围内的搜索任务中，观察者的搜索速度和准确性明显优于较大注意范围内的搜索任务（Castiello & Umiltà，1990；Greenwood & Parasuraman，1999，2004；Greenwood et al.，1997；Luo et al.，2001；Song et al.，2006）。其他研究者也支持了这一观点，随着搜索范围的缩小，被试的搜索速度会加快，目标刺激所诱导的神经活动受注意范围大小变化的调节（Luo et al.，2001）。

　　国内多数学者认为注意系统在认知过程中扮演着重要的角色，它与脑的其他系统相互影响。当个体对某个区域产生注意时，这个区域就是注意的中心，而其他一小部分区域就处于注意范围的边缘，绝大多数区域则在范围以外（叶奕乾等，2010）。也有研究者发现，在注意所有品质中，注意范围与学生的学业成绩关系最为密切（赵勇，2008）。一般来说，注意范围中个体的排列组合越集中，个体之间的联系就越紧密，越能成为有机联系的整体，注意范围就会随之扩大（丁锦宏等，2012）。注意范围的大小是青少年视觉能力和视觉分辨能力高低的体现（张曼华，刘卿，1999）。高文斌等通过研究视空间内注意范围的脑内时程的动态变化发现，在视觉注意信息的加工过程中，与刺激物有关的信息加工速度及其相关神经生理学活动的强度主要是与注意范围的比例关系密切，而不是仅仅只和注意范围之间存在简单的线性关系（高文斌等，2002）。注意范围等级提示效应的大小可以对早期视觉皮层的神经活动进行调节，在一定的注意比例范围内，注意范围与反应时和脑皮层活动强度之间的关系呈正相关，但是一旦超过了一定大小的注意范围，就不会再出现明显的等级效应（段青等，2005）。与成年人有关的研究表明，早期的视觉皮层产生的活动可以被有效提示范围大小的变化所调节，注意搜索的时间随提示范围的增大而变长（孙延超等，2012）。一般认为，波幅主要反映信息加工过程中心理负荷的强度，波幅的大小与神经皮层中神经元激活的数量呈正相关，即波幅会根据注意资源分配的增加而增大（宋为群等，2004）。

二、注意范围与学习障碍相关研究

　　国外许多研究发现，区别于语音缺陷，视觉注意范围缺陷独立存在于阅读困难青少年身上。Bosse 等（2007）比较了阅读困难青少年与阅读正常青少年在整体报告任务中的差异，发现一些青少年只表现出语音缺陷或者注意范围缺陷。这说明至少在一些被试中，语音缺陷和注意范围缺陷可以作为独立的因素引起阅读困难。个案研究更加深入地阐释了阅读困难青少年（无语音缺陷）注意范围缺陷的机制。例如，对一个法语和西班牙语双语阅读障碍女孩进行行为及神经机制方面的干预，她表现出严重的注意范围缺陷，但是具有正常的语音技能。经过对其注意范围进行积极干预，她的注意范围能力得到较大提高，基于该结果，被试的整体阅读速度得到明显提高，在法语阅读中，这种效果尤其明显。同时，研究者在被试进行注意干预前后对其大脑进行 fMRI 扫描，结果显示大脑两侧的布罗卡区的激活水平明显提升。结果提示，能否同时加工多个视觉对象，是成功阅读的重要影响因素，由此强调了视觉注意范围在阅读中的重要作用。另外两项大样本研究也支持了注意范围能力与语音加工技能分别作为独立的因素影响阅读困难。Bosse（2007）认为，阅读困难青少年或者伴有单一的语音缺陷问题（语音识别、语音短时记忆、语音流畅性），或者伴有单一的注意范围缺陷问题（无语音缺陷），或者兼有语音与注意范围缺陷问题。更重要的是，研究者运用 fMRI 技术进行研究时发现，阅读困难的两个亚型具有各自独立的生物学基础。具有语音缺陷的阅读障碍青少年左侧额下回功能失调，而具有注意范围缺陷的阅读障碍青少年顶骨小叶功能异常。就目前来看，上述研究结果一致表明阅读学习困难青少年的注意范围存在缺陷。因此，了解阅读学习困难青少年注意范围特点的电生理机制，有利于了解造成其学习困难的原因，可以进一步对阅读学习困难青少年进行干预。与此同时，关于数学学习困难青少年注意范围特点的研究相对匮乏，因此，在实验设计时，笔者选取了数学学习困难青少年这一组被试，考察注意范围缺陷是否是不同类型学习困难青少年普遍存在的问题。发展性协调障碍是典型的动作学习困难，其注意范围的神经机制特点有待深入探讨。

三、注意范围的神经机制研究范式及客观指标

目前，国内外对注意范围的研究多是采用整体—局部报告任务范式，记录被试的正确率与反应时，从行为方面进行论述。我国的罗跃嘉等（罗跃嘉，魏景汉，1996；罗跃嘉，Parasuraman，2001）在系列研究的基础上采用固定位置的中心提示范式，从电生理角度来研究注意范围的特点。该范式在成人研究中得到广泛应用，日趋成熟。实验要求被试在大、中、小三种视觉注意范围提示下，在相应的注意范围内搜索靶刺激字母"T"，之后判断字母在视野的左侧还是右侧，并快速按键反应。该范式不同于整体—局部报告任务，在实验时无须被试进行口头报告，研究者只考虑不

同等级视觉注意范围因素对被试成绩的影响。

　　ERP 是人的大脑对刺激信息从最初的感觉反应一直到后期的认知加工过程中的实时反应，并且在没有外在行为的情况下，ERP 是可以被记录到的（黄敬等，2003）。早期视觉诱发电位主要包括 P1 和 N1 成分。对于早期的注意 ERP，先前的研究也表明抑制反映在注意成本上，与 P1 成分的变化有关，增强反映在注意力上，与随后 N1 成分的变化有关（Luck et al.，1994；Talsma et al.，2007）。目前的研究结果表明，抑制的减少主要发生在皮层加工的早期感觉阶段。有研究者认为，后部的 P1 是视觉注意被空间注意提示所加工的最早时期，P1 是最早被发现会受到内生过程影响的视觉成分，主要包括空间选择性注意力和非空间选择性注意力（Gazzaley & Nobre，2012；Rose et al.，2008；Talsma et al.，2007；Taylor，2002）。研究者发现，随着搜索范围的缩小，被试的搜索速度会加快。与行为表现相对应，目标诱发的后部 N1 波幅随着搜索范围的减小而增大，而 P1 波幅与此趋势相反（Luo et al.，2001）。值得注意的是，在研究过程中，随着搜索范围的扩大，包含在搜索范围内的干扰源的数量也在增加，更多的分心意味着更多的注意资源，干扰物越多，感知负荷越大，而后 P1 的波幅随着感知负荷的增加而增大（Fu et al.，2009；Handy & Mangun，2000）。因此，P1 的波幅可能是被不同的感知负荷调节的，而不是由不同大小的注意范围调节的（Zhang et al.，2018）。研究者发现，P1、N1 的波幅均随着注意范围的缩小而增大（Luo et al.，2001；Song et al.，2006）。也有研究发现，通过在不同的空间位置呈现提示线索来调整注意范围的大小，随着空间注意范围的缩小，目标刺激所诱发的枕区外侧 P1 的波幅逐渐减小（Luo et al.，2001）。罗跃嘉等（罗跃嘉，魏景汉，1996；罗跃嘉，Parasuraman，2001）使用跨通道延迟反应模式进行研究，发现注意在视觉条件下受到刺激和听觉条件下受到刺激的 N1 波幅，都比非注意时所诱发的 N1 波幅大（Luo & Wei，1999）。视觉刺激所诱发的 P1 成分和 N1 成分主要与空间定位信息的加工过程存在联系，而与提示范围的大小没有关系（高文斌等，2002；Vogel & Luck，2000）。研究者对不同注意状态下各个脑电成分的潜伏期与波幅的特征及其之间的关系做了对比研究，发现 N1 成分在头皮的分布主要集中于颞枕区，N1 的潜伏期在任何条件下都没有统计学上的差异，早期成分 N1 的波幅与注意资源分配有关（罗斌，2015）。还有研究表明，枕区外侧的 N1 可能是视觉搜索过程中导致注意范围效应的神经生理学指标，自上而下加工的控制机制参与了注意范围效应的调节过程（Zhang et al.，2018）。

第二节　发展性协调障碍青少年视空间注意范围的神经机制研究

一、研究目的

本研究进一步深入探究发展性协调障碍被试的视空间注意范围的特点及其神经机制，采用固定位置中心提示范式，考察发展性协调障碍组被试与对照组被试在搜索靶刺激任务时的行为特点及 ERP 不同成分（如 P1、N1 等）的神经电生理机制的特点。

二、研究假设

假设 1：发展性协调障碍组与对照组被试在视空间注意范围上存在差异。

假设 2：发展性协调障碍组与对照组被试在不同提示范围线索条件下的 P1 和 N1 成分波幅、潜伏期存在差异。

三、研究方法

（一）研究对象

被试筛选程序同第三章，最终参与实验的共有发展性协调障碍被试27 名，对照组被试 27 名，年龄均为 7—10 岁，男女比例均衡，所有被试均为右利手，视力正常或矫正后正常。被试参加实验前由监护人填写知情同意书，被试身体健康并无任何疾病。

（二）实验设计

使用被试类型（2 个水平：发展性协调障碍组、对照组）×注意范围（2 个水平：大注意范围、小注意范围）×脑区（3 个水平：顶区、顶枕区、枕区）的三因素混合实验设计，被试类型为被试间设计，注意范围和脑区均为被试内设计。

（三）实验材料与程序

实验材料主要有两部分：大写英文字母和空心圆圈。圆圈是提示刺激，分别为两个大小不同的白色空心圆圈，直径分别为 7.96 cm 和4.05 cm，圆心位于屏幕中央。英文字母是目标刺激，对随机抽取的英文字母按照提示圆圈的形状进行排列，每个圆圈上都等距分布了 8 个大写英文字母。大圆圈的视角为 5.7°，小圆圈的视角为 2.9°。靶刺激是大写英文字母"T"。

　　实验使用固定位置注意范围等级提示范式（图 4-1），任务要求被试找到"T"，判断其在视野上的位置，并按下对应位置的按键进行反应。屏幕上先呈现指导语帮助被试了解和熟悉实验任务。在正式实验开始之前有一个练习阶段，练习阶段的反应正确率达到 90%，被试才可以进入正式实验。首先，屏幕中央会出现一个白色的注视点，提示被试将注意力集中在屏幕上，持续时间为 500 ms；接下来就随机呈现提示刺激大圆圈或者小圆圈，用来提示靶刺激"T"接下来可能会出现的位置范围，持续时间为 500 ms；随机间隔 400—600 ms 后，呈现目标刺激，持续时间为 2000 ms。当目标字母出现在视野左边时，被试用左手按"Q"键；当目标字母出现在视野右边时，被试用右手按"P"键。正式实验一共 480 个试次，有效提示次数为 432 个试次，另外有 10% 为监控刺激，监控刺激指提示刺激与目标刺激位置不符合，目的是保持被试的注意力。实验过程中同时对被试的反应时和正确率进行记录。实验流程如图 4-1 所示.

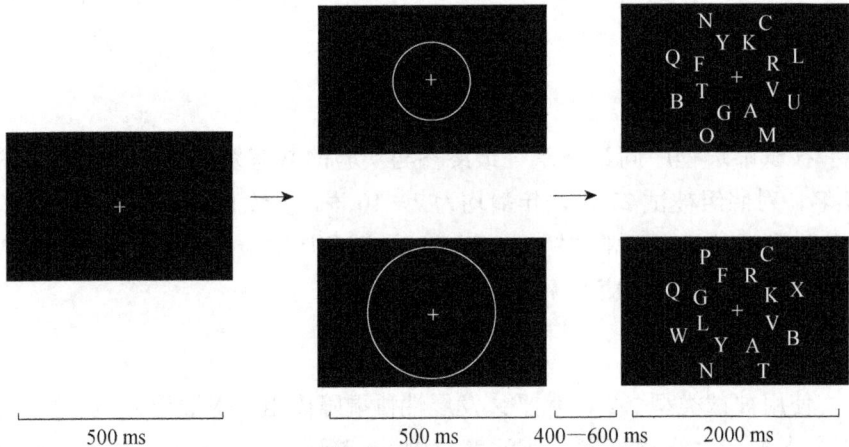

图 4-1　固定位置中心提示范式实验流程

（四）EEG 记录与分析

　　使用美国 EGI 公司的 ERP 记录系统，采用 64 导放大器和脑电帽记录 EEG 信号，使用 Net station 软件进行离线处理。参考电极为全脑平均，滤波带通为 0.1—30 Hz，采样率为 500 Hz，头皮电阻小于 5 KΩ。EEG 分段为刺激前 200 ms、刺激后 800 ms，共 1000 ms。自动矫正眨眼等伪迹，波幅超过 ±140 μV 者被视为伪迹剔除，电极帽上已包括眼电。对靶刺激所诱发的 EEG 进行叠加分类，依据标准为不同的提示范围，实际叠加次数均在 80 次以上，可满足不同类型的脑电叠加平均。

（五）数据统计与分析

采用 SPSS 22.0 对所有数据进行重复测量方差分析；描述性统计（标准差与平均值）用于描述所有的结果变量。对行为数据的反应时、正确率进行单因素方差分析，对电生理学数据 p 采用 Greenhouse-Geisser 法矫正。

四、研究结果

（一）行为结果

实验中，在对字母进行按键反应的阶段，被试反应时超过 2000 ms 的不做分析，此阶段都符合标准。对反应时和正确率采用 2（被试类型：发展性协调障碍组、对照组）×2（注意范围：小注意范围、大注意范围）的二因素重复测量方差分析，其中被试类型为被试间设计，注意范围为被试内设计（表 4-1，表 4-2）。

表 4-1　注意范围实验行为数据

指标	变异来源	df	F	p	η^2
反应时	注意范围	1	20.12	0.000	0.27
	被试类型	1	30.63	0.000	0.37
	注意范围×被试类型	1	1.84	0.180	0.03
正确率	注意范围	1	9.10	0.004	0.14
	被试类型	1	24.06	0.000	0.31
	注意范围×被试类型	1	0.44	0.507	0.00

表 4-2　注意范围实验平均正确率与平均反应时（$M \pm SD$）

类别	发展性协调障碍组		对照组	
	小注意范围	大注意范围	小注意范围	大注意范围
反应时（ms）	2025.564±102.922	2660.425±102.922	1888.034±88.277	2433.440±102.922
正确率（%）	0.986±0.010	0.980±0.030	0.996±0.010	0.986±0.030

对于反应时，注意范围的主效应显著，$F(1, 52)=20.12$，$p=0.000$，$\eta^2=0.27$，两组被试在小注意范围下的平均反应时均显著短于大注意范围下的平均反应时。被试类型的主效应显著（图 4-2），$F(1, 52)=30.63$，$p=0.000$，$\eta^2=0.37$。进一步的事后检验发现，在小注意范围条件下，对照组的平均反应时显著短于发展性协调障碍组；在大注意范围条件下，对照组的平均反应时显著短于发展性协调障碍组。注意范围与被试类型的交互

作用不显著，F（1，52）=1.84，p=0.180，η^2=0.03。

对于正确率，被试类型的主效应显著，F（1，52）=24.06，p=0.000，η^2=0.31，进一步的事后检验发现，在小注意范围条件下，发展性协调障碍组的平均正确率显著低于对照组；在大注意范围条件下，发展性协调障碍组的平均正确率显著低于对照组。注意范围的主效应显著，F（1，52）=0.44，p=0.507，进一步的事后检验发现，小注意范围条件下被试的正确率显著高于大注意范围条件下被试的正确率。注意范围与被试类型的交互作用不显著，F（1，52）=0.44，p=0.507。

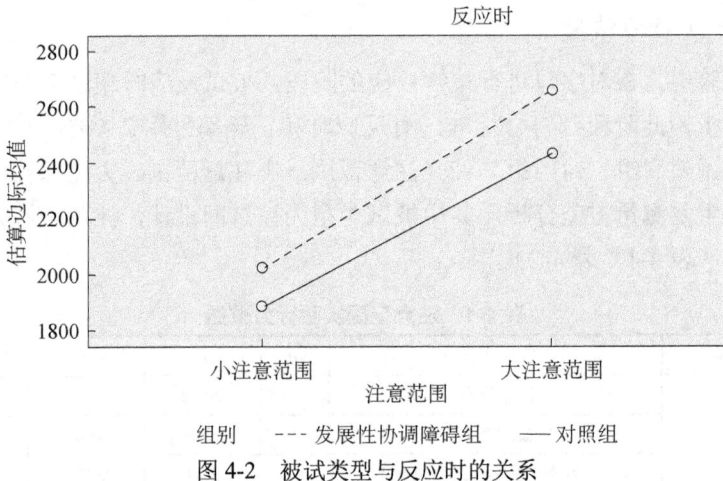

反应时

图 4-2　被试类型与反应时的关系

（二）脑电结果

对刺激按照不同提示单位的线索进行分类叠加，最后得到两组被试在不同注意范围条件下靶刺激所诱发的 ERP 波形。根据已有研究与本研究总平均波形图，最终选取头皮后部顶区（P7、P3、Pz、P4、P8）、顶枕区（PO3、POz、PO4）和枕区（O1、Oz、O2）的 11 个电极点的平均波幅与潜伏期进行分析。脑电成分的分析时间分别为：P1（50—130 ms）与 N1（130—230 ms）。对电生理学数据 p 采用 Greenhouse-Geisser 法矫正。对脑电成分采用被试类型（2 个水平：发展性协调障碍组、对照组）×注意范围（2 个水平：大注意范围、小注意范围）×脑区（3 个水平：顶区、顶枕区、枕区）的三因素混合实验设计进行重复测量方差分析，在目标刺激判断阶段出现 2 种 ERP 波形，即 P1 和 N1。

1. 发展性协调障碍青少年在不同注意范围条件下的 P1 和 N1 比较

笔者分别对发展性协调障碍组被试在注意范围实验中的 P1 和 N1 进行注意范围（2 个水平：大注意范围、小注意范围）×脑区（3 个水平：顶区、顶枕区、枕区）的二因素重复测量方差分析（表 4-3，图 4-3）。发展性协调障碍组在小注意范围、大注意范围条件下的地形图如图 4-4 和图 4-5 所示。

表 4-3　发展性协调障碍组脑电成分波幅与潜伏期的差异比较

成分	类型	变异来源	df	F	p	η^2
P1	波幅	注意范围	1	7.15	0.010	0.12
		脑区	2	13.84	0.000	0.21
		注意范围×脑区	2	3.25	0.050	0.06
	潜伏期	注意范围	1	0.002	0.967	0.00
		脑区	2	63.74	0.000	0.40
		注意范围×脑区	2	3.00	0.050	0.03
N1	波幅	注意范围	1	1.75	0.192	0.03
		脑区	2	8.36	0.001	0.13
		注意范围×脑区	2	4.68	0.013	0.08
	潜伏期	注意范围	1	0.10	0.753	0.00
		脑区	2	28.88	0.000	0.35
		注意范围×脑区	2	0.12	0.858	0.00

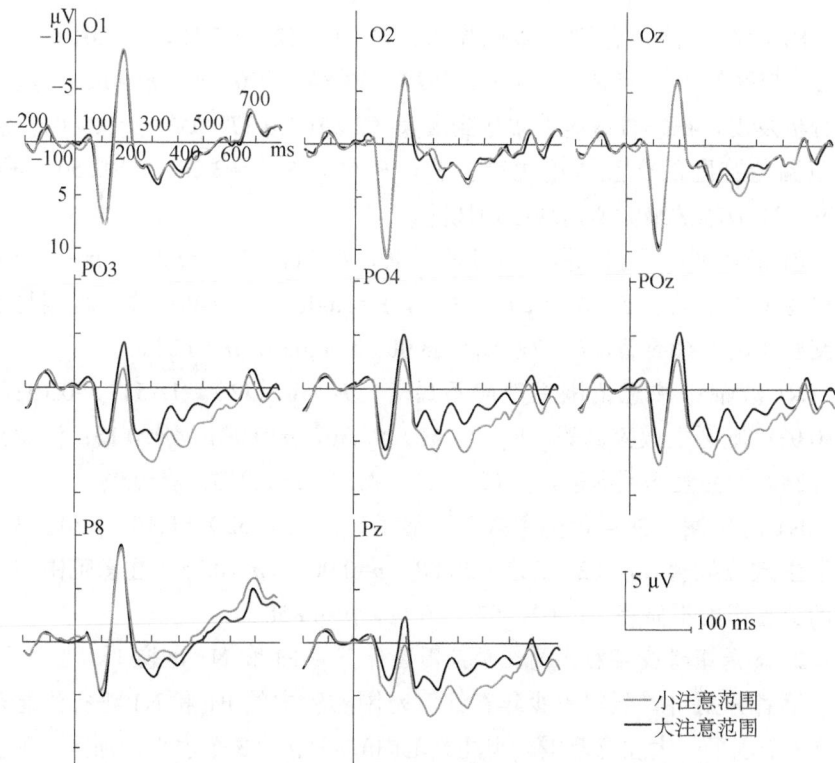

图 4-3　发展性协调障碍组在各个脑区上的 P1、N1 波形图

40—80 ms　　80—120 ms　　120—160 ms　　160—200 ms　　200—240 ms

−7.55 μV　0 μV　7.55 μV

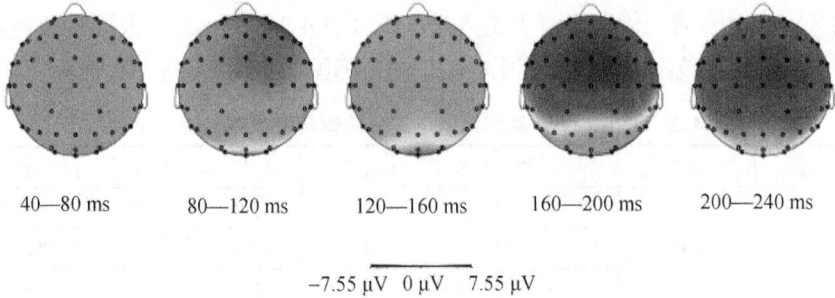

图 4-4　发展性协调障碍组在小注意范围条件下的地形图（见文后彩图 4-4）

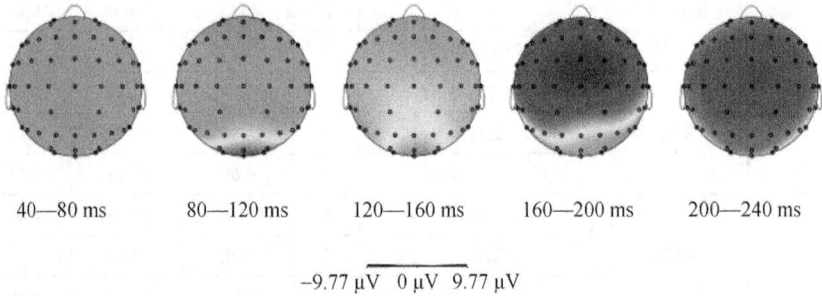

40—80 ms　　80—120 ms　　120—160 ms　　160—200 ms　　200—240 ms

−9.77 μV　0 μV　9.77 μV

图 4-5　发展性协调障碍组在大注意范围条件下的地形图（见文后彩图 4-5）

P1 波幅：注意范围主效应显著，F（1，52）=7.15，p=0.010，η^2=0.12；脑区的主效应显著，F（2，52）=13.84，p=0.000，η^2=0.21，进一步分析发现，在顶枕区时波幅达到最大（2.291±0.377 μV，p=0.000）；注意范围与脑区的交互作用边缘显著，F（2，52）=3.25，p=0.050，η^2=0.06，P1 波幅的最大值出现在顶枕区。

P1 潜伏期：注意范围主效应不显著，F（1，52）=0.002，p=0.967；脑区主效应显著，F（2，52）=63.74，p=0.000，η^2=0.40；注意范围与脑区交互作用边缘显著，F（2，52）=3.00，p=0.050，η^2=0.03。

N1 波幅：注意范围主效应不显著，F（1，52）=1.75，p=0.192，η^2=0.03；脑区主效应显著，F（2，52）=8.36，p=0.001，η^2=0.13；注意范围与脑区的交互作用显著，F（2，52）=4.68，p=0.013，η^2=0.08。

N1 潜伏期：注意范围主效应不显著，F（1，52）=0.10，p=0.753；脑区主效应显著，F（2，52）=28.88，p=0.000，η^2=0.35；注意范围与脑区的交互作用不显著，F（2，52）=0.12，p=0.858。

2. 对照组青少年在不同注意范围条件下的 P1 和 N1 比较

笔者分别对对照组青少年在注意范围实验中的 P1 和 N1 进行注意范围（2 个水平：大注意范围、小注意范围）×脑区（3 个水平：顶区、顶枕区、枕区）的二因素重复测量方差分析（表 4-4，图 4-6）。对照组在小注意范围和大注意范围条件下的地形图分别如图 4-7 和图 4-8 所示。

表 4-4　对照组青少年脑电成分波幅与潜伏期的差异分析

成分	类型	变异来源	df	F	p	η^2
P1	波幅	注意范围	1	5.93	0.018	0.10
		脑区	2	108.58	0.000	0.67
		注意范围×脑区	2	3.97	0.025	0.07
	潜伏期	注意范围	1	0.48	0.490	0.00
		脑区	2	40.57	0.000	0.43
		注意范围×脑区	2	1.41	0.248	0.02
N1	波幅	注意范围	1	1.34	0.251	0.02
		脑区	2	17.85	0.000	0.25
		注意范围×脑区	2	5.50	0.011	0.09
	潜伏期	注意范围	1	0.00	0.995	0.00
		脑区	2	26.45	0.000	0.33
		注意范围×脑区	2	0.36	0.695	0.00

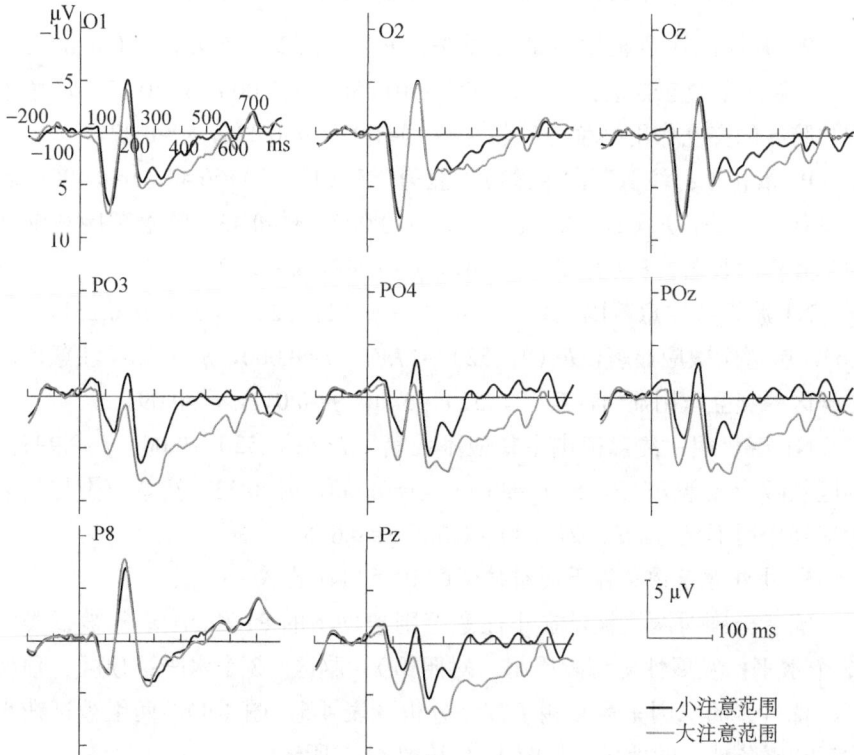

图 4-6　对照组在各个脑区上的 P1、N1 波形图

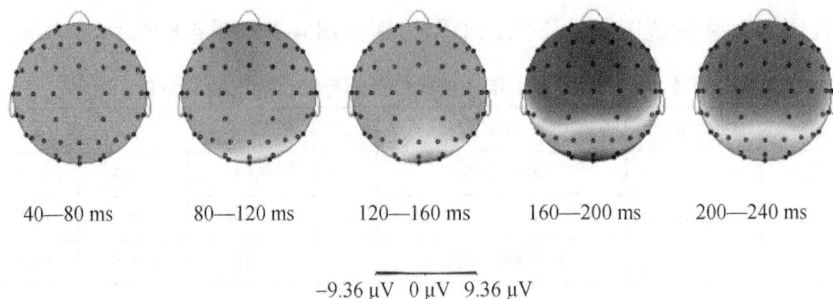

40—80 ms　　80—120 ms　　120—160 ms　　160—200 ms　　200—240 ms

−9.36 μV　0 μV　9.36 μV

图 4-7　对照组在小注意范围条件下的地形图（见文后彩图 4-7）

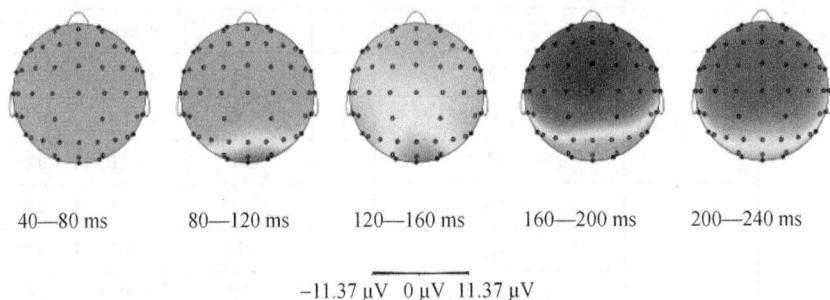

40—80 ms　　80—120 ms　　120—160 ms　　160—200 ms　　200—240 ms

−11.37 μV　0 μV　11.37 μV

图 4-8　对照组在大注意范围条件下的地形图（见文后彩图 4-8）

P1 波幅：注意范围主效应显著，F（1，52）=5.93，p=0.018，η^2=0.10；脑区主效应显著，F（2，52）=108.58，p=0.000，η^2=0.67；注意范围与脑区的交互作用显著，F（2，52）=3.97，p=0.025，η^2=0.07。

P1 潜伏期：注意范围主效应不显著，F（1，52）=0.48，p=0.490；脑区主效应显著，F（2，52）=40.57，p=0.000，η^2=0.43；注意范围与脑区的交互作用显著，F（2，52）=1.41，p=0.248，η^2=0.02。

N1 波幅：注意范围主效应不显著，F（1，52）=1.34，p=0.251，η^2=0.02；脑区主效应显著，F（2，52）=17.85，p=0.000，η^2=0.25；注意范围与脑区的交互作用显著，F（2，52）=5.50，p=0.011，η^2=0.09。

N1 潜伏期：注意范围主效应不显著，F（1，52）=0.00，p=0.995；脑区主效应显著 F（2，52）=26.45，p=0.000，η^2=0.33；注意范围与脑区的交互作用不显著，F（2，52）=0.36，p=0.695。

3. 小注意范围条件下两组被试的 P1 和 N1 比较

笔者分别对两组被试在小注意范围条件下的 P1 和 N1 进行被试类型（2 个水平：发展性协调障碍组、对照组）×脑区（3 个水平：顶区、顶枕区、枕区）的二因素重复测量方差分析（表 4-5，图 4-9）。两组被试在小注意范围条件下的地形图如图 4-10 和图 4-11 所示。

P1 波幅：被试类型主效应显著，F（1，52）=6.41，p=0.014，η^2=0.11；脑区主效应显著，F（2，52）=28.81，p=0.000，η^2=0.35；被试类型与脑区的交互作用显著，F（2，52）=49.24，p=0.000，η^2=0.48。

表 4-5　小注意范围条件下两组被试 P1、N1 波幅及潜伏期的差异分析

成分	类型	变异来源	df	F	p	η^2
P1	波幅	被试类型	1	6.41	0.014	0.11
		脑区	2	28.81	0.000	0.35
		被试类型×脑区	2	49.24	0.000	0.48
	潜伏期	被试类型	1	1.45	0.234	0.02
		脑区	2	48.15	0.000	0.48
		被试类型×脑区	2	0.68	0.507	0.01
N1	波幅	被试类型	1	4.04	0.050	0.07
		脑区	2	1.02	0.362	0.01
		被试类型×脑区	2	2.67	0.074	0.04
	潜伏期	被试类型	1	1.77	0.188	0.03
		脑区	2	29.19	0.000	0.36
		被试类型×脑区	2	0.58	0.560	0.01

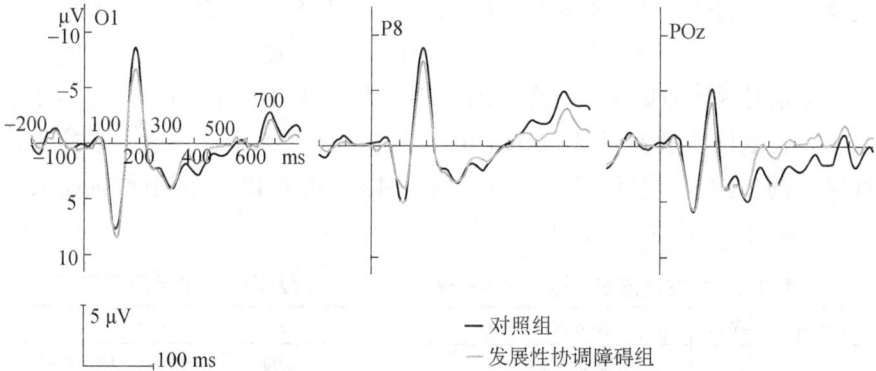

图 4-9　小注意范围条件下两组被试各个脑区上的波形图

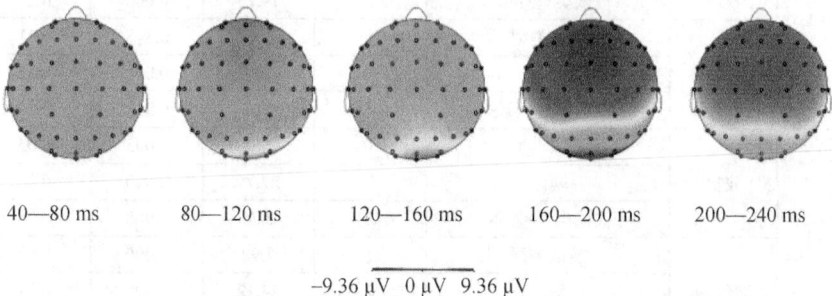

图 4-10　对照组在小注意范围条件下的地形图（见文后彩图 4-10）

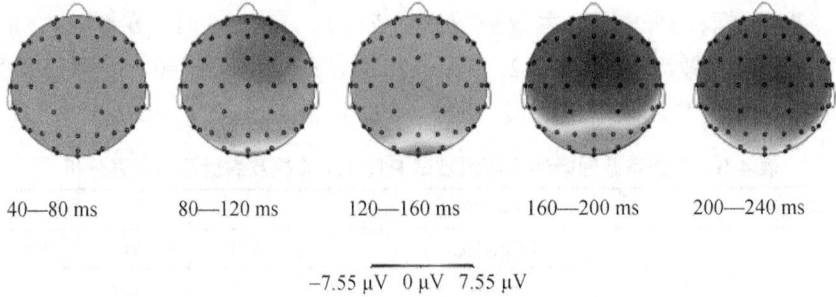

| 40—80 ms | 80—120 ms | 120—160 ms | 160—200 ms | 200—240 ms |

−7.55 μV　0 μV　7.55 μV

图 4-11　发展性协调障碍组在小注意范围条件下的地形图（见文后彩图 4-11）

P1 潜伏期：被试类型主效应不显著，$F(1, 52)=1.45$，$p=0.234$，$\eta^2=0.03$；脑区主效应显著，$F(2, 52)=48.15$，$p=0.000$，$\eta^2=0.48$；被试类型与脑区的交互作用不显著，$F(2, 52)=0.68$，$p=0.507$，$\eta^2=0.01$。

N1 波幅：被试类型主效应显著，$F(1, 52)=4.04$，$p=0.050$，$\eta^2=0.07$；脑区主效应不显著，$F(2, 52)=1.02$，$p=0.362$，$\eta^2=0.01$；被试类型与脑区的交互作用不显著，$F(2, 52)=2.67$，$p=0.074$，$\eta^2=0.04$。

N1 潜伏期：被试类型主效应不显著，$F(1, 52)=1.77$，$p=0.188$，$\eta^2=0.03$；脑区主效应显著，$F(2, 52)=29.19$，$p=0.000$，$\eta^2=0.36$；被试类型与脑区的交互作用不显著，$F(2, 52)=0.58$，$p=0.560$，$\eta^2=0.01$。

4. 大注意范围条件下两组被试的 P1 和 N1 比较

分别对两组被试在大注意范围条件下的 P1 和 N1 进行被试类型（2 个水平：发展性协调障碍组、对照组）×脑区（3 个水平：顶区、顶枕区、枕区）的二因素重复测量方差分析（表 4-6，图 4-12）。两组被试在大注意范围条件下的地形图如图 4-13 和图 4-14 所示。

表 4-6　大注意范围条件下两组被试 P1、N1 波幅及潜伏期的差异分析

成分	类型	变异来源	df	F	p	η^2
P1	波幅	被试类型	1	2.00	0.162	0.03
		脑区	2	35.55	0.000	0.40
		被试类型×脑区	2	19.25	0.000	0.27
	潜伏期	被试类型	1	0.89	0.348	0.01
		脑区	2	26.07	0.000	0.33
		被试类型×脑区	2	0.09	0.912	0.00
N1	波幅	被试类型	1	2.88	0.095	0.05
		脑区	2	27.79	0.000	0.35
		被试类型×脑区	2	2.75	0.068	0.05
	潜伏期	被试类型	1	2.98	0.090	0.03
		脑区	2	24.12	0.000	0.31
		被试类型×脑区	2	2.55	0.082	0.04

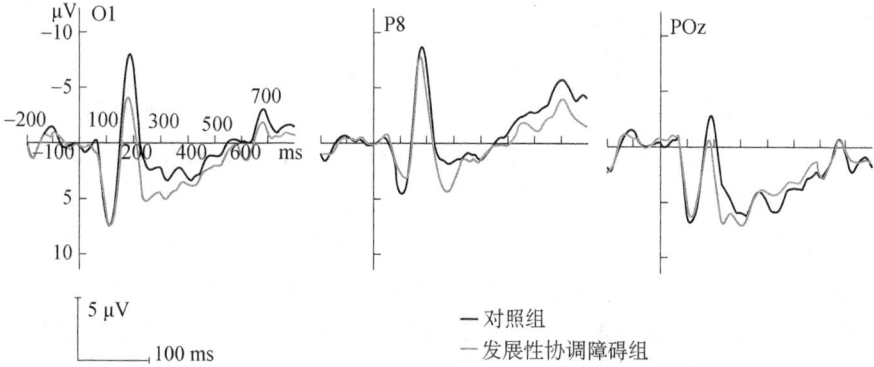

图 4-12　大注意范围条件下两组被试各个脑区上的波形图

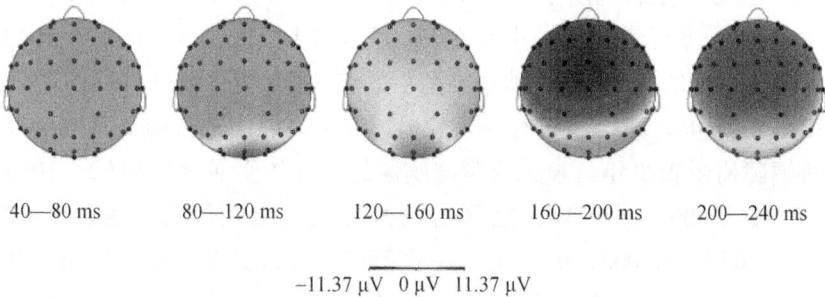

−11.37 μV　0 μV　11.37 μV

图 4-13　对照组在大注意范围条件下的地形图（见文后彩图 4-13）

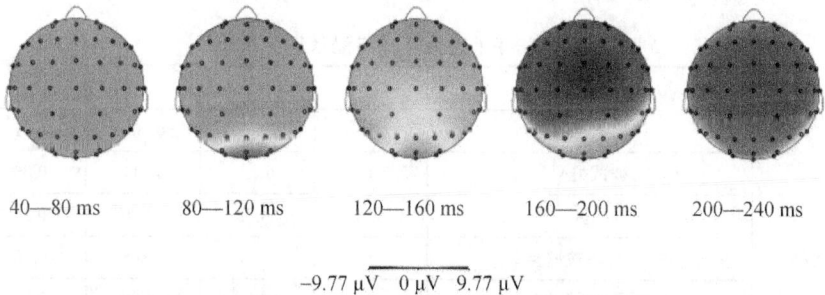

−9.77 μV　0 μV　9.77 μV

图 4-14　发展性协调障碍组在大注意范围条件下的地形图（见文后彩图 4-14）

P1 波幅：被试类型主效应不显著，$F(1, 52)=2.00$，$p=0.162$，$\eta^2=0.03$；脑区主效应显著，$F(2, 52)=35.55$，$p=0.000$，$\eta^2=0.40$；被试类型与脑区的交互作用显著，$F(2, 52)=19.25$，$p=0.000$，$\eta^2=0.27$。

P1 潜伏期：被试类型主效应不显著，$F(1, 52)=0.89$，$p=0.348$，$\eta^2=0.01$；脑区主效应显著，$F(2, 52)=26.07$，$p=0.000$，$\eta^2=0.33$；被试类型与脑区的交互作用不显著，$F(2, 52)=0.09$，$p=0.912$。

N1 波幅：被试类型主效应不显著，$F(1, 52)=2.88$，$p=0.095$，$\eta^2=0.05$；脑区主效应显著，$F(2, 52)=27.79$，$p=0.000$，$\eta^2=0.35$；被试类型

与脑区的交互作用边缘显著，$F(2, 52)=2.76$，$p=0.068$，$\eta^2=0.05$。

N1 潜伏期：被试类型主效应不显著，$F(1, 52)=2.98$，$p=0.090$，$\eta^2=0.03$；脑区主效应显著，$F(2, 52)=24.12$，$p=0.000$，$\eta^2=0.31$；被试类型与脑区的交互作用不显著，$F(2, 52)=2.55$，$p=0.082$，$\eta^2=0.04$。

5. 两组被试在不同注意范围条件下的 P1、N1 成分比较

对两组被试在不同注意范围条件下的 P1 进行注意范围（2 个水平：大注意范围、小注意范围）×被试类型（2 个水平：发展性协调障碍组、对照组）×脑区（3 个水平：顶区、顶枕区、枕区）的三因素重复测量方差分析（结果见表 4-7，图 4-15）。

P1 波幅：注意范围主效应显著，$F(1, 104)=13.07$，$p=0.000$，$\eta^2=0.11$，波幅随提示范围的减小而增大。脑区的主效应显著，$F(2, 104)=64.33$，$p=0.000$，$\eta^2=0.38$。被试类型主效应显著，$F(1, 104)=6.72$，$p=0.011$，$\eta^2=0.06$，进一步进行事后检验，发现对照组的幅值显著高于发展性协调障碍组青少年。被试类型与脑区的交互作用显著，$F(2, 104)=59.58$，$p=0.000$，$\eta^2=0.36$。脑区与被试类型的交互作用显著，$F(2, 104)=6.69$，$p=0.002$，$\eta^2=0.06$。注意范围与被试类型的交互作用、脑区与注意范围的交互作用均不显著，$F(1, 104)=0.06$，$p=0.805$；$F(2, 104)=0.54$，$p=0.572$。

表 4-7　P1 成分波幅与潜伏期分析

类型	变异来源	df	F	p	η^2
波幅	注意范围	1	13.07	0.000	0.11
	被试类型	1	6.72	0.011	0.06
	脑区	2	64.33	0.000	0.38
	注意范围×被试类型	1	0.06	0.805	0.00
	脑区×被试类型	2	59.58	0.000	0.36
	注意范围×脑区	2	0.54	0.572	0.00
	注意范围×被试类型×脑区	2	6.69	0.002	0.06
潜伏期	注意范围	1	0.39	0.530	0.00
	被试类型	1	2.34	0.129	0.02
	脑区	2	73.27	0.000	0.41
	注意范围×被试类型	1	0.07	0.789	0.00
	脑区×被试类型	2	0.30	0.724	0.00
	注意范围×脑区	2	4.19	0.019	0.03
	注意范围×被试类型×脑区	2	0.56	0.572	0.00

脑区：顶区

注意范围

被试类型

－－ 对照组　—— 发展性协调障碍组

脑区：顶枕区

注意范围

被试类型

－－ 对照组　—— 发展性协调障碍组

脑区：枕区

注意范围

被试类型

－－ 对照组　—— 发展性协调障碍组

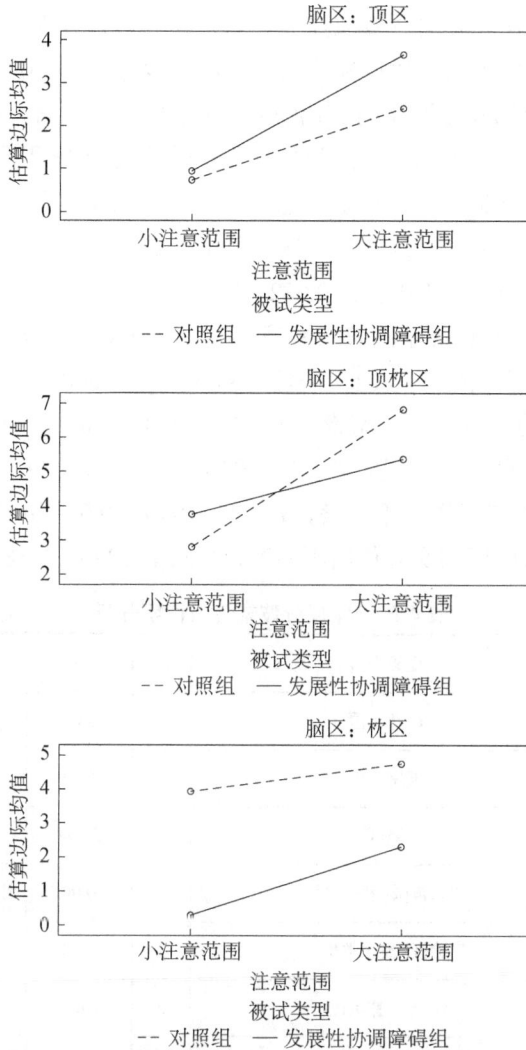

图 4-15　大注意范围和小注意范围条件下两组被试在各个脑区上的 P1 波幅

P1 潜伏期：脑区主效应显著，$F(2, 104)=73.27$，$p=0.000$，$\eta^2=0.41$；注意范围与脑区的交互作用显著，$F(2, 104)=4.19$，$p=0.019$，$\eta^2=0.03$。注意范围的主效应、被试类型的主效应、注意范围与被试类型的交互作用、被试类型与脑区的交互作用、注意范围与被试类型和脑区的交互作用均不显著。

对两组青少年在不同注意范围条件下的 N1 进行注意范围（2 个水平：大注意范围、小注意范围）×被试类型（2 个水平：发展性协调障碍组、对照组）×脑区（3 个水平：顶区、顶枕区、枕区）的三因素重复测量方差分析（结果见表 4-8，图 4-16，图 4-17）。

N1 波幅：被试类型主效应显著，$F(1, 104)=6.74$，$p=0.011$，$\eta^2=0.06$，进一步分析表明，发展性协调障碍组青少年在不同注意范围条件下比对照组青少年诱发了更小的 N1 波幅。脑区主效应显著，$F(2, 104)=20.54$，$p=0.000$，$\eta^2=0.16$。脑区与被试类型的交互作用显著，$F(2, 104)=5.42$，$p=0.007$，$\eta^2=0.05$。注意范围与脑区的交互作用显著，$F(2, 104)=10.15$，$p=0.000$，$\eta^2=0.08$。注意范围、被试类型与脑区的交互作用不显著，$F(2, 104)=0.01$，$p=0.982$。

N1 潜伏期：被试类型主效应显著，$F(1, 104)=4.66$，$p=0.033$，$\eta^2=0.04$。脑区主效应显著，$F(2, 104)=53.08$，$p=0.000$，$\eta^2=0.33$。注意范围与被试类型的交互作用不显著，$F(1, 104)=0.06$，$p=0.804$。脑区与被试类型的交互作用不显著，$F(2, 104)=2.82$，$p=0.065$，$\eta^2=0.02$。注意范围与脑区的交互作用不显著，$F(2, 104)=0.04$，$p=0.945$。注意范围、被试类型与脑区的交互作用不显著，$F(2, 104)=0.38$，$p=0.669$。

表 4-8   N1 成分波幅与潜伏期分析

类型	变异来源	df	F	p	η^2
波幅	注意范围	1	3.04	0.084	0.02
	被试类型	1	6.74	0.011	0.06
	脑区	2	20.54	0.000	0.16
	注意范围×被试类型	1	0.00	0.992	0.00
	脑区×被试类型	2	5.42	0.007	0.05
	注意范围×脑区	2	10.15	0.000	0.08
	注意范围×被试类型×脑区	2	0.01	0.982	0.00
潜伏期	注意范围	1	0.05	0.811	0.00
	被试类型	1	4.66	0.033	0.04
	脑区	2	53.08	0.000	0.33
	注意范围×被试类型	1	0.06	0.804	0.00
	脑区×被试类型	2	2.82	0.065	0.02
	注意范围×脑区	2	0.04	0.945	0.00
	注意范围×被试类型×脑区	2	0.38	0.669	0.00

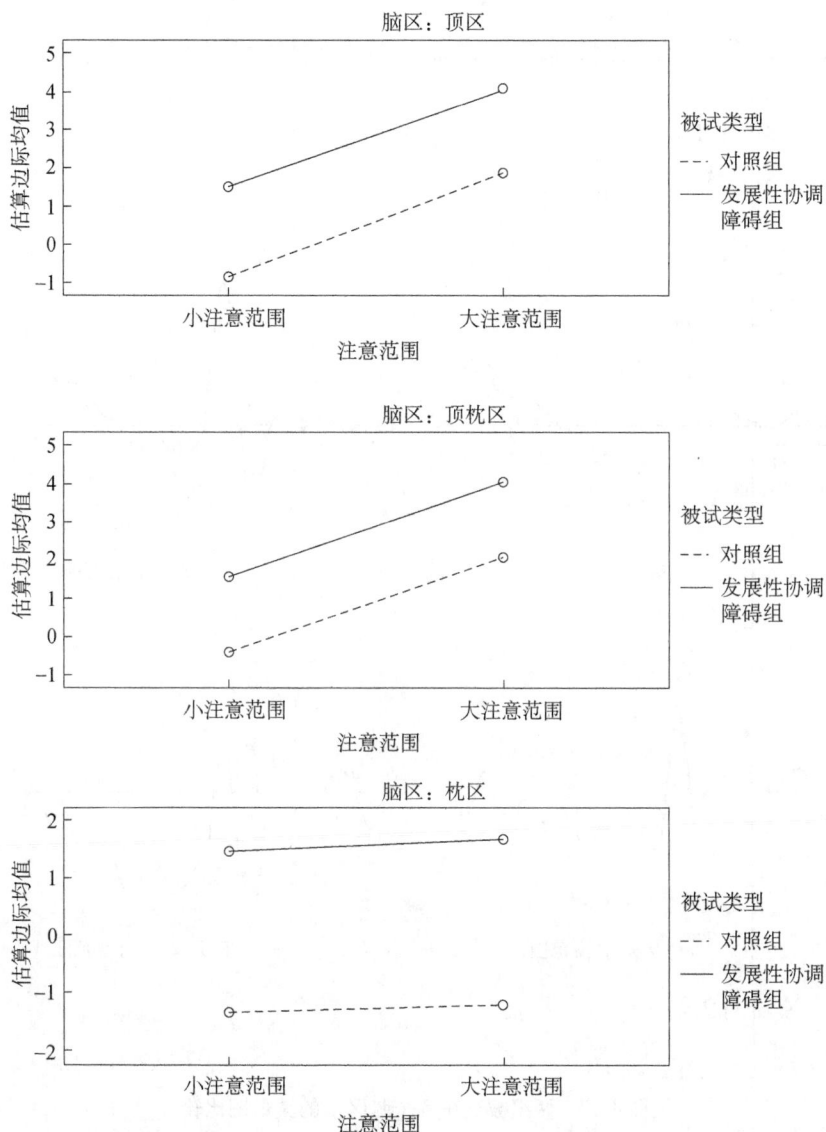

图 4-16 大注意范围和小注意范围条件下两组被试在各个脑区上的 N1 波幅

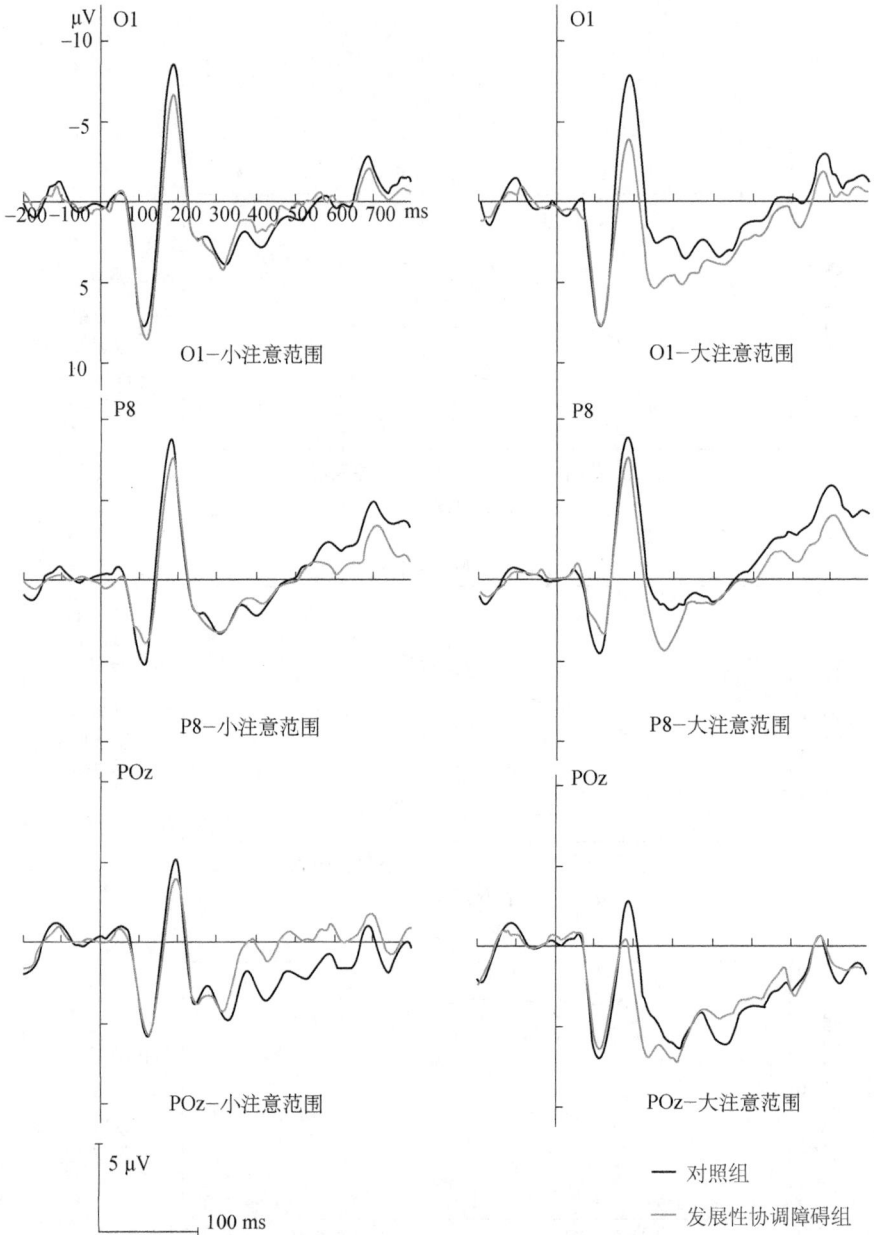

图 4-17　两组被试在各个脑区上的波形图比较

五、讨论

本研究采用修改过的固定位置注意范围等级提示范式，从电生理学的角度探讨了发展性协调障碍青少年视空间注意范围的特点，并研究了发展性协调障碍对青少年视觉空间等级效应的影响。该范式是在关于注意范围

的一系列研究的基础上由我国学者罗跃嘉等改良而成的，目前该范式已经
在各类群体中得到了广泛的应用（段青等，2005；宋为群，罗跃嘉，
2003；孙延超等，2012；Luo et al.，2001）。该范式要求被试在大、中、
小三种不同的视觉注意范围提示条件下，对靶刺激字母"T"进行搜索，
并且判断字母"T"在视野的左侧还是右侧，然后快速进行按键反应。7—
8 岁的青少年视空间注意已经发育相对成熟了，可以对物体在视野中的位
置进行判断（Fan et al.，2004）。本实验根据以往的研究和预实验的结果，
选用了两种范围提示（小注意范围，大注意范围），由于被试在大圆圈中
寻找字母"T"的任务难度太大，对于被试来说过于困难，很难完成，故
本研究不选用大注意范围。

　　行为实验结果表明，发展性协调障碍组和对照组都出现了注意范围的
等级提示效应，发展性协调障碍组在反应时显著短于对照组、正确率显著
低于对照组，两组被试的反应时都随着注意范围的增大而延长，正确率都
随着注意范围的增大而降低。也就是说，注意范围越大，搜索任务越难，
任务所需时间越长，任务完成率越低，这与前人的研究结果相一致（段青
等，2005；孙延超等，2012）。该结果也与对成人的研究结果一致，随着
注意范围的增大，青少年进行注意搜索的时间延长（段青等，2005；宋为
群等，2004；Niu et al.，2008）。随着注意范围的变小，提示的有效性就会
增强，搜索的时间就会缩短。本研究结果表明，随着提示范围等级的下
降，青少年对刺激反应的速度会越来越快。发展性协调障碍青少年的反应
慢于对照组、正确率显著低于对照组，原因可能是发展性协调障碍青少年
具有特殊的视觉空间障碍（Leonard et al.，2015）。另外一种可能性是患有
发展性协调障碍的青少年执行功能受损，这导致其在工作记忆、双任务加
工和元认知任务等方面的表现较差（Houwen et al.，2017；Vaivre-Douret
et al.，2011；Wilson et al.，2013）。

　　脑电实验结果表明，两组被试都表现出有效提示刺激引起 P1、N1 等
早期成分的波幅发生变化，在小注意范围条件下，发展性协调障碍组的
P1 成分波幅显著大于对照组，N1 成分的波幅显著小于对照组；在大注意
范围条件下，发展性协调障碍组的 P1 成分的波幅显著大于对照组，N1 成
分的波幅显著小于对照组。这些结果表明，发展性协调障碍组的视空间注
意范围存在缺陷。本研究中，发展性协调障碍组和对照组都表现出有效提
示刺激引起 P1、N1 等早期成分的波幅发生改变，说明注意提示范围的变
化会影响早期视觉皮层的活动，同时也证实了提示等级诱导空间注意的有
效性，这与前人的研究结果一致（段青等，2005；宋为群等，2004；宋为

群，罗跃嘉，2003；Heinze et al.，1994；Mangun & Hillyard，1991；Martínez et al.，2001）。有研究发现，P1、N1 成分与视觉空间定位有关（Luo et al.，2001；Vogel & Luck，2000）。

在本研究中，P1 成分的波幅随着提示范围等级的提高而增大。多数学者认为，波幅越大，神经元被激活的数量就越多。波幅能够反映信息加工时心理负荷的强度，波幅越大，参与感觉信息处理的脑区就越广泛，也就是说，随着波幅的增大，注意的能量分配也随着变多。当空间注意范围增大时，P1 成分的波幅也随之增大，这就反映了与视觉搜索范围相关的自上而下的控制加工机制。个体对注意范围内各种刺激的感知能力会随着空间范围的增大而降低，空间范围越大，刺激越模糊，P1 发生源内的神经元群的相关活动也将增强，对任务进行加工的难度增大，结果导致被试的反应时延长，P1 成分的波幅增大，反映了大注意范围使注意焦点分散（罗跃嘉，Parasuraman，2001）。实验结果表明，在大、小注意范围条件下，发展性协调障碍组青少年 P1 成分的波幅均显著大于对照组青少年，说明发展性协调障碍青少年对刺激的加工能力存在缺陷，可分配的心理资源不足。脑电数据表明，在顶区、顶枕区、枕区，发展性协调障碍青少年的 P1 成分的波幅显著大于对照组青少年。以往的脑成像研究发现，P1 成分主要分布于外纹状皮质，表明在视觉信息加工的早期阶段就存在注意的调节，也就是说 P1 能够代表注意加工的最初阶段（Martínez et al.，2001）。在刺激呈现的时间内，注意信息加工的速度取决于每个刺激被加工处理的速度，每个刺激被加工处理的速度又取决于个体对每个字母刺激的基本感知有效性和刺激所获得的心理资源。发展性协调障碍组青少年对刺激的反应时间变长，P1 波幅增大，表明该组青少年要花更多的时间和精力去加工在视野中同时出现的每个刺激，所以导致对刺激反应的时间长于对照组。

本研究的实验结果表明，发展性协调障碍青少年的注意范围存在缺陷。发展性协调障碍组和对照组青少年的 N1 波幅均随着提示范围等级的扩大而增大，发展性协调障碍青少年的 N1 波幅显著小于对照组青少年。发展性协调障碍青少年在视觉空间注意加工阶段需要额外的心理资源，因此随着提示注意范围等级的提高，波幅也在增大，这与前人的研究结果一致（孙延超等，2012）。与对照组相比，发展性协调障碍青少年的 N1 波幅更小，可能是随着提示注意范围的扩大，青少年的注意焦点被模糊，对注意焦点的识别速度变慢，因此导致波幅小于正常发育的青少年。提示注意范围等级的有效性反映了自下而上的调节能力，表明发展性协调障碍青少年不能对自身的资源进行有效调节，无法很好地分配注意资源（Plainis et al.，2009）。

本研究结果表明，发展性协调障碍青少年在视空间注意范围上存在缺陷，主要表现为这类青少年的枕叶激活不足。发展性协调障碍组和对照组青少年的 P1、N1 波幅的脑区主效应均显著，经过事后分析得出，最大值出现在枕区。本研究中，在注意范围提示刺激加工的早期阶段，发展性协调障碍组与对照组青少年在枕叶上差异显著，表现为大脑的激活水平不同，主要是发展性协调障碍青少年诱发了更大的 P1 波幅。枕叶是视觉皮质中枢，主要负责处理视觉信息，个体枕叶受损不仅会发生视觉障碍，还会出现记忆缺陷和动作知觉障碍等症状，但是以视觉症状为主（方环海、王梅，2008；李璇，2012）。该结果表明，发展性协调障碍青少年的枕叶功能存在不足，存在视空间注意范围缺陷，并且在对刺激进行加工的早期阶段就出现了认知问题，这与前人对这类青少年的行为学研究结果相一致（高晶晶等，2019）。本研究中，被试根据不同注意范围提示，搜索目标字母"T"，然后进行反应判断，因此该任务与枕叶的视觉信息处理能力存在密切的联系。发展性协调障碍青少年在枕区的 N1 波幅小于对照组青少年，枕区的功能主要是对不同视觉刺激进行识别，本实验结果表明发展性协调障碍青少年在对视觉刺激进行加工时存在不足，加工不够深入，并且实验材料是青少年很熟悉的英文字母，其物理属性并不复杂，说明这类青少年本身存在视觉缺陷。综上所述，发展性协调障碍青少年在枕叶功能上存在不足，这导致该类青少年在刺激识别阶段无法有效调用心理资源对视觉刺激进行识别处理，在空间位置上投入过多的资源，导致对刺激进行反应的时间较长，影响了任务的完成。这也有效地支持了以往的研究结果，即发展性协调障碍青少年的执行能力不足，导致其在与认知相关的任务中表现不佳（Houwen et al.，2017；Vaivre et al.，2011；Wilson et al.，2013）。

六、结论

注意范围等级的有效性反映了自下而上的调节能力，研究结果表明发展性协调障碍青少年不能有效对自身的资源进行调节，无法很好地分配注意资源，同时在视空间注意范围上存在缺陷，主要表现为枕叶激活不足。

第五章　发展性协调障碍青少年视空间注意转移的神经机制

动作协调需要快速的注意资源转换，注意转移能力在动作协调中扮演着重要角色。本研究拟采用中心提示范式，分别考察发展性协调障碍组和对照组青少年在视空间注意转移方位一致和不一致条件下的注意提示效应，通过P1、N1和P3三种脑电成分，有效探索发展性协调障碍青少年视觉空间注意转移时的神经机制特点。

第一节　空间注意转移的相关研究

一、注意转移的相关研究

国外通常采用内源性和外源性视空间注意范式（Posner et al.，1984）评估青少年视空间信息处理的不足，以眼球运动和最小运动元素参与视空间区域的情况和对注意力的控制为主要特征（Tsai et al.，2009a，2009b）。为了在执行范式任务期间产生有效行为，被试必须对注意力进行选择性关注，优先处理目标刺激（Correa et al.，2006）。该范式中，对视觉空间注意任务进行隐蔽定向时，青少年被要求集中注意力迅速判断线索指向正确目标侧（即有效条件）还是相反侧（即无效条件），而后对视觉目标刺激进行反应（Posner et al.，1984；Wilson et al.，1998），表现为皮质注意区域的激活，如后顶叶皮层和额叶（Posner et al.，1984，1998）。这种任务促进导致广泛的皮质激活，以达到由意志性产生的注意力资源转移（Landa & Garrett-Mayer，2006）。已经有研究发现了视觉注意力集中对应的空间位置的大脑区域网络（Corbetta et al.，1998；Nobre，1999；Perchet & García-Larrea.，2000，2005），枕骨区域的早期电生理活动，以及用于感知处理及与决策和运动过程有关的晚期电生理活动（Mangun & Hillyard，1991），此外，后顶叶区域涉及隐蔽定向和它的重定向（Corbetta et al.，1998）。

国内有研究采用情绪调节范式，让被试通过选择调节策略对呈现的高强度或低强度的负性图片进行调节，结果发现情绪发生的早期阶段往往存在注意转移策略，而且在高情绪刺激强度情境中，个体会选择注意转移策略来有效地减少负性情绪（桑标等，2018）。张宇等（2010）采用刺激点探测任务，发现低水平信息加工依然可以引起视空间注意转移。隋光远等（2006）采用提示范式探讨了青少年的视空间注意转移能力，研究结果显示，至少 9 岁的青少年在内源性提示条件下表现出显著的提示效应，具有较好的注意转移能力。还有研究采用线运动错觉测量的单任务范式，提示刺激为有颜色的方块，结果发现，内源性提示会产生注意转移，目标位置与刺激位置一致时注意转移不显著（沈模卫等，2004）。注视是重要的社会意义的注意线索条件，而注视往往会伴随头部朝向信息，因此有研究关注了头部朝向在注意转移中的作用，结果表明静止注视与朝向运动的发生机制相同（鲁上等，2013）。

二、注意转移与学习困难

大量研究表明，学习困难青少年的视觉注意转移能力存在不足。有学者研究了阅读困难青少年在一系列注意瞬脱实验中的表现，也得出了同样的结果，在短 SOA 条件下，阅读困难青少年在由周围提示线索诱发的外源性注意转移上有困难，他们的注意只能在很短的时间内保持集中，并且这段时间不足以对视觉进行有效的加工。对阅读困难青少年进行提示（目标实验）的研究发现，阅读困难青少年的反应时间普遍较长，在短时间间隔和长时间间隔条件下，注意转移的反应时都较长。该结果进一步揭示注意转移的神经机制，发现内隐注意转移时，额叶视野的眼球运动中心区、颞顶结合区、顶叶等部位被激活。内隐注意的脑机制揭示了一些分散的神经系统，包括中脑、枕叶、后顶叶皮层。Posner 等（1984）指出，中脑，包括上丘脑，在视觉注意和视觉感知中都会被激活。中脑损伤会引起内隐注意的延迟，特别是在水平位置，说明链接视网膜中脑顶盖神经纤维的网络对外源性信号的注意反射很重要。顶叶损伤病人对损伤对侧视野内的无效提示反应时间更长。相关脑电研究证明，阅读障碍的注意缺陷与大脑后顶叶功能异常有关。行为学方面的实验也得出了类似的结果。研究者采用任务转换范式，检验了阅读障碍患者注意转移困难是否发生在中央认知加工水平上，结果显示，阅读困难患者在任务转换上没有具体的障碍，但是在所有实验条件下，阅读困难患者的反应均比正常阅读者慢，由此得出结论：阅读困难患者在感知水平上存在注意转换问题，但在任务间快速转换的能力上是正常的。这些发现表明阅读困难患者的注意问题有可能是由外围神经通路异常引起的，如背外侧膝状体大细胞层的异常。

　　国内来自行为学方面的研究表明，学习困难青少年在注意转移上存在不足。王恩国等（2017）研究了学习困难初中生注意特性的发展，发现学习困难初中生的注意转移能力显著低于学优组学生。吴燕和隋光远（2006）采用认知提示线索范式研究了学习障碍青少年的视觉外显注意转移，发现由于学习障碍青少年不能较好地利用提示信息和缺乏较好的注意策略，他们在外显视空间注意转移上存在缺陷。曾飚等（2003）在研究中指出，阅读障碍的注意缺陷主要发生在选择注意和注意转换阶段。在阅读中，读者通过聚焦注意范围，将注意集中到特定刺激上，将无关信息的干扰效应降到最低程度。另外，阅读时读者对一系列字词符号进行连续快速加工，这些文字符号构成特定的时间组块，就是在一定时间内得到加工的对象。在阅读过程中，读者的注意聚焦提取这些时间组块，同时在不同的时间组块之间进行快速切换加工，因此选择性注意和注意转换缺陷会影响阅读的顺利进行。

　　动作协调需要快速的注意资源转换，注意转移能力在动作协调中扮演着重要角色，本章侧重探讨发展性协调障碍青少年视空间注意转移的神经机制特点。

第二节　发展性协调障碍青少年视空间注意转移的神经机制研究

一、研究目的

　　注意转移能力是人的最普遍的技能之一。本研究采用符号性中心提示范式，考察发展性协调障碍组青少年和对照组青少年在提示信息与目标靶刺激出现位置一致和不一致条件下的注意转移提示效应，其行为特点及 ERP 不同成分（如 P1、N2、P3）的神经生理机制差异。

二、研究假设

　　假设 1：同组被试（发展性协调障碍青少年、对照组青少年）条件下，位置不一致条件下的反应时更长。同位置条件下，发展性协调障碍青少年的平均反应时明显长于对照组青少年；不一致条件下的 P1 波幅更大。同位置条件下，发展性协调障碍组与对照组青少年的 P1 波幅有差异。

　　假设 2：同组被试条件下，位置不一致条件下的 N2 波幅更小。同位置条件下，发展性协调障碍组与对照组青少年的 N2 波幅有差异；不一致条件下的 P3 波幅更大。同位置条件下，发展性协调障碍组与对照组青少年的 P3 波幅有差异。

三、研究方法

（一）研究对象

被试筛选程序同第三章，最终参与实验的共有发展性协调障碍青少年 27 名，对照组青少年 27 名，年龄均为 7—10 岁，男女比例均衡，所有被试均为右利手，视力正常或矫正后正常。被试参加实验前由监护人填写知情同意书，被试身体健康，无任何疾病。

发展性协调障碍组和对照组之间的年龄、IQ（intelligence quotient，智力商数）和性别数据如表 5-1 所示。组间年龄[t（32）=0.55，p=0.59]、IQ[t（32）=1.54，p=0.13]和性别[t（32）=1.39，p=0.24]无统计学意义上的差异，两组青少年在年龄、智商和性别上相匹配。

表 5-1　被试信息表

类别	年龄（岁）		IQ		性别（人）	
	$M \pm SD$	范围	$M \pm SD$	范围	男	女
发展性协调障碍组	8.31±0.87	7—10	107.89±10.93	90—129	9	7
对照组	8.91±0.98	7—10	107.89±10.93	85—124	10	6
总计	8.25±0.92	7—10	106.81±11.01	85—129	19	13

（二）实验设计

本研究采用符号性中心提示范式，进行 2（被试类型：发展性协调障碍组，对照组）×2（提示信息与目标靶刺激出现位置的一致性：不一致、一致）×8（电极点：Cz、PO3、Pz、PO4、O1、Oz、O2、O3）的三因素混合实验设计重复测量方差分析，其中被试类型为被试间设计，提示信息与目标靶刺激出现位置的一致性、电极点为被试内设计。

（三）实验材料与程序

实验中使用的材料如下：靶刺激是直径为 4.05 cm 的白色实心圆。圆出现的位置为屏幕上下左右的相应地方。中心提示线索位于屏幕正中间注视点处，指向上下左右不同位置的白色实心箭头，长度为 4 cm。

所有材料采用 E-prime 2.0 进行软件编程。实验一对一进行，主试坐在被试身边约 30 cm 处，斜对着屏幕，随时监控实验的进程。被试坐在

14 寸液晶显示器（分辨率为 1920×1080）正前方约 60 cm 处，眼睛与显示器中央成 15°水平视角。实验前给予一定时间让被试先熟悉键盘和鼠标。保持实验室周围环境安静，且两组被试需要完成同样的任务。脑电记录设备为美国 EGI 公司的 64 导脑电采集系统。

该实验采用符号性中心提示范式，判断目标靶刺激白色实心圆出现的位置。实验开始前，在屏幕上呈现指导语，主试口述讲解，然后被试进入练习阶段，当被试能又快又好地完成练习时方可进入正式实验，具体实验流程如图 5-1 所示。首先，呈现 500 ms 的黑色背景，被试需要将注意力集中于屏幕中央的白色注视点处，之后屏幕的正中间出现 200 ms 的白色提示箭头。随后，箭头消失。目标靶刺激随机出现在屏幕的上下左右任一方位。被试将右手放在键盘上，当靶刺激出现在上方时，需要用右手中指按"I"键；当靶刺激出现在下方时，需要用右手中指按"K"键；当靶刺激出现在左侧时，需要用右手食指按"J"键；当靶刺激出现在右侧时，需要用右手无名指按"L"键。靶刺激呈现时长为 1500 ms，或被试做出反应信号终止。提示信息与目标靶刺激的间隔为 200—500 ms，随机呈现。实验共有 360 个试次，其中一致性试次占 60%，不一致性试次占30%，无提示试次占 10%。

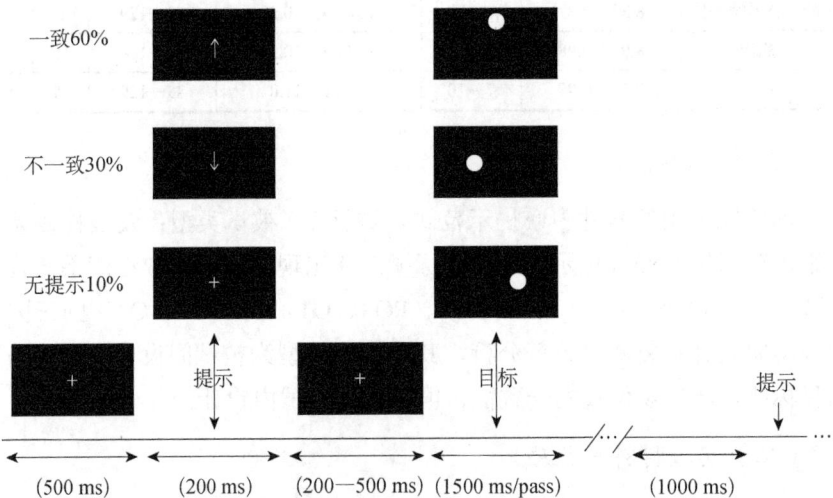

图 5-1　注意转移实验流程

（四）EEG 记录与分析

使用美国 EGI 公司的 ERP 记录系统，采用 64 导放大器和脑电帽记录EEG 信号，使用 EGI 系统中的 Net station 软件进行离线处理。处理步骤如下：高低通滤波、分段、伪迹检测、坏导替换、平均、参考和基线矫正。参考电极为全脑平均，滤波带通为 0.1—30 Hz，采样率为 500 Hz，头皮电阻小于 5 KΩ。分析时长为 800 ms，刺激前基线为 200 ms，删除被试的眨眼、眼动和其他伪迹波幅超过 ± 140 μV 的数据。本研究包括两种刺激条件，即目标实心圆位置与箭头提示信息保持一致和不一致条件。对两组一致性线索类型在两个条件下叠加平均的 ERP 波形电位曲线，根据已往研究，对 P1、N2 和 P3 选取头皮顶枕区 8 个电极点（Cz、PO3、Pz、POz、PO4、O1、Oz、O2）的峰值、潜伏期和平均波幅进行分析，根据总平均波形图和以往研究，最终选定分析 P1 的时间窗口为 60—160 ms，N2 的时间窗口为 160—250 ms，P3 的时间窗口为 250—450 ms。根据提示信息与目标靶刺激位置一致与不一致条件，分别对 EEG 进行分类叠加，获得不同提示条件下的 ERP 曲线，实际上每种条件下叠加次数均在 80 次以上。随后使用 SPSS 22.0 对各电极提取得到的波幅值和潜伏期进行重复测量方差分析，比较发展性协调障碍青少年和对照组青少年之间的差异是否有统计学意义，以 $p<0.05$ 为差异有统计学意义。

（五）数据统计与分析

采用 SPSS 20.0 对所有数据进行统计学分析，描述性统计（平均值和标准差）用于描述所有相关的人口统计学和结果变量。对反应时、正确率、平均波幅、潜伏期及其峰值检测进行单因素方差分析、配对样本 t 检验、重复测量方差分析，对电生理学数据 p 采用 Greenhouse-Geisser 法进行矫正。

四、研究结果

（一）行为结果

在对数据进行统计分析之前，先剔除正确率低于 80% 的错误数据与反应时超过 ± 3 个标准差的极端数据。

1. 正确率

对正确率进行重复测量方差分析，结果表明：被试类型的主效应显著，$F_{(1, 30)}=7.06$，$p=0.01$，$\eta^2=0.19$，两组青少年的正确率差异显著。线索类型的主效应显著，$F_{(1, 30)}=18.08$，$p=0.0001$，$\eta^2=0.38$，一致条件和不一致条件下，发展性协调障碍组青少年的正确率（0.96 ± 0.03，0.82 ± 0.29）均低于对照组青少年（0.98 ± 0.02，0.91 ± 0.05），被试类型与线索类型交互作用显著，$F_{(1, 30)}=4.90$，$p=0.03$，$\eta^2=0.15$，进一步简单效应分析显示，两组被试在一致与不一致条件下的正确率差异显著（$p<0.05$）。

2. 反应时

对反应时进行重复测量方差分析，结果表明：被试类型的主效应显著，$F(1, 30)=52.11$，$p=0.0001$，$\eta^2=0.64$，发展性协调障碍组青少年的反应时（752.40±20.52）长于对照组青少年（542.93±20.52）。线索类型的主效应显著，$F(1, 30)=26.96$，$p=0.0001$，$\eta^2=0.88$，一致条件下的反应时（508.32±149.33）明显短于不一致条件（787.01±139.88），发展性协调障碍组青少年和对照组青少年在一致条件下的反应时（633.77±96.99；382.88±55.80）均短于不一致条件下的反应时（871.04±98.65；702.98±125.07）；在一致条件和不一致条件下，发展性协调障碍组青少年的反应时（633.77±96.99；871.04±98.65）均长于对照组青少年（382.88±55.80；871.04±98.65）。被试类型与线索类型的交互作用显著，$F(1, 30)=5.01$，$p=0.03$，$\eta^2=0.14$。进一步简单效应分析显示，在一致性条件和不一致条件下，发展性协调障碍组青少年的反应时长于对照组青少年（250.88±27.98；168.06±39.82），$F(1, 30)=80.44$，$p=0.0001$，$F(1, 30)=17.81$，$p=0.0001$；在发展性协调障碍组青少年和对照组青少年组内，被试在不一致条件下的反应时均长于一致条件（237.28±26.16；320.09±26.16），$F(1, 30)=82.26$，$p=0.0001$，$F(1, 30)=149.71$，$p=0.0001$。行为数据中被试的正确率、反应时如表 5-2 所示。

表 5-2　被试的正确率、反应时（$M \pm SD$）

类别	正确率（%）		反应时（ms）	
	一致条件	不一致条件	一致条件	不一致条件
发展性协调障碍组	0.96±0.03	0.82±0.29	633.77±96.99	871.04±98.65
对照组	0.98±0.02	0.91±0.05	382.88±55.80	702.98±125.07
总计	0.97±0.02	0.90±0.03	508.32±149.33	787.01±139.88

（二）脑电结果

1. 发展性协调障碍组

本研究对发展性协调障碍组青少年的 P1、N2、P3 进行线索类型（2个水平：一致条件、不一致条件）×电极点（6 个水平：PO3、POz、PO4、O1、Oz、O2）的二因素重复测量方差分析（图 5-2，图 5-3）。

（1）P1（60—160 ms）

P1 成分平均波幅分析结果显示：线索类型主效应不显著，$F(1,$

15）=0.74，p=0.40，η^2=0.04；电极点主效应不显著，F（7，105）=1.87，p=0.081，η^2=0.29；线索类型和电极点的交互作用不显著，F（7，105）=0.68，p=0.688，η^2=0.04。

P1 成分峰值分析结果显示：线索类型主效应不显著，F（1，15）=0.005，p=0.947，η^2=0.001；电极点主效应显著，F（7，105）=3.92，p=0.001，η^2=0.19；线索类型和电极点的交互作用不显著，F（7，105）=1.33，p=0.24，η^2=0.07。

P1 成分潜伏期分析结果显示：线索类型主效应不显著，F（1，15）=0.69，p=0.42，η^2=0.03；电极点主效应不显著，F（7，105）=0.28，p=0.96，η^2=0.01；线索类型与电极点的交互作用显著，F（7，105）=3.13，p=0.004，η^2=0.14。进一步的简单效应分析发现，电极点在一致条件和不一致条件下的差异均不显著（p>0.05）。

（2）N2（160—250 ms）

N2 成分平均波幅分析结果显示：线索类型主效应显著，F（1，15）=5.01，p=0.001，η^2=0.25；电极点主效应显著，F（7，105）=5.88，p=0.0001，η^2=0.26；线索类型和电极点的交互作用显著，F（7，105）=2.99，p=0.006，η^2=0.15。进一步的简单效应分析发现，各电极点上的 N2 波幅在一致条件[F（7，105）=4.77，p=0.011]和不一致条件[F（7，105）=3.33，p=0.037]下存在显著差异，在 PO3 和 O1 电极点上，不一致条件下的波幅比一致条件下的波幅更负（p<0.05）。

N2 成分峰值分析结果显示：线索类型主效应不显著，F（1，15）=0.80，p=0.39，η^2=0.05；电极点主效应显著，F（7，105）=8.29，p=0.0001，η^2=0.34；线索类型和电极点的交互作用显著，F（7，105）=2.13，p=0.046，η^2=0.12。进一步的简单效应分析发现，各电极点上的 N2 成分峰值在一致条件[F（7，105）=4.28，p=0.019]和不一致条件[F（7，105）=3.75，p=0.029]下差异显著。

N2 成分潜伏期分析结果显示：线索类型主效应显著，F（1，15）=8.55，p=0.009，η^2=0.32；电极点主效应显著，F（7，105）=8.56，p=0.0001，η^2=0.32；线索类型与电极点的交互作用不显著，F（7，105）=0.73，p=0.65，η^2=0.04。

（3）P3（250—450 ms）

P3 成分平均波幅分析结果显示：线索类型主效应显著，F（1，15）=16.46，p=0.001，η^2=0.49；电极点主效应显著，F（7，105）=3.82，p=0.01，η^2=0.18；线索类型和电极点的交互作用显著，F（7，105）=2.21，

p=0.038，η^2=0.12。进一步的简单效应分析发现，各电极点上的 P3 波幅在一致条件[F（7，105）=2.60，p=0.076]和不一致条件[F（7，105）=3.64，p=0.028]下均有差异，且不一致条件下各电极点上的 P3 波幅比一致条件下的波幅更正（p<0.05）。

P3 成分峰值分析结果显示：线索类型主效应显著，F（1，15）=19.09，p=0.0001，η^2=0.53；电极点主效应显著，F（7，105）=3.75，p=0.001，η^2=0.18；线索类型和电极点的交互作用显著，F（7，105）=2.03，p=0.057，η^2=0.11。进一步的简单效应分析发现，各电极点上的 P3 成分峰值在一致条件[F（7，105）=5.87，p=0.005]和不一致条件[F（7，105）=3.74，p=0.025]下有显著差异，不一致条件下各电极点上的 P3 成分峰值比一致条件下的更低（p<0.05）。

P3 成分潜伏期分析结果显示：线索类型主效应显著，F（2，15）=13.65，p=0.002，η^2=0.43；电极点主效应不显著，F（7，105）=1.18，p=0.318，η^2=0.06；线索类型和电极点的交互作用不显著，F（7，105）=1.42，p=0.20，η^2=0.07。

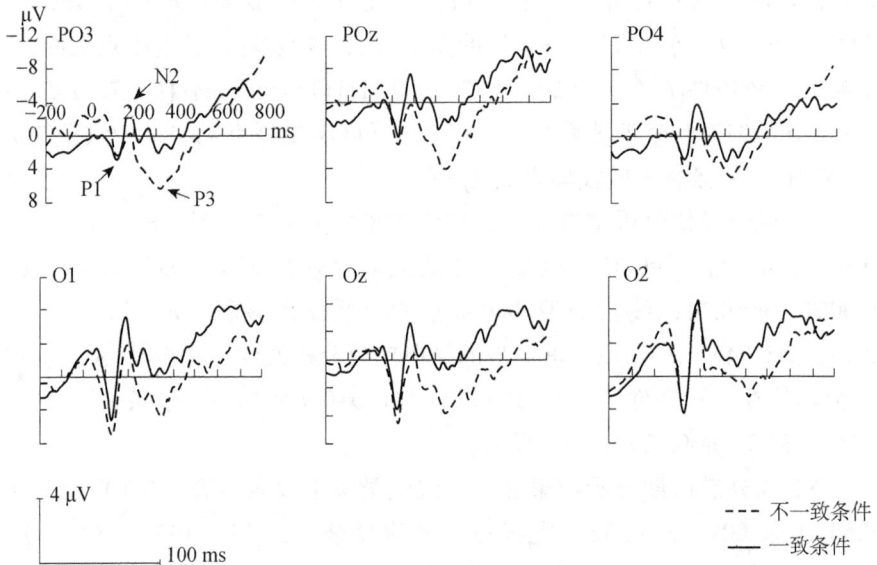

图 5-2　发展性协调障碍青少年在一致条件和不一致条件下的波形图

2. 对照组

本研究对对照组青少年的 P1、N2、P3 进行线索类型（2 个水平：一致条件、不一致条件）×电极点（6 个水平：PO3、POz、PO4、O1、Oz、O2）的二因素重复测量方差分析（图 5-4，图 5-5）。

一致条件

不一致条件

60 ms 100 ms 140 ms 180 ms 220 ms 260 ms 300 ms 340 ms 380 ms 420 ms

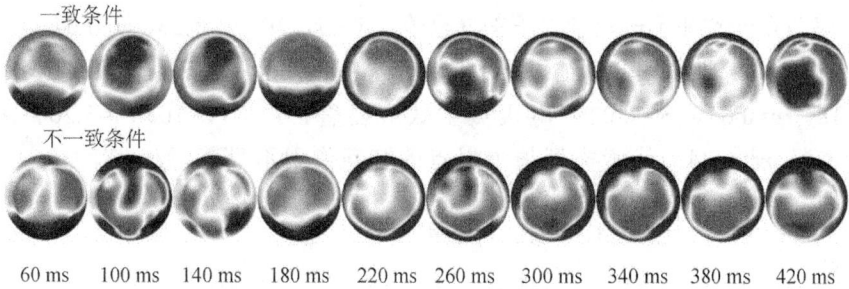

图 5-3 发展性协调障碍青少年在一致条件和不一致条件下的地形图
（见文后彩图 5-3）

（1）P1（60—160 ms）

P1 成分平均波幅分析结果显示：线索类型主效应不显著，F（1，15）=0.33，p=0.581，η^2=0.032；电极点主效应显著，F（7，105）=4.73，p=0.0001，η^2=0.32；线索类型和电极点的交互作用不显著，F（7，105）=1.82，p=0.10，η^2=0.15。

P1 成分峰值分析结果显示：线索类型主效应不显著，F（1，15）=1.78，p=0.21，η^2=0.15；电极点主效应显著，F（7，105）=8.17，p=0.001，η^2=0.45；线索类型和电极点的交互作用显著，F（7，105）=3.06，p=0.04，η^2=0.23。进一步的简单效应分析发现，电极点 CZ 上的峰值在一致和不一致条件下差异不显著，F（7，105）=3.51，p=0.09。

P1 成分潜伏期分析结果显示：线索类型主效应不显著，F（1，15）=0.02，p=0.896，η^2=0.002；电极点主效应不显著，F（7，105）=0.06，p=0.937，η^2=0.006；线索类型与电极点的交互作用不显著，F（7，105）=0.67，p=0.596，η^2=0.058。

（2）N2（160—250 ms）

N2 成分平均波幅分析结果显示：线索类型主效应显著，F（1，15）=3.95，p=0.075，η^2=0.28；电极点主效应显著，F（7，105）=3.34，p=0.004，η^2=0.25；线索类型和电极点的交互作用显著，F（7，105）=4.61，p=0.0001，η^2=0.32。进一步的简单效应分析发现，一致条件下电极点 O1、Pz、Oz、PO3、POz 和 PO4 上的 N2 波幅，比不一致条件下更负（p<0.05）。

N2 成分峰值分析结果显示：线索类型主效应不显著，F（1，15）=1.86，p=0.203，η^2=0.16；电极点主效应显著，F（7，105）=5.35，p=0.015，η^2=0.35；线索类型和电极点的交互作用显著，F（7，105）=4.46，p=0.014，η^2=0.31。进一步的简单效应分析发现，电极点 PO3 上的 N2 成

分峰值在一致和不一致条件下差异显著，F（7，105）=5.33，p=0.04。

　　N2 成分潜伏期分析结果显示：线索类型主效应不显著，F（1，15）= 0.18，p=0.68，η^2=0.02；电极点主效应显著，F（7，105）=3.20，p= 0.005，η^2=0.24；线索类型与电极点的交互作用不显著，F（7，105）= 0.32，p=0.71，η^2=0.03。

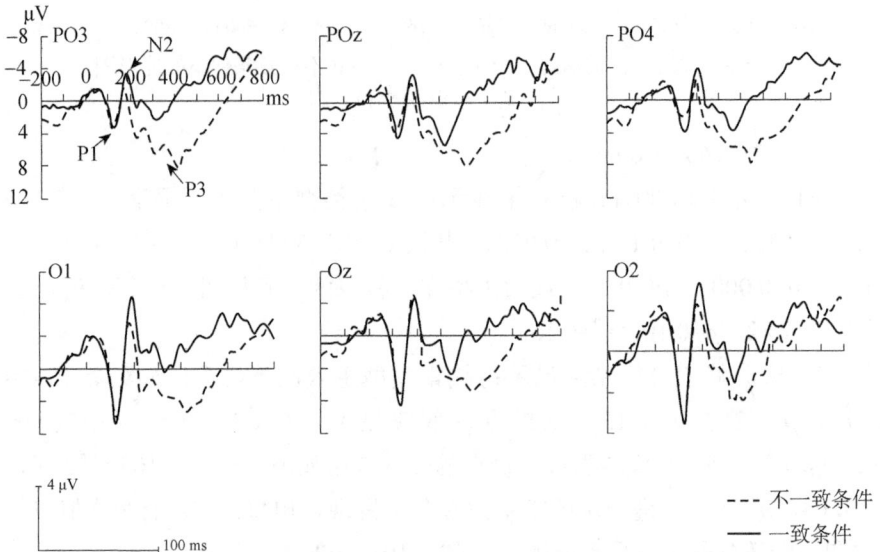

图 5-4　对照组青少年在一致条件和不一致条件下的波形图

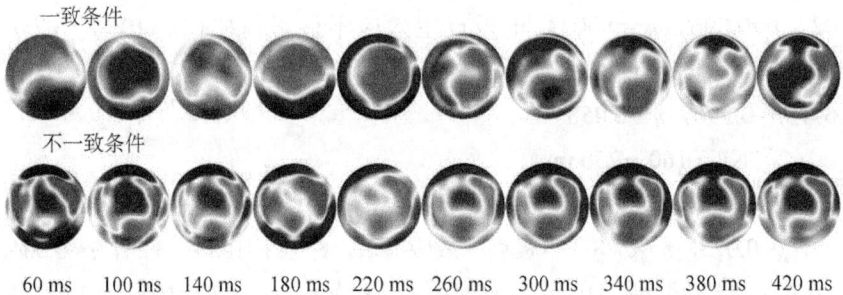

图 5-5　对照组青少年在一致条件和不一致条件下的地形图（见文后彩图 5-5）

　　（3）P3（250—450 ms）

　　P3 成分平均波幅分析结果显示：线索类型主效应不显著，F（1，15）=2.51，p=0.144，η^2=0.20；电极点主效应显著，F（7，105）=4.03，p=0.001，η^2=0.29；线索类型和电极点的交互作用显著，F（7，105）= 5.01，p=0.0001，η^2=0.33。进一步的简单效应分析发现，在电极点 O1、Oz 和 PO3 上 P3 波幅均存在显著差异，不一致条件下的波幅比一致条件下的波幅更正（$p<0.05$）。

P3 成分峰值分析结果显示：线索类型主效应不显著，$F_{(1, 15)} =$ 1.81，$p=0.208$，$\eta^2=0.15$；电极点主效应显著，$F_{(7, 105)} =5.32$，$p=$ 0.0001，$\eta^2=0.35$；线索类型和电极点的交互作用显著，$F_{(7, 105)} =2.69$，$p=0.016$，$\eta^2=0.21$。进一步的简单效应分析发现，一致条件下峰值差异边缘显著，且在 O1 和 PO3 电极点上，不一致条件下的 P3 成分峰值比一致条件下的更低（$p<0.05$）。

P3 成分潜伏期分析结果显示：线索类型主效应边缘显著，$F_{(7, 15)} =4.30$，$p=0.065$，$\eta^2=0.30$；电极点主效应不显著，$F_{(1, 105)} =$ 1.07，$p=0.391$，$\eta^2=0.10$；线索类型和电极点的交互作用不显著，$F_{(7, 105)} =1.76$，$p=0.109$，$\eta^2=0.15$。

3. 发展性协调障碍组与对照组的对比

对发展性协调障碍组青少年和对照组青少年的 P1、N2、P3 进行被试类型（2 个水平：发展性协调障碍组、对照组）×线索类型（2 个水平：一致条件、不一致条件）×电极点（6 个水平：PO3、POz、PO4、O1、Oz、O2）的三因素重复测量方差分析（图 5-6 至图 5-9）。

（1）P1（60—160 ms）

P1 成分平均波幅分析结果显示：电极点主效应显著，$F_{(7, 210)} =$ 4.26，$p=0.0001$，$\eta^2=0.14$；线索类型和电极点的交互作用边缘显著，$F_{(7, 210)} =1.98$，$p=0.06$，$\eta^2=0.07$。进一步的简单效应分析发现，各电极点在一致条件[$F_{(7, 210)} =5.22$，$p=0.001$]和不一致条件[$F_{(7, 210)} =$ 3.90，$p=0.007$]下的 P1 成分平均波幅均有显著差异。线索类型主效应不显著，$F_{(1, 30)} =0.03$，$p=0.868$，$\eta^2=0.001$；被试类型主效应不显著，$F_{(1, 30)} =0.16$，$p=0.692$，$\eta^2=0.006$；线索类型和被试类型的交互作用不显著，$F_{(1, 30)} = 0.92$，$p=0.345$，$\eta^2=0.03$；电极点和被试类型的交互作用不显著，$F_{(7, 210)} =1.61$，$p=0.135$，$\eta^2=0.06$；线索类型、电极点和被试类型三者的交互作用不显著，$F_{(7, 210)} =0.55$，$p=0.797$，$\eta^2=0.03$。

P1 成分峰值分析结果显示：电极点主效应显著，$F_{(7, 210)} =$ 10.74，$p=0.0001$，$\eta^2=0.29$；线索类型和电极点的交互作用显著，$F_{(7, 210)} =3.50$，$p=0.014$，$\eta^2=0.21$。进一步的简单效应分析发现，各电极点一致条件[$F_{(7, 210)} =5.11$，$p=0.002$]和不一致条件[$F_{(7, 210)} =7.72$，$p=0.0001$]下的 P1 成分峰值有显著差异。线索类型主效应不显著，$F_{(1, 30)} =0.62$，$p=0.44$，$\eta^2=0.02$；被试类型主效应不显著，$F_{(1, 30)} =0.33$，

p=0.57，η^2=0.01；线索类型和被试类型的交互作用不显著，F（1，30）=0.78，p=0.39，η^2=0.03；电极点和被试类型的交互作用不显著，F（7，210）=1.56，p=0.22，η^2=0.06；线索类型、电极点和被试类型三者的交互作用不显著，F（7，210）=0.70，p=0.58，η^2=0.03。

P1 成分潜伏期分析结果显示：被试类型主效应不显著，F（1，30）=2.47，p=0.13，η^2=0.09，线索类型主效应不显著，F（1，30）=0.31，p=0.58，η^2=0.01；电极点主效应不显著，F（7，210）=0.18，p=0.85，η^2=0.006；线索类型与被试类型的交互作用不显著，F（1，30）=0.09，p=0.77，η^2=0.03；线索类型与电极点的交互作用不显著，F（7，210）=1.22，p=0.30，η^2=0.04；电极点与被试类型的交互作用不显著，F（7，210）=0.09，p=0.92，η^2=0.03；线索类型、电极点与被试类型三者的交互作用不显著，F（7，210）=1.75，p=0.10，η^2=0.057。

（2）N2（160—250 ms）

N2 成分平均波幅分析结果显示：电极点主效应显著，F（7，210）=7.74，p=0.0001，η^2=0.22；线索类型主效应显著，F（1，30）=6.50，p=0.017，η^2=0.19；线索类型和电极点的交互作用显著，F（7，210）=6.56，p=0.0001，η^2=0.20。进一步的简单效应分析发现，各电极点一致条件[F（7，210）=4.73，p=0.003]和不一致条件[F（7，210）=8.44，p=0.0001]下的 N2 成分平均波幅存在显著差异，在电极点 PO3、PO4、O1、Oz 和 O2 上，不一致条件下的 N2 成分平均波幅比一致条件下的更负（p<0.05）。被试类型的主效应不显著，F（1，30）=0.09，p=0.761，η^2=0.003；线索类型和被试类型的交互作用不显著，F（1，30）=0.10，p=0.76，η^2=0.004；电极点和被试类型的交互作用不显著，F（7，210）=0.65，p=0.57，η^2=0.02；线索类型、电极点和被试类型三者的交互作用不显著，F（7，210）=0.20，p=0.91，η^2=0.007。

N2 成分峰值分析结果显示：电极点主效应显著，F（7，210）=11.73，p=0.0001，η^2=0.31；线索类型和电极点的交互作用显著，F（7，210）=6.21，p=0.0001，η^2=0.19。进一步的简单效应分析发现，各电极点一致条件[F（7，210）=5.19，p=0.002]和不一致条件[F（7，210）=6.02，p=0.001]下的 N2 成分峰值均有显著差异，且在电极点 O1、Oz、PO3 和 POz 上，一致条件下的 N2 成分峰值比一致线索类型条件下的更低（p<0.05）。线索类型主效应不显著，F（1，30）=2.67，p=0.11，η^2=0.09；被试类型主效应不显著，F（1，30）=0.08，p=0.78，η^2=0.003；线索类型和被试类型的交互作用不显著，F（1，30）=0.28，p=0.60，η^2=0.01；电

极点和被试类型的交互作用不显著，$F_{(7, 210)}=0.80$，$p=0.49$，$\eta^2=0.03$；线索类型、电极点和被试类型三者的交互作用不显著，$F_{(7, 210)}=0.65$，$p=0.60$，$\eta^2=0.02$。

N2 成分潜伏期分析结果显示：线索类型主效应显著，$F_{(1, 30)}=4.38$，$p=0.046$，$\eta^2=0.135$；电极点主效应显著，$F_{(7, 210)}=9.88$，$p=0.0001$，$\eta^2=0.26$；被试类型主效应不显著，$F_{(1, 30)}=1.34$，$p=0.256$，$\eta^2=0.05$；线索类型与被试类型的交互作用不显著，$F_{(1, 30)}=2.80$，$p=0.17$，$\eta^2=0.07$；线索类型与电极点的交互作用不显著，$F_{(7, 210)}=0.64$，$p=0.64$，$\eta^2=0.02$；电极点与被试类型的交互作用不显著，$F_{(7, 210)}=0.43$，$p=0.66$，$\eta^2=0.02$；线索类型、电极点和被试类型三者的交互作用不显著，$F_{(7, 210)}=0.30$，$p=0.88$，$\eta^2=0.01$。

（3）P3（250—450 ms）

P3 成分平均波幅分析结果显示：线索类型主效应显著，$F_{(1, 30)}=13.53$，$p=0.001$，$\eta^2=0.33$；电极点主效应显著，$F_{(7, 210)}=5.80$，$p=0.0001$，$\eta^2=0.18$；线索类型与电极点的交互作用显著，$F_{(7, 210)}=5.77$，$p=0.0001$，$\eta^2=0.18$。进一步的简单效应分析发现，各电极点一致条件[$F_{(7, 210)}=7.19$，$p=0.0001$]和不一致条件[$F_{(7, 210)}=4.79$，$p=0.002$]下的 P3 成分平均波幅均有显著差异，且在电极点 Oz、O1、PO3 和 PO4 上，不一致条件下的波幅比一致条件下的波幅更正。被试类型主效应不显著，$F_{(1, 30)}=0.001$，$p=0.97$，$\eta^2=0.001$；电极点和被试类型的交互作用不显著，$F_{(7, 210)}=1.28$，$p=0.26$，$\eta^2=0.05$；线索类型和被试类型的交互作用不显著，$F_{(1, 30)}=0.62$，$p=0.44$，$\eta^2=0.02$；线索类型、电极点和被试类型三者的交互作用不显著，$F_{(7, 210)}=0.35$，$p=0.83$，$\eta^2=0.013$。

P3 成分峰值分析结果显示：线索类型主效应显著，$F_{(1, 30)}=14.30$，$p=0.001$，$\eta^2=0.35$；电极点主效应显著，$F_{(7, 210)}=7.21$，$p=0.0001$，$\eta^2=0.21$；线索类型和电极点的交互作用显著，$F_{(7, 210)}=3.37$，$p=0.002$，$\eta^2=0.11$。进一步的简单效应分析发现，各电极点一致条件[$F_{(7, 210)}=5.87$，$p=0.001$]和不一致条件[$F_{(7, 210)}=4.24$，$p=0.005$]下的 P3 成分峰值均有显著差异，且在电极点 O1、O2、Oz、PO3、POz 和 PO4 上，不一致条件下的峰值比一致条件下的更高（$p<0.05$）。电极点和被试类型的交互作用显著，$F_{(7, 210)}=2.23$，$p=0.03$，$\eta^2=0.08$。进一步的简单效应分析发现，发展性协调障碍组青少年[$F_{(7, 210)}=4.62$，$p=0.003$]和对照组青少年[$F_{(7, 210)}=3.32$，$p=0.015$]的 P3

成分峰值差异显著；线索类型和被试类型的交互作用不显著，F（1，30）=3.25，$p=0.08$，$\eta^2=0.11$。进一步的简单效应分析发现，发展性协调障碍青少年在两种线索类型下的 P3 成分峰值差异显著，F（7，210）=20.55，$p=0.0001$，且在相同线索类型下，对照组青少年比发展性协调障碍组青少年的峰值更高（$p<0.05$）；被试类型主效应不显著，F（1，30）=0.05，$p=0.82$，$\eta^2=0.002$；线索类型、电极点和被试类型三者的交互作用不显著，F（7，210）=0.18，$p=0.99$，$\eta^2=0.01$。

P3 成分潜伏期分析结果显示：线索类型主效应显著，F（7，210）=14.17，$p=0.001$，$\eta^2=0.34$；线索类型和电极点的交互作用边缘显著，F（7，210）=2.05，$p=0.051$，$\eta^2=0.07$。进一步的简单效应分析发现，两种线索类型下各电极点上的 P3 成分潜伏期存在显著差异 Fz[F（7，210）=14.06，$p=0.001$]、Oz[F（7，210）=7.27，$p=0.012$]、POz[F（7，210）=20.99，$p=0.0001$]、PO4[F（7，210）= 5.27，$p=0.03$]上均有显著差异，且不一致条件下的潜伏期比一致性条件下的波幅更长（$p<0.05$）。电极点主效应不显著，F（1，30）=0.76，$p=0.62$，$\eta^2=0.03$；被试类型主效应不显著，F（1，30）=0.59，$p=0.45$，$\eta^2=0.02$；线索类型和被试类型的交互作用不显著，F（1，30）=1.33，$p=0.26$，$\eta^2=0.05$；电极点和组别的交互作用不显著，F（7，210）=1.20，$p=0.30$，$\eta^2=0.04$；线索类型、电极点和被试类型三者的交互作用不显著，F（7，210）=1.24，$p=0.29$，$\eta^2=0.04$。

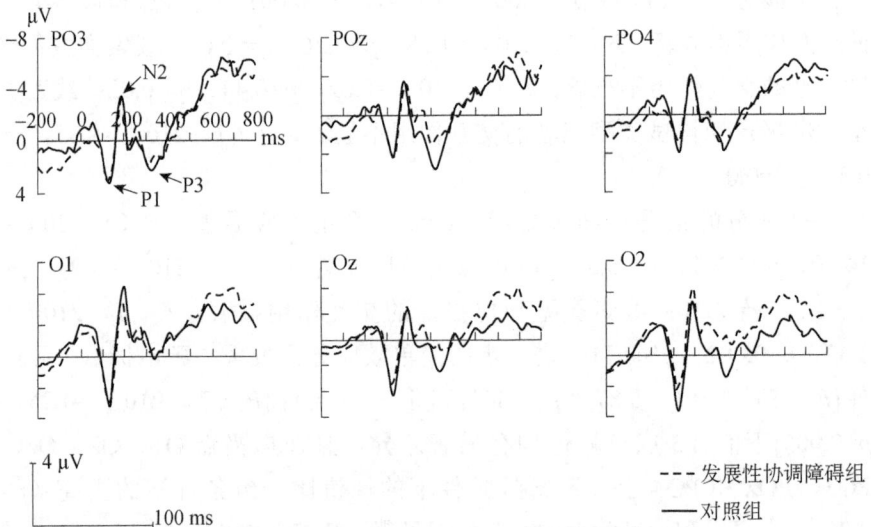

图 5-6 一致条件下发展性协调障碍组和对照组青少年的波形图

对照组

发展性协调障碍组

60 ms 100 ms 140 ms 180 ms 220 ms 260 ms 300 ms 340 ms 380 ms 420 ms

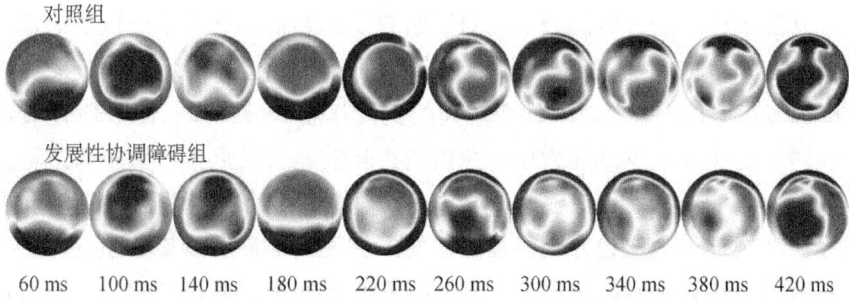

图 5-7　一致条件下发展性协调障碍组和对照组青少年的地形图（见文后彩图 5-7）

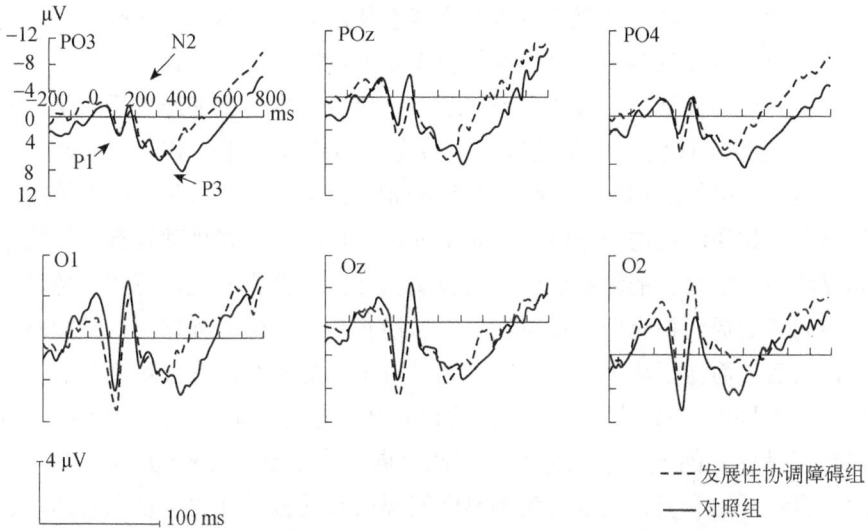

图 5-8　不一致条件下发展性协调障碍组和对照组青少年的波形图

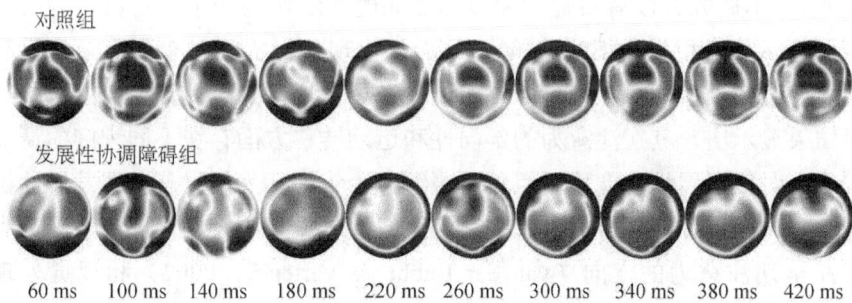

对照组

发展性协调障碍组

60 ms 100 ms 140 ms 180 ms 220 ms 260 ms 300 ms 340 ms 380 ms 420 ms

图 5-9　不一致条件下发展性协调障碍组和对照组青少年的地形图（见文后彩图 5-9）

五、讨论

本研究中出现了内源性视觉空间注意力的主效应，发展性协调障碍青少年的反应时比对照组青少年的长。这表明患有发展性协调障碍的青少年认知功能的中央处理时间效率比对照组青少年要低。患有发展性协调障碍的青少年确实在注意力的意志和运动方面表现出能力不足（Tsai et al.，2009）。在行为结果上，两种变量间的交互作用十分显著。这表明发展性协调障碍青少年的抑制能力比对照组青少年的差，发展性协调障碍组青少年需要更长的反应时，其注意力从一个事物转移到另一个事物的速度要慢得多。两组被试的错误率差异显著，发展性协调障碍青少年的注意力更容易被吸引到错误提示的位置，而对照组青少年有更好的抑制能力，能够将注意力从错误的位置转移到正确的位置，并及时做出正确的反应。当前研究的行为结果表明，两组青少年确实能够使用有效提示信息来改善他们的行为表现，有效的提示信息使两组青少年的反应时更短和正确率更高，即被试对有效的提示比无效的提示的反应时更短。本研究的结果反映了内源性定向任务具有反应时促进作用，与先前的研究结果一致（Tsai et al.，2009）。行为结果在反应时和正确率方面的表现同样意味着某些大脑区域的信息，如顶叶皮层和额叶（Posner et al.，1984）负责处理视觉空间信息和灵活地分配自身的注意资源。当被试执行内源性中心提示范式任务时，定向刺激的提示信息应该在早期可以激活负责视觉信息处理的后脑敏感区域，然后转而激活更多前部区域。通过对不同提示刺激进行对比分析，目标诱发不同的 ERP 波幅的变化，可以有效考察注意转换的空间效应。时间维度是感知的一个重要方面，因此定向线索引起的 ERP 波幅的变化不同于提示开始和目标出现之间的时间间隔引起的波幅变化，这期间的动态变化是由注意的动态准备引起的（Doallo et al.，2004；Miniussi et al.，1999）。本研究并没有将提示和目标之间的间隔作为一个固定值，为的是减弱提示信息引发的 ERP 波幅，从而在出现目标提示时有更稳定的反应出现。实际上，与对照组青少年相比，发展性协调障碍组青少年的电生理学结果显示出，其在注意力的定向性和运动转移方面存在不同程度的调节困难，对比发展性协调障碍组与对照组青少年的行为结果，发现发展性协调障碍青少年需要更多的讲解和适应练习，这反映出发展性协调障碍青少年在早期注意力的定向（van der Lubbe & Verleger，2002）和视觉处理（Correa et al.，2006）中的内部处理能力比对照组青少年低。

　　早期 P1 成分并没有受到影响，正如本研究中内源性中心提示范式任务诱发的那样，当感知负荷调节自身无意识的视空间注意力时，其对刺激的早期辨别发生在颞叶和顶枕区（Fu et al.，2008）。以往研究已经发现 P1 成分主要是由外源信息引起的，比如提示信息和目标信息之间的 SOA 不同（例如，100 ms 和 500 ms）。在 100 ms 的时间间隔下，被试对有效提示的反应时间更短。在增加一定的 SOA 到 500 ms 时，会出现反应抑制作用，被试提示刺激产生的抑制行为，进而有效提示下的反应时长于无效提示下的反应时（Doallo et al.，2004）。因此，本实验在提示和目标刺激之间采用 200—500 ms 随机时间间隔，引起更为稳定的 P1 成分，同时避免出现反应抑制的干扰。由于 P1 成分可能表明早期视觉感知处理的机制（Lange et al.，2003）和视觉对时间感知的后期处理机制（Correa et al.，2006），患有发展性协调障碍的青少年确实显示出了视觉感知（Tsai & Wu，2008）和时间感知方面的缺陷。除此之外，在不一致条件下，发展性协调障碍青少年比对照组青少年需要更长的时间来处理更多的视觉刺激。

在视觉成分之后，目标刺激引起的大脑活动的调节表现在目标 N2 成分和 P3 成分上，并且与行为结果基本一致。负方向的 N2 成分反映了反应的抑制过程（Correa et al.，2006；Kok，1986；Miniussi et al.，1999）、冲突（Veen & Carter，2002）或者检测提示刺激和目标刺激反应之间的关联。由此看来，N2 成分可能是预期目标和实际目标出现冲突时诱发的特异性成分（Nobre et al.，1999），并且在本实验中，与预期目标刺激相冲突的为不一致条件，则 N2 成分可能在功能上与错误相关负电位相似（Ramautar et al.，2006）。已有的研究没有发现两组被试的 N2 潜伏期存在显著差异，这与本研究结果一致，表明发展性协调障碍组青少年和对照组青少年对目标刺激的检测时间基本一致。尽管无效条件在脑区枕叶引起了较大的 N2 负向波幅，但是在必须进行抑制反应时，电位的波幅并不总是增强的。针对 N2 成分幅值减小，其中有一种解释是内源性中心提示范式任务通常先引起 P1 成分，紧接着引起 N2 成分，这可能会重叠并减弱 N2 成分的能量值（Ramautar et al.，2006）。另一种解释是这些青少年将提示刺激作为真正的目标进行信息加工处理，并且较少处理对目标刺激的抑制和识别，由此减弱了 N2 成分的能量值。然而，相对于有效条件，两组被试都会在无效条件下有更大的 N2 波幅，特别是发展性协调障碍青少年。这表明即使对照组青少年的认知判断能力可能比发展性协调障碍青少年更好，但是对照组青少年可能仍然不能在不一致条件下完全抑制冲突并正确反应，从而使对照组青少年与发展性协调障碍青少年之间没有显著差异。N2 成分的反应时结果显示出，两组被试的反应时是有差异的，即无效条件下的反应时长于有效条件，表明在不需要按键反应或无意识的认知处理下被试的反应时间最短（Perchet et al.，2001）。本研究发现，发展性协调障碍青少年在每个实验条件下表现出的反应时明显比对照组青少年更长，表明发展性协调障碍青少年需要更多的时间来进行认知加工。因此，导致发展性协调障碍青少年的反应时比对照组青少年更长的主要原因可能是，其从感觉传递到运动神经元的信息被延迟。

P3 成分可以反映对新颖性的检测过程（Duncan-Johnson & Donchin，1977）以及对目标刺激进行反应所需要的时间（Correa et al.，2006）。在已有研究中，P3 成分主要揭示了对线索靶刺激的关联性波。本研究中，发展性协调障碍青少年在无效条件下表现出较弱的 P3 成分的幅值，表明当遇到目标刺激并需要进行反应的时候，发展性协调障碍青少年的认知转移速度比较慢，因为 P3 成分可能与胼胝体大小和左右脑之间传递速度有关（Hoffman & Polich，1999）。这一发现与先前的研究一致，即胼胝体的功能性失调可能是产生发展性协调障碍病症的原因。研究发现，发展性协调障碍青少年的偏侧运动协调性和双侧运动协调性缺失，并且患有发展性协调障碍的青少年在本体感受情况下使用他们的非惯用手，运动控制的困难表现得更为明显（Sigmundsson et al.，1997；Sigmundsson et al.，1999）。这些发现似乎表明，进一步的证实性研究应该扩展到事件相关电位、近红外和核磁共振中，对患有障碍的青少年进行系统的模式化和偏好程度的探究，为以后的实验提供更多的临床证据，这将更有助于解决由 P3 成分幅值减弱而导致的半球间传输速度减慢的问题（Hoffman & Polich，1999；Polich et al.，1998）。另外值得注意的是，半球间功能障碍似乎与小脑功能受损有关（Facoetti et al.，2001），并且先前研究已经提出了障碍的小脑缺陷假说（Tsai et al.，2009a，2009b，2009c）。这些研究结果都支持患有障碍的青少年在大脑半球间转移速度上存在功能性障碍，但是，本研究没有发现两组青少年在 P3 成分潜伏期上存在差别，这与已有研究结果一致（Polich et al.，2000）。

另一方面，本研究发现，两组青少年在有效的目标提示下，P3 成分的波幅更正，这与前人研究结果相同（Tsai et al.，2009a，2009b，2009c；Eimer，1996；Mangun & Hillyard，1991）。本次研究中，当青少年进行外源性中心提示范式任务时，没有发现不同条件下靶刺激 P3 成分的幅值变化（Perchet & García-Larrea，2000，2005；Perchet et al.，2001）。本研究没有发现幅值变化的原因，可能是不同的 SOA 或者是内源性和外源性中心提示范式的差异导致了变异差。另外，相较于一致条件，两组青少年在不一致条件下的 P3 成分的峰值出现延迟，这可能是因为 P3 成分的潜伏期反映了两种条件下被试对反应的不同感知处理结果（Linden，2005）。这可能是由于在不一致条件下，相比对照组青少年，发展性协调障碍青少年需要更长的时间才能抑制错误的反应，并更快地转向正确的反应。

六、结论

发展性协调障碍青少年的视空间注意转移存在缺陷，主要表现在对目标刺激识别速度较慢，大脑两半球间的认知反应转移能力较弱，以及预期能力和执行能力不够完备。发展性协调障碍青少年的反应时明显比正常发育的对照组青少年长，并且在内源性注意转移方面表现出抑制反应能力的缺陷。由此可见，对内源性中心提示范式引发的 ERP 的分析，确实提供了关于注意力集中、反应能力和抑制过程随时间和条件变化的直接测量值。

第六章 发展性协调障碍青少年视空间注意分配的神经机制

个体能否在同时进行两种或多种活动时把有限的认知资源分配给不同对象，这种能力是影响动作协调的重要因素。发展性协调障碍青少年可能由于注意分配能力不足，出现动作发展障碍。本章拟采用双任务范式，考察发展性协调障碍组与对照组青少年在同一时间内把有限的注意资源分配给不同任务的能力差异及其神经机制特点。

第一节 注意分配的相关研究概述

一、注意分配的相关研究

在注意的研究领域，很早就有学者将注意比作聚光灯，当人们注意一个物体时，就像聚光灯将光线聚焦在物体上，光线聚焦的地方清晰可见，而其他没有光线聚焦的地方相对比较模糊（Posner et al.，1984）。Posner等在其有重要影响力的论文中，探讨了注意朝向以及信号检测的问题（Posner et al.，1984），并讨论了内源性注意与外源性注意的不同特征，证实了外在线索和内在线索都能很好地引导注意的分配。同时其发现注意并不一定与注视点重合，当我们将注视点集中在中央凹的时候，注意资源很可能已经转移到副中央凹，并开始加工副中央凹的信息。有研究者通过实验发现，在正常阅读中也存在着内在的注意转移机制，而且以阅读方向为注意转移方向的机制很可能是知觉广度不对称的根本原因。

注意分配的灵活性是指能将注意迅速而且正确地分配到不同的对象中去。如果一个人的注意资源相对充足，就可以自由地进行注意的分配，将注意很好地分配到不同的事件中去；但如果一个人的注意资源不够，那么他的注意分配能力就会较低，不能很好地完成同时出现的多项任务。但注意资源都是有限的，一个人很难将注意同时高度集中于两项任务上，因此如果想同时关注两个或两个以上的事件，应该是对一个事件特别集中注意力，对另一个事件尽可能地达到注意的无意识状态，这样才能把更多的注意分配到主要任务上，从而更好地完成复杂任务。

在前期的注意分配测验中，发展性协调障碍青少年很难同时对两个刺激对象进行加工，经常需要反复比对指定寻找目标与测题，效率低下，常出现顾此失彼和测验中断的现象，而大脑在对信息进行加工时容量是有限的，人们能否同时对多个活动进行注意加工，则与刺激对象的特点、主体自身的状态有很大的关系。发展性协调障碍青少年在注意分配上表现出来的缺陷性是何原因造成的，仍需要进一步探讨。

在国外众多关于注意分配的研究中，注意分配通常被认为是对空间中各个位置的关注的转变，另外注意的分配也可以指注意力的扩散。注意力的扩散可以是广泛的（即全部注意力分配），也可以是狭窄的（即局部注意力分配）。能否进行注意分配，取决于需要处理的信息类型。某人在执行任务时，必须感知视觉细节水平与给定任务的关系，并关注和记住所有外界信息之间可能的冲突。因此，将注意力的焦点调整到最适合目标任务的范围，需要个体有灵活地支配注意的能力。这种灵活的适应可能不会被明确地教授，因此最佳的注意分配最有可能通过经验（即偶然学习）来学习。在没有明确指示的情况下，个人通常使用注意偏向学习语言（Gómez et al.，2001）、音乐，以及视觉对象之间的关联。Beck 等（2004）的研究发现，学习概率信息会影响注意分配，参与者学会了在编码期间将注意分配给最有可能改变的对象。单独的概率信息可能不足以用于可能的变化的最佳注意分配。之前的研究表明，奖励可以增加偶然学习并影响注意的分配。Droll 等（2009）的研究发现，奖励可以增强概率信息的学习以及这种学习对扫视行为的影响，结果显示偶然事件对注意分配有影响。

在国内，大多数研究者认为，在信息加工的记忆阶段支持注意分配最优化理论，个体会主动分配更多的注意给高效价的刺激。有研究利用"提示—目标"范式，结合单双任务方法，发现提示信息有助于注意的集中且注意分配会受到两个任务的影响，目标提示更能获得更多的注意资源，认知判断过程在注意分配中是持续存在的（游旭群等，2008）。在奖励驱动双任务加工过程中，同时进行两项任务需要耗费更多的注意资源（谭金凤等，2013）。情绪调节策略可以通过认知重评来实现，主要是通过对注意的分配来减弱对负性刺激的注意偏向，从而减低负性情绪体验（王艳梅，毛锐杰，2016）。还有研究者采用视觉和体感跨通道双任务研究范式进行了研究，发现不同性别和不同等级的射箭运动员的注意分配不同，在诱发情境下射箭运动员的注意分配更容易受到干扰（秦显海，2009）。

二、衡量注意分配的客观指标

N2pc 是一种与空间选择性注意密切相关的 ERP 成分，反映了对当前任务相关刺激所进行的空间选择加工（Luck & Hillyard，1994；Eimer，1996）。它最早是由 Luck 等（1994）发现并正式命名的，"N"代表负波（negative），"2"是指该成分大约出现在刺激呈现后的 200—300 ms，而"pc"是指它的头皮分布位置——目标刺激的对侧脑后区域（posterior contralateral）（Luck et al.，1994；Luck & Hillyard，1994）。N2pc 是一种波幅较大的单侧脑后负波（Luck & Hillyard，1994），其波幅常被用作对目标刺激注意分配量的指标（Luck et al.，1994），而其潜伏期则反映了对目标刺激注意分配的时间点。近 20 年来，在空间注意与视觉选择等研究领域，N2pc 得到了广泛的研究。不仅关于 N2pc 自身特性的研究得到了不断深入和细化，研究者还以 N2pc 为指标对视觉空间注意的神经机制进行了有意义的探索。在此基础上，大量的研究以 N2pc 为指标，对与视觉空间注意的神经机制有关的领域进行了应用性的扩展研究，并且这种应用性的扩展研究与日俱增，逐渐成为该领域的另一个研究热点。

（一）N2pc 的理论解释

在利用视觉搜索任务进行的 N2pc 研究中，刺激序列往往是由目标和分心物混合而成的，所以在进行选择性的注意加工时，N2pc 的产生就可能有两个原因：一是简单地对目标进行了选择性的促进加工；二是从相反的方向抑制了对分心物的加工，从而凸显了目标刺激。这两种原因到底是哪一种，目前还存在很大的争议，并由此形成了两种主要理论：空间过滤加工理论与目标增强说。

1. 空间过滤加工理论

空间过滤加工理论又叫模糊消解理论、抑制说，是由 Luck 等（1994）在对 N2pc 的早期研究中提出的。他们认为，N2pc 反映的是一种空间过滤加工，即目标的识别是通过抑制目标周围的分心物的竞争信息来实现的（Luck & Hillyard，1994；Luck et al.，1994）。为此，Luck 等（1994）进行了一系列实验来验证这一假设。实验中，他们主要对干扰刺激进行了操作，以减少或消除注意系统对干扰刺激抑制的可能性，从而避免抑制作用的发生。结果发现，N2pc 对干扰刺激的呈现与否非常敏感，只有当干扰物与目标伴随出现时，才会引发 N2pc，而当被试能够根据刺激的简单特征排除干扰刺激时，N2pc 就会消失。更重要的是，当移除干扰刺激，只呈现目标刺激，或者使干扰刺激与当前任务具有相关进而消除对其的抑制作用，又或者是使刺激序列中所有的项目都保持一致时，都不会出现 N2pc。这些研究结果表明，N2pc 与抑制作用是伴随出现的，这与空间过滤加工理论的假设是一致的。另外，Luck 等（1994）还从增强抑制作用的角度出发，发现干扰刺激数目的增加会引发更大波幅的 N2pc，这再次验证了空间过滤加工理论的可信性。空间过滤加工理论认识到了注意资源的有限性，但它过分关注对干扰刺激的抑制，却忽视了对目标特征自上而下的识别、加工。Luck 等（1994）的研究发现，与目标具有较高相似性的非目标刺激同样会引发与目标相似的 N2pc，这是抑制说所不能解释的。我们认为，对这种非目标刺激的加工，实际上就是对潜在目标的识别、确认的加工，也就是说，抑制说并不能排除对任务相关刺激的选择加工过程。

2. 目标增强说

目标增强说是与抑制说相对立的一种理论。Eimer（1996）研究发现，在一个给定的视野中（比如，左视野）只有一个目标刺激，与此同时，另一个视野中（比如，右视野）也只有一个单独的干扰刺激，这时仍然观察到了清晰的 N2pc。在这种条件下，目标周围并不存在来自干扰刺激的竞争信息，也就无所谓对分心物的抑制或是过滤，这是与空间过滤加工理论的假设相矛盾的。对于这一结果，Eimer（1996）认为，N2pc 更有可能反映的是对任务相关刺激进行选择加工的神经过程，这一过程更多是受对任务相关特征敏感的自上而下的神经机制控制的，而不是对目标周围干扰刺激的过滤或者抑制。

Eimer（1996）根据抑制说的假设，从不同角度设计了 3 个实验。实验 1 中研究者采用了目标一致与目标变化（不能产生抑制）两种条件；实验 2 中，研究者对目标和干扰物的位置进行了操纵，分为远和近（需要更多的抑制作用）两个维度；实验 3 中，研究者对干扰物的同质性和异质性（需要更多的抑制作用）进行了操纵。结果发现，在不能产生抑制作用的实验 1 的变化条件下，实验引发的 N2pc 与目标一致条件下的是没有显著差异的，而在需要更多的抑制作用的实验 2 与实验 3 的两种条件下引发的 N2pc 与对比条件下引发的 N2pc 也没有显著差异，没有表现出对抑制程度的敏感性，这与抑制说的假设是相违背的。因此，我们可以认为，N2pc 反映的是基于目标特征的对任务相关刺激进行选择加工的过程，而非对干扰物的抑制。目标增强说只是片面强调对任务相关刺激的选择加工，而忽视了对来自周围干扰刺激信息的过滤或抑制，也是比较片面的。并且，相同条件下，较多干扰物引发的 N2pc 波幅要远远大于较少干扰物引发的

N2pc 波幅，这时目标本身的特征并没有变化。因此，目标增强说并不能解释 N2pc 的差异，而只能归因于不同数量的干扰物需要不同程度的抑制作用。

（二）N2pc 的研究范式

当前，关于空间注意的研究主要在知觉层面和视觉短时记忆层面进行探讨，所以比较常见的 N2pc 的研究范式是视觉搜索范式、线索-目标范式和视觉短时记忆搜索范式及其变式。

1. 视觉搜索范式

视觉搜索范式是最早对 N2pc 进行研究时所采用的经典范式（Luck & Hillyard，1994），直到如今，其仍然是研究 N2pc 的主流范式。该任务的实验过程通常是：首先在屏幕上呈现一个目标与分心物混合的刺激序列，然后要求被试根据事先规定的目标对刺激序列进行搜索，最后被试判断刺激序列中是否存在目标或报告目标出现的位置。整个过程中，注视点始终出现在屏幕中央。在此范式的基础上，又衍生出了一些变式，比如，在实验开始前并不告知被试什么是目标刺激，而是在刺激序列出现之前呈现一个目标指示物来提供目标特征信息，例如目标的颜色或者形状。

2. 线索-目标范式

视觉搜索范式只能用来探讨纯粹的视觉选择过程，而对于一些旨在探索注意的提前转移对目标选择的影响的研究是无能为力的。线索-目标范式则弥补了这一缺陷。线索-目标范式实际上是一种位置线索提示程序与视觉搜索范式的结合，最早来源于 Posner 等的损失与增益（costs and benefits）范式（Posner et al.，1984）。这里的提示线索与视觉搜索范式中的目标指示物的不同之处在于，前者具有空间提示意义，能够提供目标的位置信息，而后者具有与目标刺激相同的特征，能够提供将要搜索的目标信息。这种空间线索一般以箭头的形式或者利用动态的颜色变化对目标位置进行线索化，箭头或颜色变化能够引导被试的注意转移，从而影响被试对目标的选择加工过程。

3. 视觉短时记忆搜索范式

已有的 fMRI 研究表明，视觉搜索与视觉短时记忆搜索条件下所涉及的空间注意选择过程具有大体相同的神经机制（Nobre et al.，1999），这就为把 Luck 等（1994）最初利用视觉搜索任务所发现的 N2pc 成分的研究扩展到记忆领域提供了依据（Luck & Hillyard，1994）。视觉短时记忆搜索范式与知觉条件下视觉搜索范式的刺激材料的呈现顺序刚好相反，首先在屏幕上呈现一个记忆序列，然后呈现一个被试所要搜索的目标提示线索，这时被试要根据这一目标提示线索回溯记忆序列，判断目标是否出现及其出现的位置。

（三）N2pc 的测量方法

N2pc 的测量方法与其他 ERP 成分的测量方法有所不同。实质上，N2pc 是一种对侧波形减去同侧波形得到的差异波，具体来说就是出现在对侧视野的目标在单侧脑后区域所引起的脑电反应要比同侧视野目标所引起的脑电反应更负。因此，进行 N2pc 测量时通常可以对多对电极点加以平均，或者根据每对电极点的显著性程度进行单独取点来求得，如 PO7/PO8、P7/P8、P3/P4、TP7/TP8、O1/O2 等电极点。首先，明确对侧、同侧。对侧、同侧是相对于脑区位置而言的。在 N2pc 实验设计中，目标必须是分布在单侧视野的，那么相对于 PO7（左半球）而言，左侧视野的目标即为同侧目标，而右侧视野的目标即为对侧目标。同理，相对于 PO8（右半球）来说，右侧视野的目标即为同侧目标，而左侧视野的目标即为对侧目标。然后，分别求出左半球脑区（PO7）与右半球脑区（PO8）条件下的对侧、同侧平均波幅。需要指出的是，这时求出的对侧与同侧波形是有脑区的左右之分的。最后，去脑区的单侧化，求出对侧和同侧波幅的总平均值。因为 N2pc 指的是对侧目标要比同侧目标在单侧脑后区域引起的波形更负，所以无论是左半球还是右半球，虽然所指的脑区位置是不同的，但其所对应的同侧和对侧目标在实质上是一致的，指的都是相应脑区的对侧和同侧。因此，我们就可以对左半球（PO7）与右半球（PO8）的同侧和对侧波形求平均值，从而得到没有左右脑区之分的一个同侧波形和一个对侧波形。这时用对侧减去同侧做差异波分析，就会在 200—300 ms 观察到一个 N2pc 波（Luck & Hillyard，1994）。

（四）N2pc 的影响因素

1. 搜索负荷对 N2pc 的影响

Jolicoeur 等（1999）的研究发现，无论是在视觉搜索还是在短时记忆搜索条件下，N2pc 波幅对搜索负荷（2 个或 4 个）的变化都不敏感。Jolicoeur 等（1999）认为，这或许是因为 N2pc 所反映的神经机制对搜索序列中相互竞争的刺激数量相对不敏感。

Eimer（1996）对视觉短时记忆搜索条件下 N2pc 波幅在高、低负荷条件之间表现出来的一致性产生了怀疑，认为其原因在于，与视觉搜索条件不同的是，短时记忆搜索刺激序列的变大会相应增加记忆的负荷，而两个随机多边形的记忆负荷已经十分接近视觉短时记忆的容量。为此，其分别在视觉搜索条件和视觉短时记忆搜索条件下对刺激序列的大小（2 个和 4 个）进行操作，结果发现，在视觉搜索条件下，N2pc 波幅确实并没有随着负荷而变化；然而在短时记忆搜索条件下，4 种负荷条件下的 N2pc 波幅相对于 2 个负荷产生了一定程度的衰减，这可能是由于记忆负荷的增加大大降低了回溯搜索的效率。然而，N2pc 是会受到搜索负荷影响的。研究者在两个实验中分别采用了 4 个、20 个与 5 个、21 个搜索负荷，结果发现，高负荷条件下得到的 N2pc 波幅要显著大于低负荷条件下得到的 N2pc 波幅。这可能是由搜索负荷大小不同造成的。

综上可以发现，在知觉条件下的视觉搜索任务中，N2pc 对搜索负荷是相对不敏感的，只有当其负荷差十分明显时，这种差异才会显现出来；而在视觉短时记忆条件下，N2pc 却对记忆负荷差较为敏感。

2. 空间提示线索对 N2pc 的影响

空间提示线索一般可分成两类：一类是内源性线索，另一类是外源性线索。利用线索–目标范式可以研究内源性线索对 N2pc 的影响。线索是以箭头的形式出现的，并且总能有效提示目标出现的位置，从而引导注意的转移。Eimer（1996）发现，具有提示线索的试次与没有提示线索试次之间引起的 N2pc 在潜伏期和波幅方面都没有显著差异。Luck 和 Hillyard（1994）探讨了线索的有效性对 N2pc 的影响，实验中能够正确指示目标位置的有效线索试次占大部分（60% 和 66.6%），结果发现，线索的有效与否也对 N2pc 没有影响。这些研究说明，N2pc 与内源性线索造成的注意的提前转移的联系并不密切，它所反映的神经机制与这种注意转移是两种不同的神经过程。然而，Jolicoeur（1999）在针对返回抑制现象的一项研究中发现，外源性线索会对 N2pc 产生不同的影响。这种外源性线索与此前研究中的线索的不同之处在于，它与目标位置没有必然的联系，因而它与任务是无关的。当线索能够有效提示目标位置时，会引发较小的 N2pc；当线索不能有效提示目标位置时，则会引发较大的 N2pc。

由此可以发现，外源性线索与内源性线索对视觉选择的影响是不同的，这可能是由于外源性线索是以一种自下而上的方式来俘获注意的，是不受意识与当前活动目的控制的，它相对于内源性提示线索的自上而下的运行机制会给随后的目标加工带来更大的不确定性，从而对 N2pc 产生更为明显的影响。

3. 刺激材料的性质

很多研究发现，刺激材料的性质也会对 N2pc 的波幅产生影响。首先，干扰刺激与目标刺激的相似程度可以影响 N2pc。Luck 等（1994）的研究发现，与目标刺激具有较高相似性的干扰刺激同样会引发 N2pc，但其波幅要小于目标引起的 N2pc 波幅；与目标刺激具有较高区分度的干扰刺激却不能引发 N2pc（Luck & Hillyard，1994）。其原因可能是，具有较高相似性的干扰刺激与目标刺激分享了较多的共同特征，从而会引发注意系统对这些共同特征进行加工，直到经过进一步的辨别加工，发现它并不是目标刺激时才会将其排除，从而引发了一定程度的 N2pc。然而，具有较高区分度的干扰刺激与目标刺激具有明显不同的特征，因而可以很快地作为干扰刺激被排除掉，从而不会引发显著的 N2pc 效应。其次，目标的定义方式也会影响 N2pc。Luck 等（1994）的研究发现，当目标刺激是以几个特征结合的方式定义时（比如，绿色的、水平长条），要比单个特征定义的目标刺激（比如绿色长条）引起的 N2pc 波幅更大。可能的解释是，注意系统在对以几个特征结合的目标进行加工时，进行的是多个维度的特征加工，这就要比单个特征的目标加工占用更多的注意资源（Treisman & Gelade，1980），从而会引起波幅更大的 N2pc。

4. 任务设计的不同

有研究发现，辨别任务相对于探测任务会引发更大波幅的 N2pc。如果实验中要求被试报告目标刺激出现的位置，那么这种任务要求就要比仅仅要求被试判断目标是否存在引起的 N2pc 波幅更大（Luck et al.，1994）。可能的解释是，报告目标位置时，除了要判断目标是否存在，还要进一步确认目标出现的位置，这个过程可能耗费了更多的注意资源。以上是目前对 N2pc 有显著影响的几个重要因素的探讨。虽然我们尽可能列出了 N2pc 的影响因素，但影响 N2pc 的因素还远不止于此，未来需要更多、更精细的实验研究来进一步挖掘。

N2pc 具有明确的功能意义，反映了视觉搜索过程中个体对当前任务相关刺激的选择加工，它对刺激材料呈现方式的要求以及它的测量方法都有独特性，并且 N2pc 的波幅及潜伏期会受到诸多因素的影响。因此，N2pc 是一个重要但尚需要系统、深入研究的 ERP 成分。目前，虽然 N2pc 在空间注意的研究领域得到了越来越多的关注和应用，但相关研究在迅速发展的同时，也存在很多不足和值得进一步探讨的地方。

第二节　发展性协调障碍青少年视空间注意分配的
神经机制研究

一、研究目的

日常生活中，人们需要同时注意多种事物是普遍存在的情况，仅仅将注意集中到其中某一项上是不够的，所以将注意同时分配到多项事物中的能力就显得格外重要。因此，本研究在前述研究的基础上，更进一步考察发展性协调障碍组与对照组青少年在双任务范式中的注意分配反应时和正确率特点，以及 ERP 成分（如 N2、P3）神经电生理机制的差异。

二、研究假设

假设 1：随着任务难度的提高，两组青少年的平均反应时均有明显延长，发展性协调障碍青少年的平均反应时明显长于对照组青少年。

假设 2：N2 与任务难度有关，任务越容易，N2 波幅越大，即两组青少年在单目标情况下的 N2 波幅和双目标、非目标情况下的 N2 波幅存在差异。

假设 3：P3 成分是当前任务的注意资源指标，两组青少年的 P3 波幅存在差异。

三、研究方法

（一）研究对象

被试筛选程序同第三章，最终参与实验的有发展性协调障碍青少年 27 名，对照组青少年 27 名。年龄均为 7—10 岁，男女比例均衡，所有被试均为右利手，视力正常或矫正后正常。被试参加实验前，由监护人填写知情同意书。被试身体健康，无任何疾病。

发展性协调障碍组和对照组青少年的信息如表 6-1 所示。两组青少年的年龄差异[$t_{(32)}$=0.55，p=0.59]、IQ 差异[$t_{(32)}$=1.54，p=0.13]和性别差异[$t_{(32)}$=1.39，p=0.24]无统计学意义，两组青少年在年龄、智商和性别上相匹配。

表 6-1　被试信息表

类别	年龄（岁）		IQ		性别	
	$M\pm SD$	范围	$M\pm SD$	范围	男（人）	女（人）
发展性协调障碍组	8.31 ± 0.87	7—10	107.89 ± 10.93	90—129	9	7
对照组	8.91 ± 0.98	7—10	107.89 ± 10.93	85—124	10	6
总计	8.25 ± 0.92	7—10	106.81 ± 11.01	85—129	19	13

（二）实验设计

我们采用注意分配的双任务范式，进行 2（被试类型：发展性协调障碍组、对照组）×2（任务类型：简单任务、复杂双任务）×6（电极点：FC1、FCz、FC2、C1、Cz、C2）的三因素混合实验设计的重复测量方差分析。被试类型为被试间设计，注意分配任务与电极点为被试内设计。

（三）实验材料与程序

本实验采用 E-prime 2.0 编写的双任务程序来记录被试的反应时和正确率。屏幕左边灰色正方体边长为 4 cm，屏幕右边红色三位数字长度为 4 cm。

脑电记录设备为美国 EGI 公司的 64 导脑电采集系统。主试在被试身边约 30 cm 处，斜对着屏幕，随时监控实验的进程。被试位于 14 寸台式电脑显示屏（分辨率为 1920×1080）正前方约 60 cm 处，实验前给予被试一定时间让其熟悉电脑及键盘的使用。保持实验室周围环境微暗且安静，被试需要通过双手食指完成整个实验。

简单任务中，被试需要判断屏幕上左边区域有无出现灰色正方体，当屏幕左侧出现灰色正方体时，被试需要用左手食指按"F"键，当屏幕左侧没有出现灰色正方体时，被试需要用右手食指按"J"键，实验忽略右侧出现的红色三位数。复杂双任务中，被试在完成简单任务的同时，需记下屏幕上右方区域出现的红色三位数字，并在随后出现的黑色文本框中输入所出现的数字。实验中，先进行简单反应时任务，后进行复杂双任务，两个任务分开进行并以伪随机顺序呈现。练习阶段有 10 个试次，如果被试觉得练习不够，尚未熟悉实验操作方法，可以返回继续练习，被试认为练习足够，即可进入正式实验阶段。正式实验阶段共有 180 个试次，实验时长约为 15 min。

实验流程如图 6-1 所示。首先，呈现 1200 ms 的掩蔽屏，之后被试需将注意集中于红色注视点"+"（呈现时长 800 ms）；随后，呈现双重任务匹配的图片，被试需要针对屏幕左边区域有无出现灰色正方体做按键反应，如果 3000 ms 内未做出有效反应，那么任务将自动跳过，进入新的试次。按键后呈现 500 ms 的空屏，接着屏幕正中间呈现文本输入框，被试需要回忆并输入刚才在双任务图片中右边屏幕区域出现的三位数，输好后程序会自动进入下一个试次，提示被试又快又准确地做出反应。简单任务与复杂双任务程序基本一致，与复杂双任务不同的是，在简单任务中，被试不用记忆图片右侧的三位数和后续的输入任务。

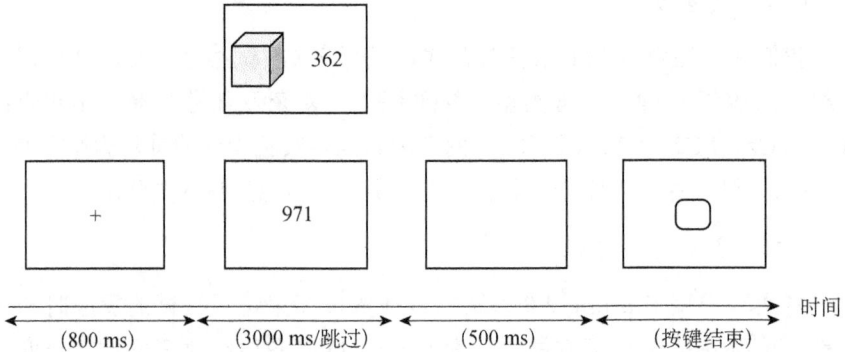

图 6-1　注意分配实验流程图

（四）EEG 记录与分析

我们使用美国 EGI 公司的 ERP 记录系统，采用 64 导放大器和脑电帽记录 EEG 信号，使用 EGI 系统中的 Net Station 软件进行离线处理。处理步骤如下：逐一进行高低通滤波、分段、伪迹检测、坏导替换、平均、参考和基线矫正等。参考电极为全脑平均，滤波带通为 0.1—30 Hz，采样率为 500 Hz，头皮电阻小于 5 KΩ。分析时长为 800 ms，刺激前基线为 200 ms，删除眨眼、眼动和其他伪迹在数据处理中波幅超过 ±140 μV 的被试，电极帽上已包括眼电的电极。本研究包括两种刺激条件，即目标实心圆位置与箭头提示信息一致条件和不一致条件。对两组一致性线索类型，在两种条件下叠加平均的 ERP 波形电位曲线，根据已往研究，对 N2 和 P3 选取 6 个电极点（FC1、FCz、FC2、C1、Cz、C2）的峰值、潜伏期和平均波幅进行分析，根据总平均波形图和以往研究最终选定分析 N2 的时间窗口为 150—300 ms，P3 的时间窗口为 300—550 ms。根据提示信息与目标靶刺激位置一致与不一致条件，分别对 EEG 进行分类叠加，获得不同提示条件下的 ERP 曲线，实际每种条件下叠加次数均在 80 次以上。随后，使用 SPSS 22.0 对在各电极点上提取得到的峰值、波幅值和潜伏期进行重复测量方差分析，比较发展性协调障碍青少年和对照组青少年之间的差异是否有统计学意义，以 $p < 0.05$ 为标准判断差异有统计学意义。

（五）数据统计与分析

我们采用 SPSS 22.0 对所有数据进行统计学分析；采用描述性统计（平均值和标准差）描述所有相关的人口统计和结果变量。对反应时、正确率、平均波幅、潜伏期及其峰值检测进行单因素方差分析、配对样本 t 检验、重复测量方差分析，对电生理学数据 p 采用 Greenhouse-Geisser 法矫正。

四、研究结果

（一）行为结果

对反应时和正确率进行重复测量方差分析，结果见表 6-2。反应时结果表明，被试类型的主效应显著，$F（1，30）=6.80$，$p=0.014$，$\eta^2=0.19$，两组青少年的反应时差异显著，两组青少年在复杂双任务中的反应时（473.17 ± 18.22 ms；320.99 ± 37.93 ms）比简单任务中的反应时长（375.10 ± 28.11 ms；304.39 ± 23.55 ms）。分别在复杂双任务和简单任务情况下对比发展性协调障碍组青少年和对照组青少年的反应时，结果发现发展性协调障碍青少年的反应时（473.17 ± 18.22 ms；375.10 ± 28.11 ms）均比对照组青少年的反应时长（320.99 ± 37.93 ms；304.39 ± 23.55 ms）。简单任务的主效应不显著，$F（1，30）=1.63$，$p=0.21$，$\eta^2=0.05$，简单任务与被试类型的交互作用不显著，$F（1，30）=0.16$，$p=0.69$，$\eta^2=0.01$。复杂双任务的主效应显著，$F（1，30）=83.39$，$p=0.0001$，$\eta^2=0.74$，复杂任务与被试类型的交互作用显著，$F（1，30）=6.47$，$p=0.016$，$\eta^2=0.18$。进一步的简单效应分析显示，在复杂双任务中，两组青少年的反应时差异显著，$F（1，30）=7.57$，$p<0.05$，发展性协调障碍青少年的反应时比对照组青少年长。

表 6-2　被试的反应时和正确率（$M\pm SD$）

项目		发展性协调障碍组	对照组	总计
反应时（ms）	简单任务	375.10 ± 28.11	304.39 ± 23.55	338.74 ± 10.30
	复杂双任务	473.17 ± 18.22	320.99 ± 37.93	397.08 ± 81.92
正确率（%）	简单任务	0.87 ± 0.11	0.95 ± 0.05	0.91 ± 0.09
	复杂双任务	0.67 ± 0.21	0.85 ± 0.09	0.76 ± 0.18

正确率结果表明，被试类型的主效应显著，$F（1，30）=10.75$，$p=0.003$，$\eta^2=0.26$，两组青少年的正确率差异显著。简单任务的主效应不显著，$F（1，30）=2.97$，$p=0.095$，$\eta^2=0.09$，简单任务与被试类型的交互作

用不显著，F（1，30）=0.50，p=0.483，η^2=0.017。复杂双任务的主效应显著，F（1，30）=53.39，p=0.0001，η^2=0.64，复杂双任务与被试类型的交互作用显著，F（1，30）=9.20，p=0.005，η^2=0.235，进一步的简单效应分析显示，在复杂双任务中，发展性协调障碍青少年的正确率比对照组青少年低，F（1，30）=9.53，$p<0.05$。

（二）脑电结果

1. 发展性协调障碍组

对发展性协调障碍青少年的 N2、P3 成分进行任务类型（2 个水平：简单任务、复杂双任务）×电极点（FC1、FCz、FC2、C1、Cz、C2）的二因素重复测量方差分析（图 6-2，图 6-3）。

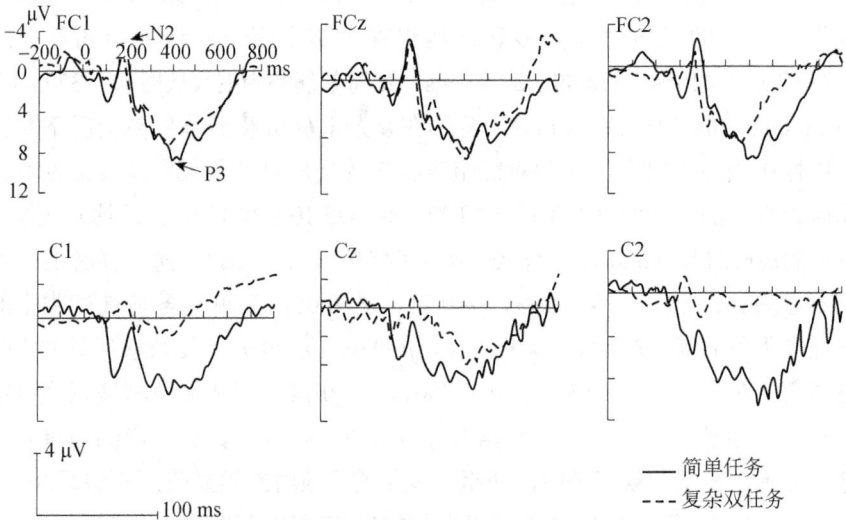

图 6-2　发展性协调障碍青少年在简单任务和复杂双任务中的波形图

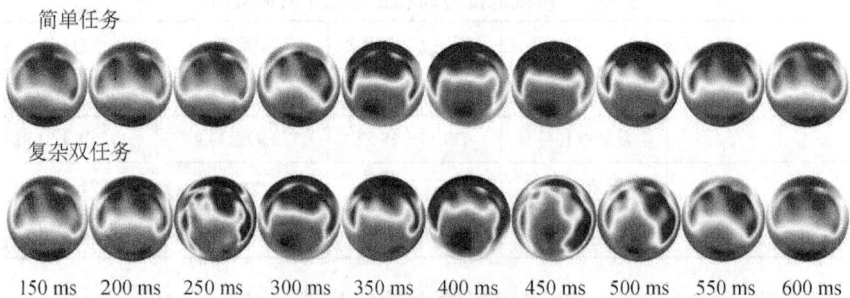

150 ms　200 ms　250 ms　300 ms　350 ms　400 ms　450 ms　500 ms　550 ms　600 ms

图 6-3　发展性协调障碍青少年在简单任务和复杂双任务中的地形图

（见文后彩图 6-3）

（1）N2（150—300 ms）

N2 成分平均波幅分析结果显示，电极点主效应显著，$F_{(5, 75)}=$ 6.70，$p=0.0001$，$\eta^2=0.21$；任务类型主效应显著，$F_{(1, 15)}=14.90$，$p=0.005$，$\eta^2=0.37$；任务类型和电极点的交互作用不显著，$F_{(5, 75)}=1.49$，$p=0.22$，$\eta^2=0.06$。进一步的简单效应分析发现，对照组青少年各电极点的 N2 成分平均波幅在不同任务难度上存在显著差异，$F_{(5, 75)}=3.22$，$p=0.0001$，任务越简单，N2 波幅越大。

N2 成分峰值分析结果显示，电极点主效应显著，$F_{(5, 75)}=8.73$，$p=0.0001$，$\eta^2=0.25$；任务类型主效应边缘显著，$F_{(1, 15)}=3.08$，$p=0.11$，$\eta^2=0.19$；电极点和任务类型的交互作用不显著，$F_{(5, 75)}=2.26$，$p=0.09$，$\eta^2=0.08$。

N2 成分潜伏期分析结果显示，电极点主效应显著，$F_{(5, 75)}=14.44$，$p=0.0001$，$\eta^2=0.35$；任务类型主效应不显著，$F_{(1, 15)}=0.08$，$p=0.78$，$\eta^2=0.003$；电极点和任务类型的交互作用不显著，$F_{(5, 75)}=0.45$，$p=0.72$，$\eta^2=0.02$。

（2）P3（300—550 ms）

P3 成分平均波幅分析结果显示，电极点主效应显著，$F_{(5, 75)}=15.64$，$p=0.0001$，$\eta^2=0.69$；任务类型主效应显著，$F_{(1, 15)}=0.22$，$p=0.0001$，$\eta^2=0.51$；电极点和任务类型的交互作用显著，$F_{(5, 75)}=2.31$，$p=0.03$，$\eta^2=0.13$。进一步的简单效应分析发现，发展性协调障碍青少年各电极点的 P3 平均波幅在不同任务难度上存在显著差异，$F_{(5, 75)}=33.22$，$p=0.0001$，任务难度越大，发展性协调障碍青少年的 P3 平均波幅越小。

P3 成分峰值分析结果显示，电极点主效应显著，$F_{(5, 75)}=16.20$，$p=0.0001$，$\eta^2=0.54$；任务类型主效应显著，$F_{(1, 15)}=10.63$，$p=0.006$，$\eta^2=0.43$；电极点和任务类型的交互作用显著，$F_{(5, 75)}=2.99$，$p=0.007$，$\eta^2=0.54$。进一步的简单效应分析发现，发展性协调障碍青少年各电极点的 P3 峰值在不同任务难度上差异显著，$F_{(5, 75)}=11.34$，$p=0.0001$，任务难度越大，发展性协调障碍青少年的 P3 峰值越低。

P3 成分潜伏期分析结果显示，电极点主效应显著，$F_{(5, 75)}=2.31$，$p=0.03$，$\eta^2=0.12$；任务类型主效应显著，$F_{(1, 15)}=6.32$，$p=0.022$，$\eta^2=0.271$；电极点和任务类型的交互作用显著，$F_{(5, 75)}=3.56$，$p=0.032$，$\eta^2=0.21$。进一步的简单效应分析发现，发展性协调障碍青少年各电极点的 P3 潜伏期在不同任务难度上差异显著，$F_{(5, 75)}=$

6.32，p=0.022，任务难度越大，发展性协调障碍青少年的 P3 潜伏期越长。

2. 对照组

我们对对照组青少年的 N2、P3 进行任务类型（2 个水平：简单任务、复杂双任务）×电极点（FC1、FCz、FC2、C1、Cz、C2）的二因素重复测量方差分析，结果见图 6-4，图 6-5。

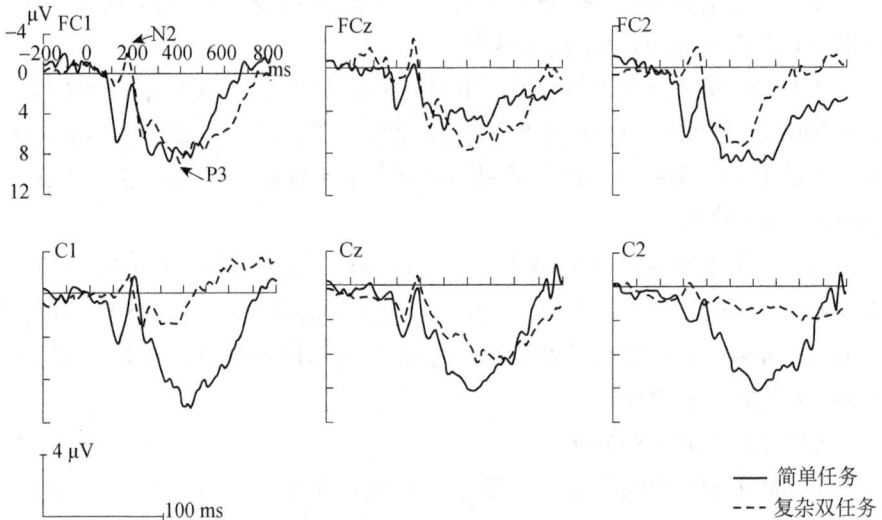

图 6-4　对照组青少年在简单任务和复杂双任务中的波形图

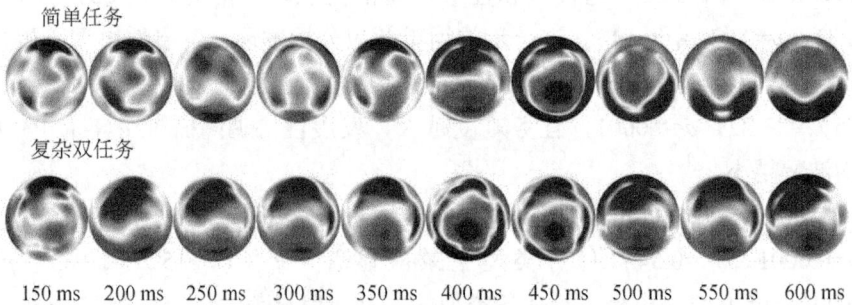

150 ms　200 ms　250 ms　300 ms　350 ms　400 ms　450 ms　500 ms　550 ms　600 ms

图 6-5　对照组青少年在简单任务和复杂双任务中的地形图（见文后彩图 6-5）

（1）N2（150—300 ms）

N2 成分平均波幅分析结果显示，电极点主效应显著，$F_{(5, 75)}$=8.30，p=0.0001，η^2=0.36；任务类型主效应显著，$F_{(1, 15)}$=9.92，p=0.007，η^2=0.40；电极点和任务类型的交互作用不显著，$F_{(5, 75)}$=1.19，p=0.314，η^2=0.07。

N2 成分峰值分析结果显示，电极点主效应显著，$F_{(5, 75)}$=5.26，p=0.0001，η^2=0.25；任务类型主效应不显著，$F_{(1, 15)}$=1.25，p=

0.281，$\eta^2=0.072$；电极点和任务类型的交互作用不显著，$F_{(5, 75)}=$ 0.92，$p=0.497$，$\eta^2=0.054$。

N2 成分潜伏期分析结果显示，电极点主效应显著，$F_{(5, 75)}=$ 11.34，$p=0.0001$，$\eta^2=0.40$；任务类型主效应不显著，$F_{(1, 15)}=0.003$，$p=0.956$，$\eta^2=0.001$；电极点和任务类型的交互作用不显著，$F_{(5, 75)}=$ 0.21，$p=0.884$，$\eta^2=0.01$。

（2）P3（300—550 ms）

P3 成分平均波幅分析结果显示，电极点主效应显著，$F_{(5, 75)}=$ 8.66，$p=0.0001$，$\eta^2=0.46$；任务类型主效应显著，$F_{(1, 15)}=5.59$，$p=$ 0.040，$\eta^2=0.36$；电极点和任务类型的交互作用显著，$F_{(5, 75)}=2.89$，$p=0.049$，$\eta^2=0.12$。进一步的简单效应分析发现，对照组青少年各电极点的 P3 波幅在不同任务难度上差异显著，$F_{(5, 75)}=5.58$，$p=0.04$，任务难度越大，对照组青少年的 P3 波幅越小。

P3 成分峰值分析结果显示，电极点主效应显著，$F_{(5, 75)}=8.66$，$p=0.0001$，$\eta^2=0.46$；任务类型主效应显著，$F_{(1, 15)}=5.59$，$p=0.040$，$\eta^2=0.36$；电极点和任务类型的交互作用不显著，$F_{(5, 75)}=1.13$，$p=0.355$，$\eta^2=0.1$。

P3 成分潜伏期分析结果显示，电极点主效应边缘显著，$F_{(5, 75)}=$ 1.97，$p=0.072$，$\eta^2=0.16$；任务类型主效应不显著，$F_{(1, 15)}=1.07$，$p=0.325$，$\eta^2=0.1$；电极点和任务类型的交互作用不显著，$F_{(5, 75)}=$ 0.19，$p=0.863$，$\eta^2=0.02$。

3. 发展性协调障碍组与对照组的对比

对发展性协调障碍组和对照组青少年的 N2、P3 进行被试类型（2 个水平：发展性协调障碍组、对照组）×任务类型（2 个水平：简单任务、复杂双任务）×电极点（FC1、FCz、FC2、C1、Cz、C2）的三因素重复测量方差分析，结果见图 6-6 至图 6-9。

（1）N2（150—300 ms）

N2 成分平均波幅分析结果显示，电极点主效应显著，$F_{(7, 210)}=$ 6.70，$p=0.0001$，$\eta^2=0.21$；任务类型主效应显著，$F_{(1, 30)}=14.90$，$p=0.001$，$\eta^2=0.37$；被试类型主效应不显著，$F_{(1, 30)}=0.57$，$p=0.42$，$\eta^2=0.02$；电极点和任务类型的交互作用不显著，$F_{(7, 210)}=1.49$，$p=0.22$，$\eta^2=0.06$；任务类型和被试类型的交互作用不显著，$F_{(1, 30)}=$ 0.21，$p=0.65$，$\eta^2=0.008$；电极点和被试类型的交互作用不显著，$F_{(7, 210)}=2.05$，$p=0.10$，$\eta^2=0.08$；任务类型、电极点和被试类型三者的交互

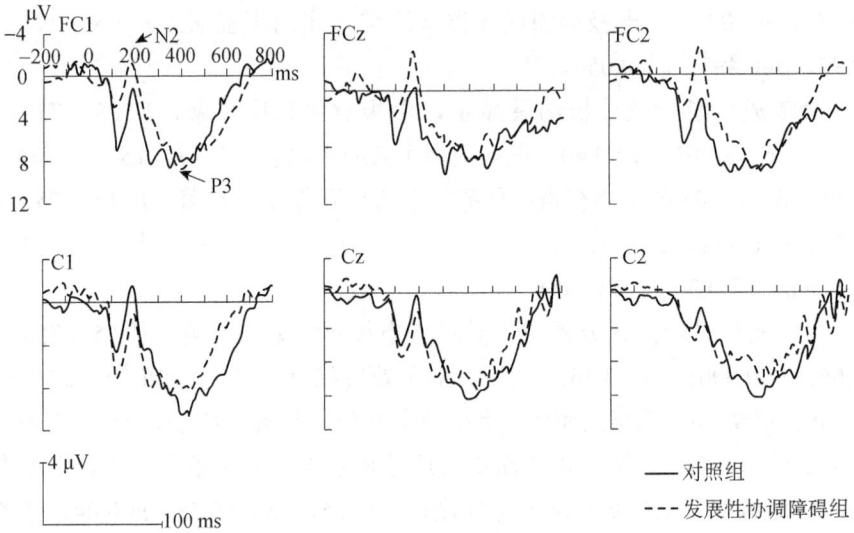

图 6-6 简单任务中发展性协调障碍组和对照组青少年的波形图

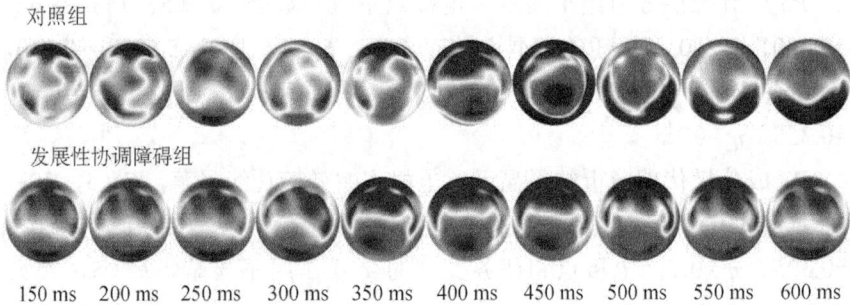

图 6-7 简单任务中发展性协调障碍组和对照组青少年的地形图（见文后彩图 6-7）

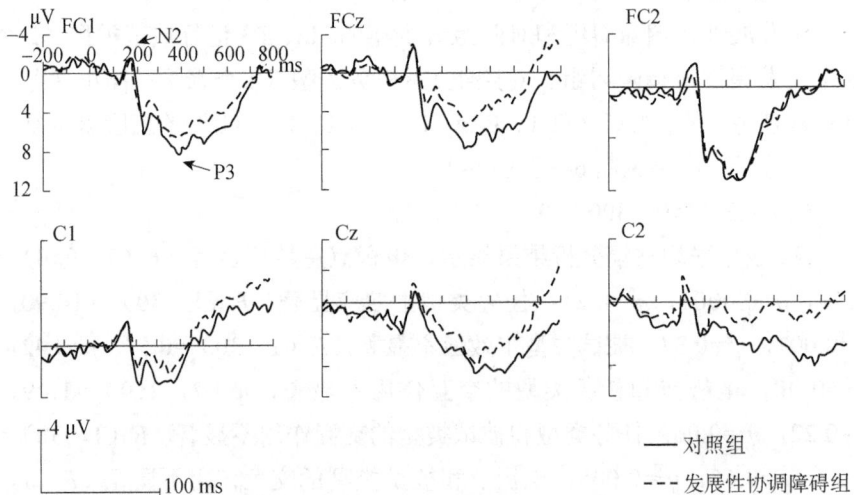

图 6-8 复杂双任务中发展性协调障碍组和对照组青少年的波形图

对照组

发展性协调障碍组

150 ms　200 ms　250 ms　300 ms　350 ms　400 ms　450 ms　500 ms　550 ms　600 ms

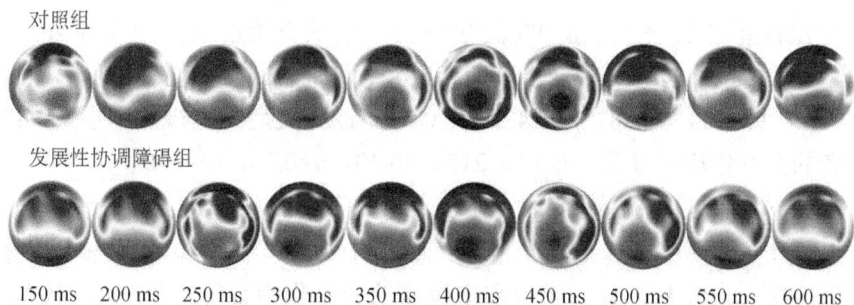

图 6-9　复杂双任务中发展性协调障碍组和对照组青少年的地形图（见文后彩图 6-9）

作用不显著，$F（7，210）=0.27$，$p=0.85$，$\eta^2=0.01$。

N2 成分峰值分析结果显示，电极点主效应显著，$F（7，210）=8.73$，$p=0.0001$，$\eta^2=0.25$；任务类型主效应不显著，$F（1，30）=3.08$，$p=0.11$，$\eta^2=0.19$；任务类型和电极点的交互作用不显著，$F（7，210）=2.26$，$p=0.09$，$\eta^2=0.08$；被试类型主效应不显著，$F（1，30）=0.06$，$p=0.81$，$\eta^2=0.002$；任务类型和被试类型的交互作用不显著，$F（1，30）=0.06$，$p=0.81$，$\eta^2=0.002$；电极点和被试类型的交互作用不显著，$F（7，210）=1.34$，$p=0.24$，$\eta^2=0.05$；任务类型、电极点和被试类型三者的交互作用不显著，$F（7，210）=0.38$，$p=0.78$，$\eta^2=0.01$。

N2 成分潜伏期分析结果显示，电极点主效应显著，$F（7，210）=14.44$，$p=0.0001$，$\eta^2=0.35$；任务类型主效应不显著，$F（1，30）=0.08$，$p=0.78$，$\eta^2=0.003$；任务类型和电极点的交互作用不显著，$F（7，210）=0.45$，$p=0.72$，$\eta^2=0.02$；被试类型主效应不显著，$F（1，30）=0.40$，$p=0.53$，$\eta^2=0.02$；任务类型与被试类型的交互作用不显著，$F（1，30）=0.20$，$p=0.91$，$\eta^2=0.01$；电极点与被试类型的交互作用不显著，$F（7，210）=0.19$，$p=0.68$，$\eta^2=0.01$；任务类型、电极点和被试类型三者的交互作用不显著，$F（7，210）=1.27$，$p=0.29$，$\eta^2=0.05$。

（2）P3（300—550 ms）

P3 成分平均波幅分析结果显示，电极点主效应显著，$F（7，210）=20.09$，$p=0.0001$，$\eta^2=0.45$；任务类型主效应显著，$F（1，30）=27.55$，$p=0.0001$，$\eta^2=0.52$；任务类型和电极点的交互作用显著，$F（7，210）=2.81$，$p=0.04$，$\eta^2=0.10$。进一步简单效应分析发现，各电极点的 P3 波幅在对照组青少年[$F（7，210）=7.87$，$p=0.0001$]和发展性协调障碍青少年[$F（7，210）=10.78$，$p=0.0001$]中均有显著差异，电极点和被试类型的交互作用显著，$F（7，210）=3.28$，$p=0.015$，$\eta^2=0.12$。进一步简单效应分析发现，对照组青少年和发展性协调障碍青少年在复杂任务类型下的 P3

波幅比简单任务类型下的 P3 波幅更正。被试类型的主效应不显著，F（1，30）=0.64，p=0.43，η^2=0.03；任务类型和被试类型的交互作用不显著，F（1，30）=0.68，p=0.42，η^2=0.03；任务类型、电极点和被试类型三者的交互作用不显著，F（7，210）=0.40，p=0.76，η^2=0.02。

P3 成分峰值分析结果显示，电极点主效应显著，F（7，210）=18.80，p=0.0001，η^2=0.44；任务类型主效应显著，F（1，30）=21.49，p=0.0001，η^2=0.47；任务类型和电极点的交互作用显著，F（7，210）=3.38，p=0.02，η^2=0.12。进一步简单效应分析发现，各电极点的 P3 峰值在对照组青少年[F（7，210）=7.29，p=0.0001]和发展性协调障碍组青少年[F（7，210）=6.71，p=0.001]中均有显著差异，电极点和被试类型的交互作用显著，F（7，210）=2.85，p=0.03，η^2=0.11，进一步简单效应分析发现，对照组青少年和发展性协调障碍青少年在复杂任务类型下的 P3 峰值比简单任务类型下的更高。被试类型的主效应不显著，F（1，30）=0.59，p=0.45，η^2=0.02；任务类型和被试类型的交互作用不显著，F（1，30）=0.29，p=0.60，η^2=0.01；任务类型、电极点和被试类型三者的交互作用不显著，F（7，210）=0.87，p=0.47，η^2=0.04。

P3 成分潜伏期分析结果显示，电极点主效应不显著，F（7，210）=1.34，p=0.23，η^2=0.45；任务类型主效应显著，F（1，30）=5.60，p=0.025，η^2=0.17；电极点和被试类型的交互作用显著，F（7，210）=3.20，p=0.019，η^2=0.11。进一步简单效应分析发现，对照组青少年在 CP1、CP2 电极点上的 P3 成分潜伏期比发展性协调障碍青少年更短。被试类型的主效应不显著，F（1，30）=2.14，p=0.16，η^2=0.07；任务类型和被试类型的交互作用不显著，F（1，30）=0.84，p=0.37，η^2=0.03；任务类型和电极点的交互作用不显著，F（7，210）=0.24，p=0.90，η^2=0.01；任务类型、电极点和被试类型三者的交互作用不显著，F（7，210）=0.36，p=0.81，η^2=0.01。

五、讨论

N2 成分与集中注意力和任务的难度有关（Martin et al.，2011；Gherri & Eimer，2010）。Gherri 和 Eimer（2010）的研究发现，简单任务条件下的 N2 波幅大于复杂双任务条件下的 N2 波幅。Martin 等（2011）的研究认为，N2 成分与任务的难易程度有关，任务越简单，则 N2 波幅就越大。本研究结果与他们的研究结果一致，在 ERP 结果上体现为简单任务条件下的 N2 成分波幅更大。本次研究还发现，简单任务条件下的 N2 波幅大于复杂双任务条件下的 N2 波幅，这是由于在复杂双任务条件下，被试需要同时完成两项任务，相对于注意力集中于简单任务而言，多任务条件下被试的反应是低效的。本研究中，被试在复杂双任务中对简单判断任务进行判断的同时，需要对 3 位数据进行记忆，任务难度增加，且由于任务难度越大，N2 波幅越小，因此复杂双任务条件下产生的 N2 波幅比简单任务条件下的小。同样，在两种任务条件下，我们发现发展性协调障碍青少年的 N2 波幅大于对照组青少年。两个任务同时存在时，被试的注意资源的损耗更大，相对而言注意资源小的被试会出现力不从心的情况。

P3 成分与视觉注意中对目标任务的自上而下加工、内源性加工和主动加工有关（Friedman-Hill et al.，1995）。众多关于双任务范式的研究结果显示，P3 成分是完成当前任务所分配到注意力资源数量多少的指标（Kida et al.，2012；Singhal & Fowler，2004）。Pratt 等（2011）采用箭头 Flanker 任务和斯滕伯格记忆任务相结合的两个任务范式，被试只进行 Flanker 任务时为简单任务，需要同时进行 Flanker 任务和记忆任务时为复杂双任务。研究者认为，与只进行 Flanker 任务相比，复杂双任务需要耗损更多的注意力资源，被试需要将有限的注意资源同时分配到两个任务中，因此复杂双任务条件下每种任务中的注意资源数量要少于单任务条件下的注意资源数量，从而表现为双任务条件下 P3 成分的波幅比单任务条件下的更小。本研究的结果与 Pratt 等（2011）的研究结果一致，简单任务条件下的 P3 成分波幅更大，且发展性协调障碍青少年的 P3 波幅小于对照组青少年，说明在进行相同难度任务时，发展性协调障碍青少年需要比对照组青少年消耗更多的注意力资源。谭金凤等（2013）的研究发现，工作记忆是信息从知觉到长时记忆之间用于暂时保存信息的有限系统，主要是信息从知觉到记忆的转化过程和加工后的信息保持。孟迎芳和郭春彦（2007）的研究发现，记忆的编码需要主动分配资源才能完成。在本研究中，刺激呈现的时候给予被试足够长的时间，使数字记忆从知觉表征向记忆表征转化，通过过渡屏进入数字记忆的保持阶段。但在完成双任务条件时，被试仍然需要分配一定的注意资源给灰色正方体，因此复杂双任务条件下的 P3 成分波幅更小。结合行为结果，被试在复杂双任务中的反应时比简单任务中的反应时更长。无论在简单任务还是复杂双任务中，发展性协调障碍青少年的反应时都要比对照组青少年的反应时长，这表明双任务条件下的任务难度明显大于简单任务条件，因此被试需要付出更多的努力。本研究结果同样表明，P3 成分的波幅大小可以是注意资源分配的测量指标（Isreal et al.，1980），任务难度越大，那么被试对任务付出的努力越多，这时就会相应地分配注意资源给多项任务，因此会导致 P3 成分的波幅减小。

　　Dehaene 等（1996，1998）运用双任务范式考察了额叶在人类认知活动中的作用。他们发现，当个体仅完成单任务时，额叶不会被激活，而同时完成双任务时，个体需要把有限的资源同时分配给不同的任务，左右两侧脑区的额叶都会被激活。他们由此指出，在双任务处理过程中，额叶脑区具有协调作用。前额叶损伤的患者不能很好地完成双任务，说明其信息加工能力是受损的。同样，其他研究者也认为，在双任务处理过程中，额叶具有重要作用。研究者在数字比较任务的 ERP 研究中发现，成年人对数字的加工脑区主要位于双侧下顶叶，且右侧顶叶活性较强（南云，罗跃嘉，2003）。Kok（1986）采用 fMRI 技术，考察了较高空间分辨率条件下脑区激活的变化。本研究采用 ERP 技术考察较高时间分辨率条件下的主要 ERP 成分特点，因此本研究并没有发现左右脑区激活区域的明显对比。已有研究显示，大脑对数字记忆的加工主要集中于顶叶，而且 P3 成分主要在中央顶部有更大的激活，因此本研究的重点是分析大脑区域中顶部的变化。

　　本研究从注意分配能力角度考察了发展性协调障碍组与对照组青少年的差异。注意分配能力测量主要考察两项任务同时进行的情况下，被试能否兼顾两者，进行有效的反应。以往研究更多的是通过视听两个通道进行考察，但本研究更多考虑的是注意分配能力，以探讨不同难度的双任务条件对两组青少年的认知效能与生理机制的影响。对此，我们特别选用两个任务同屏显示，采用单一视觉通道进行检测，更准确地探究两类青少年的注意能力差异。在执行双任务协调情景中，被试需要有效的注意分配与协调冲突、抑制反应的能力。注意资源的总量是有限的，被试的注意资源总量越大，就越容易同时进行多项任务，并将注意资源合理分配在不同的任务中。同样，任务项目或者容量越大，需要被试投入的注意资源也就越多，被试只有投入足够的注意资源，才能更好地完成任务，如果被试没有足够的注意资源可供使用，那么可能会出现任务失败。N2 成分与集中注意力和任务的难度有关。Gherri 和 Eimer（2010）研究发现简单任务条件下的 N2 波幅大于复杂双任务条件下的 N2 波幅。Martin 等（2011）研究发现 N2 成分与任务的难易程度有关，任务越简单，N2 波幅越大。在复杂双任务条件下，被试必须同时进行两项任务，需要将注意资源分配到两个任务中，既要对屏幕左侧的任务进行甄别，又要对屏幕右侧的三位数字进行记忆，并在后续的框内进行回忆。注意资源的有限性会导致反应速度与正确率的下降，这在发展性协调障碍组与对照组青少年中都是必然存在的。认知信息初级加工过程的重要指标是 P3 成分的潜伏期，它代表了对信息的加工和处理速度，而与被试应答和选择的过程没有关系。个体实际的反应速度取决于其对整个任务的整体处理过程，因此 P3 潜伏期并不完全等同于被试的反应速度（Ilan & Polich，1999）。本研究中，行为数据中的反应速度差异明显，而脑电中的潜伏期并没有出现差异，原因可能在于，反应速度可能受到了个体注意资源容量和任务本身难易程度的影响（Shen，2006）。发展性协调障碍青少年的 P3 成分潜伏期没有显著的统计学意义上的延迟，但他们在日常动作行为中仍然表现出困难，特别是在完成新颖动作的时候，其反应速度比同龄正常发展的青少年慢（Krigolson & Holroyd，2006）。有研究者对目标运动的信息处理过程进行研究，结果显示，提示刺激的 P3 成分和运动控制过程中对信息的修正和内化均存在功能性的相关（Krigolson & Holroyd，2006）。本研究结果表明，发展性协调障碍青少年的 P3 成分波幅比对照组青少年小，表明发展性协调障碍青少年对信息的初级加工能力较差，这导致其运动控制能力存在一定缺陷。一直以来，诸多研究证实年龄和智力都对 P3 成分有影响，且随年龄增长，个体的反应时会越来越短，错误会相对减少；智力水平越高，个体的反应时越短，错误也会相对较少。P3 成分是大脑发育状况的整体反应，是个体记忆和认知水平的整体表现，智力可以促进 P3 成分潜伏期变短和波幅增大。在痴呆病的临床研究中，智力水平低的被试的潜伏期较对照组明显延长，波幅明显减小（Santos et al.，2007）。P3 成分的波幅大小代表着被试对初级信息加工的过程的整体反应，被试的信息加工能力不足直接影响了其对整体信息的控制过程，导致其执行功能的低下。注意分配任务的脑电数据结果说明，两组被试的注意资源并没有显著的区别，因此注意资源的总量并不是两组青少年表现出注意能力差异的原因。发展性协调障碍组与对照组青少年在注意分配能力上表现出来差异，是由于发展性协调障碍青少年的注意资源相对缺乏，也就是由其能相对有效使用有限的资源的能力差异导致的。认知过程在行为表现中起着重要作用，由于各种神经生理学方法的出现，在今后的研究中可以利用 fMRI 和功能性近红外光谱技术（functional near-infrared spectroscopy，fNIRS），进一步考察发展性协调障碍组与对照组青少年的脑区差异。

六、结论

复杂双任务中个体的反应时间相对较长，则双任务加工过程中有更多的心理过程的参与。发展性协调障碍青少年的反应时明显长于对照组青少年，表明发展性协调障碍青少年的注意资源总量少于对照组青少年。

第七章　发展性协调障碍青少年视空间信息自动加工的特点

　　青少年出现发展性协调障碍的原因很多。从认知心理学角度来看，学习是一个相当复杂的信息加工过程，这个过程中的任一环节出现问题，都可能会导致协调障碍。不同的发展性协调障碍是由不同的认知加工机制引起的。以往的研究从不同侧面揭示了发展性协调障碍青少年的认知加工缺陷，但对造成认知加工机制缺陷原因的研究十分有限。

　　在发展性协调障碍青少年认知加工机制研究的基础上，本次研究采用ERP方法，用纯音刺激与图片刺激作为实验材料，考察发展性协调障碍青少年的脑信息自动加工特征，深入探讨发展性协调障碍青少年前注意加工的脑机制。

　　20世纪50年代，ERP技术的应用为人类认知功能研究开创了新纪元。ERP是一项无损伤性脑认知成像技术，它的电位是人类身体或心理活动与事件相关的脑电活动，于大脑头皮表面记录到并通过对信号过滤和叠加的方式从EEG中分离出来。ERP被广泛应用于大脑功能损害的诊断和评定。其中，MMN（失匹配负波）是反映大脑自动信息加工的特异性指标。MMN是一种对刺激信号的前注意加工的事件相关电位，是大脑对刺激还没有意识到的注意参与前的加工阶段，是一个自动觉察的加工过程。它具有不需要被试主动参与、不受注意与否以及年龄因素的影响（甚至可以从睡眠的婴儿中获得）、可避免心理因素直接影响的特点，为观察非意识层面的认知能力加工的神经生理学机制提供了一个窗口，同时在临床上得到了越来越广泛的应用。国外已经有研究应用MMN来评定注意障碍、知觉障碍、学习能力障碍、脑功能衰退、早期大脑功能及额叶损害等。因此，它与其他ERP成分（如N400、P300、CNV等）一样，可以作为比较有效、客观的脑功能电生理学测量指标，并将逐渐完善认知功能的评定。

　　MMN由Näätänen（1990）首先报道，主要反映不依赖于刺激任务的自动加工过程，因此它是一个大脑感觉信息加工的电生理测量指标。目前，国外对于MMN的研究一方面集中在注意的机制等基础方面，另一方面则集中在临床应用方面，并显示出广阔的应用前景。国内也已经有了

MMN 的基础研究（罗跃嘉，魏景汉，1996）与应用报告。

第一节 脑信息自动加工研究概述

一、失匹配负波

失匹配负波（MMN）在非注意条件下产生，运用相减技术得到，反映了脑对信息的自动加工。MMN 反映了脑对信息的自动加工过程，不依赖于任务刺激，偏差刺激随机出现在不断重复的标准刺激序列中诱发的听觉诱发电位成分就是 MMN。它是一种内源性 ERP 成分，它的产生可以用 Oddball 实验范式来实现。伴随此成分提出的注意的脑机制模型及记忆痕迹理论，成为近几年研究的热点。

MMN 典型的实验范式是，令被试只注意一只耳的声音，而不注意另一只耳的声音，即双耳分听实验。结果发现，无论注意耳还是非注意耳，标准刺激均没有偏差刺激引起的波幅大。在偏差刺激与标准刺激的差异波中，约 100—250 ms 出现一个明显的负波，就是 MMN。偏差刺激出现的概率比较低，同时与标准刺激的差异非常小，因此在由标准刺激和偏差刺激组成的一系列刺激中，偏差刺激减标准刺激得到的 MMN 就是这种变化的反映。

MMN 是对重复的声刺激偶尔变化的反映，是对感觉环境中没有预期的刺激意识前觉察的指标，是偏差刺激和标准刺激在中枢前注意阶段比较加工的反映。MMN 代表对经验依赖性听觉记忆痕迹变化的一种自动察觉，是大脑对感觉信息输入调节其敏感能力的感觉闸门。

在经典的 Oddball 实验范式中，由偏差刺激减去标准刺激的 ERP 得到的波形就是 MMN，它是由偏差刺激信息输入到标准刺激序列中而引起的反应，是由感知系统中新异的偏差刺激与之前的标准刺激形成的记忆痕迹模板相比较得出来的，是感觉记忆系统在小概率出现的偏差刺激和大概率出现的标准刺激之间产生的失匹配。Oddball 范式中，不同的刺激信号相比较进而产生 MMN，也就是说标准刺激和偏差刺激是两种不同的信号刺激。

在 MMN 的提取过程中，相减技术是核心和关键。所谓相减，就是将两种任务或者刺激类型的 ERP 波形进行相减，从而提取出更为纯粹、心理意义更为清楚的 ERP 成分，这种成分通常被称为差异波。MMN 成分，就是将小概率刺激的 ERP 减去大概率刺激的 ERP 波形得到的差异波。

二、脑信息自动加工功能

（一）脑信息自动加工的基本概念

脑信息的自动加工亦称"脑的自动加工""脑对信息的自动加工"。脑信息自动加工可分为以下三种：①行为自动化，包括先天行为自动化和后天行为自动化。先天行为自动化就是指如吃、喝等满足生理需要的行为，后天行为自动化是指如走路、骑车、游泳等技能。行为受脑的控制，是脑功能的表现，因此行为自动化是脑的信息自动加工的结果。②脑对感觉信息加工的自动化，即脑具有自动加工从各个感觉通路进入的信息的能力，包括先天和后天两种。先天的脑对感觉信息的自动加工主要是朝向反应，如"鸡尾酒会效应"，在鸡尾酒会的嘈杂环境中，当你专心和他人交谈时，你不会注意或听清其他人谈话的内容。但是当有人提及你的名字时，你却会意识到，并可能会不自觉地寻找声音的来源，这说明人的脑组织在对进入耳朵的声音进行自动筛选，只让有价值的信息进入意识，而将大量无价值的信息过滤掉。这不但大大提高了脑的加工效率，是一种极大的节约，而且对机体具有重要的保护意义，因为对机体具有伤害意义的信息会自动进入意识，以便使机体能够及时采取应对措施。鸡尾酒会效应的出现有两种可能：一种可能是个体并未对所有感觉阈限以上、未注意、从而未进入意识的信息进行加工，只不过由于对自己名字的感觉阈限比较低，其强度较易达到新异动因刺激的水平，于是引起了朝向反应。也就是说，此时名字是非条件反射的新异刺激。另一种可能是个体对所有感觉阈限以上、未注意、从而未进入意识的信息都进行了自动加工，自己的名字和这些信息一样都被自动侦察到了，不过由于在日常生活中被唤名和朝向反应间长期多次联系，建立了条件反射，所以己名会引起朝向反应。这就是说，此时名字是条件反射的条件刺激。③后天的脑对感觉信息的自动加工，比如阅读的过程。在阅读过程中，个体并不需要对组成句子的一系列词汇的各个词语进行有意识的认知，对各个词语的理解是自动完成的。又如，经验丰富的边防检查人员有时凭直觉一眼就能看出走私犯，可以说是"未知先觉"。

现代心理学中几乎所有的注意模型都涉及自动信息加工这一环节。过滤器模型认为，从外界来的信息数量是庞大的，但是人的大脑中枢系统的加工能力是有限度的，需要"过滤器"加以调节，选择一些有价值的信息进入下一步分析阶段，这些被注意提取到的信息立即被传送，而那些没有被注意到的信息停留在短时记忆系统中随后迅速衰退。过滤器选择新异刺激或意义显著的刺激（如自己的名字）较容易通过，即使这些刺激位于没有被注意的信息之列。衰减模型用衰减代替过滤器，用多通道模型取代单通道模型。目前，认知心理学界大多喜欢把这两个模型结合起来，称作过滤器-衰减模型。反应选择模型和知觉选择模型认为，大脑将对所有进来的刺激进行加工，在信息进入工作记忆阶段时，需要进一步加工的信息才开始被选择，此观点又被称作后期选择理论。能量分配模型很好地反映了中枢能量理论，资源分配方案才是注意的关键，那些被系统随机分配用来处理差异刺激的认知过程就构成了注意。与需求量少的任务相比，需求量多的任务需要更多的资源分配，只有那些没有经过练习的需求任务才是这样的。通过练习，用来完成需求任务而投入的心理努力就会减少，如果继续保持练习，任务的加工将会变得自动化。

（二）对注意的丘脑闸门学说的补充

通过上述例证不难发现，非注意的即无关的信息可以进入皮质进行自动加工。这就可以对闸门学说做这样的理解，即闸门学说是一种注意理论，闸门指的是注意的闸门，它阻止的是对无关信息的注意，就是说阻止对无关信息进行投入心理资源的加工。无关信息虽然可以进入皮质进行加工，但并不对它投入心理资源。这种加工是无意识的自动加工，具有不完善性和不精确性的特点。目前，还不能以无关信息进入皮质进行自动加工，否定丘脑闸门的存在及其功能的必要性，只宜作为丘脑闸门学说的补充。当然，关于注意信息与无关信息在神经系统中运行与加工的关系问题，还远远没有解决，这也正是脑的信息自动加工研究的基本任务。

（三）MMN是衡量脑信息自动加工的客观指标

MMN是由小概率的偏差刺激随机出现在一系列大概率的标准刺激序列中诱发的，由刺激变化诱发的100—250 ms时间段出现的两种刺激反应之间的差异波就是MMN。在非注意条件下，这一刺激变化是在被试非意识下产生的，而这一非意识的外界变化必然引起一定形式的脑波MMN，可见MMN反映了脑对信息的自动加工。已有研究表明，MMN说明了初级听觉皮层与邻近颞上回皮质的激活过程，它与大脑对感官信息尤其是听觉信息早期处理活动有关。由于MMN能够比较客观地反映大脑感觉记忆功能以及探测特征变化的能力，所以它在临床诊断与认知神经科学上具有极大的应用潜力。MMN的这些优势，最终将被用于辨识特殊人群特殊的功能缺陷，并有助于制定有效措施，在研究和临床上都有着广阔的应用前景。在非注意或非意识状态下，个体也会出现MMN。MMN能够用于诊断认知障碍，尤其是那些在常规检查中不能很好配合的患者（如意识丧失、严重痴呆患者等）。

三、MMN 研究常见的实验范式

（一）Oddball 实验范式

Oddball 实验范式的核心是在一组重复出现的标准刺激（概率是80%—90%）序列中随机插入刺激参数不同的"偏差刺激"或"靶刺激"（deviant or target stimulus）（概率是 10%—20%）。该范式有主动和被动两种形式：主动形式是要求被试投入注意资源对偏差刺激进行辨认或者计数；被动形式则是让被试看无声电影或做无声游戏来转移注意，以达到让被试忽视所有刺激信号的目的。

（二）双耳分听范式

经典双耳分听（dichotic listening）范式中也运用了 Oddball 实验范式，分别给予被试左右两耳不同的标准刺激和偏差刺激。令被试只注意某一耳的偏差刺激，指定耳可以互换，也可以让被试通过阅读来忽视听觉刺激。

无论实验选用哪种范式，刺激序列的第一个刺激一定是标准刺激。声音刺激可以为短纯音、纯音、短声或者言语声等。可以在强度、频率、持续时间、刺激间隔时间等条件方面体现偏差刺激的物理特征，甚至是一些抽象特征，比如，刺激排列的方向（递增或递减）可以诱发 MMN。

四、MMN 产生的机制理论及其影响因素

（一）不应期假说

不应期也称感觉疲劳，该理论最早是用来解释 MMN 的假说的。该理论认为，标准刺激与偏差刺激的物理特征不一样，分别由不同的大脑神经成分产生反应，标准刺激出现的概率比较高，间隔时间不长，对其起反应的神经成分进入不应期，而偏差刺激的出现概率比较低，对其起反应的神经成分维持了较好的反应性，因此偏差刺激诱发的反应比标准刺激诱发的反应大，从而产生了 MMN。虽然这个假说提出的时间比较早，但是直到现在，MMN 研究仍然需要特别注意神经元的不应期问题。

（二）特征地图和差异辨别器理论

大脑神经分别独立地编码刺激的各种特征并形成相对应的特征地图，特征地图的激活或许参与了 N1 的形成。被编码得到的信息集中地进入某

一个神经元群，这个神经元群能够辨别刺激间的差异变化，因此被称作差异辨别器。标准刺激出现后，通过某种中间神经元来抑制差异辨别器，遏制它的激活。但是，当偏离刺激出现的时候，因为刺激特征发生了变化，所以通过某种新的神经联系激活差异辨别器，形成了 MMN。

（三）记忆痕迹假说

Näätänen（1990）认为，标准刺激的大概率、多次重复出现，使得它的各种物理特征都比较准确地留在大脑内，成为记忆痕迹或模板。后来进入的每一个听觉刺激都自动地与此模板相比较，如果偏差刺激恰好在记忆痕迹持续的 5—15 s 这段时间内出现，登记和编码就会发生偏差，这样就产生了 MMN。

（四）特殊适应假说

特殊适应假说（adaptation hypothesis）认为，根本就不存在独立的 MMN 成分，通过相减技术得到的差异波只不过是偏差刺激引起的 N1 成分与标准刺激引起的 N1 成分之间的差异。这就是说，人们观察到的所谓的 MMN 只是两个 N1 成分相减后的结果。其实很早以前的研究就发现 N1 包含两个亚成分：位于额部的 N1a 成分与位于枕部的 N1p 成分。MMN 成分只是一种假象，因为标准刺激引发的 N1a 成分与偏差刺激引发的 N1p 成分之间存在差异，正是这种差异才给人们造成了这种假象。该假说公布后引起了学术界的一场大论战，但是最终还是记忆痕迹说获胜。尽管现在已经很少有关于该假说的研究，但是值得肯定的是，特殊适应假说引发的论战对 MMN 原理的研究起到了极大的推动作用。

大量研究表明，MMN 的原理问题虽然仍没有完全解决，但是记忆痕迹假说和不应期假说仍然可以被认为是解释 MMN 原理的主流理论。

（五）MMN 的影响因素

在记录和提取 MMN 成分时，很多因素都会影响得到的 MMN 潜伏期与波幅。影响 MMN 的主要因素有以下几种：①刺激偏差的大小。偏差刺激比标准刺激的频率偏差大，则 MMN 潜伏期缩短，波幅增大，持续时程变长。②刺激强度。MMN 与刺激物本身的绝对量无关，仅与偏差刺激和标准刺激的差异量有关。③刺激概率。Näätänen（1990）提出 2% 的偏差刺激要比 10% 的偏差刺激诱发的 MMN 更大。④刺激间隔（ISI）。当刺激间隔固定为 1s 或 2s 时，可以产生一个清楚的 MMN，刺激间隔为 4 s 或 8 s 时却不会产生 MMN，但 6s、10s 随机排列刺激间隔时有 MMN 产生，偏差刺激与标准刺激的呈现速度在刺激间隔对 MMN 的影响中或许是重要的。⑤可预见性和注意。可预见性对 MMN 是否有显著影响以往实验中并没有得出，注意是否参与与 MMN 也没有直接的关系。⑥刺激含义。有实验结果显示，刺激含义对 MMN 是没有影响的，只要刺激之间存在差异，无论这种差异是直接的物理差异还是间接的刺激规律差异，都可以诱发出 MMN。

五、发展性协调障碍前注意的相关研究

发展性协调障碍通常表现为某种认知能力的发展落后，使用 ERP 波形特征作为儿童发展性障碍认知能力诊断和治疗的生物学指标，已经在临床上得到了验证。言语感知缺陷是阅读障碍儿童的重要特征，MMN 可以作为阅读障碍儿童的早期筛选指标。邓柯高等（2020）采用被动 Oddball 范式，比较了汉语发展性阅读障碍儿童和正常对照组儿童的 MMN，结果发现发展性协调障碍组儿童在两种偏差条件下的 MMN 潜伏期延长、波幅减小。关于孤独症谱系障碍儿童的 MMN 研究也发现患儿的 MMN 潜伏期显著延长（全琰等，2019），提示发展性障碍儿童的听觉分辨能力较正常儿童差，可能存在听觉感知障碍。Holeckova 等（2014）对发展性协调障碍儿童和正常发育儿童在被动条件下的听觉注意表现进行了研究和比较，结果发现，发展性协调障碍儿童对声刺激之间的微小生理差异的检测能力较低，表明这些儿童存在对两种听觉刺激之间的物理差异的自动检测障碍（Holeckova et al.，2014）。国内黄楠（2017）使用镜画仪测试，通过计时计数器获得描画时间和出错次数，评价在正常视觉（直视）和视觉扭曲（镜视）的情况下发展性协调障碍儿童的视觉–空间能力。结果表明，在无视觉干扰的情况下，发展性协调障碍儿童描画轨迹时间和错误的次数均差于对照组儿童。

六、问题提出与研究假设

MMN 与感知功能有关，不受注意力指向的影响，反映了脑对感觉信息的自动加工：是人类出生后可记录到的最早存在的 ERP 成分。MMN 不需要被试的主动参与，不受注意影响，与年龄因素无关，可避免心理因素的直接影响，这都有益于研究发展性协调障碍青少年的脑信息自动加工。

纵观目前发展性协调障碍青少年的 ERP 研究，尽管取得了许多丰硕的成果，但还有许多问题和不足。例如，在感知加工的研究中，视觉加工的研究不如听觉加工研究多；对数学发展性协调障碍青少年的研究不如对

阅读困难青少年的研究多；对发展性协调障碍青少年的分类研究不如聚类研究多；使用 ERP 技术研究发展性协调障碍青少年有极大的潜力和优势，它既可以从脑机制加工的层面了解发展性协调障碍青少年，同时对于发展性协调障碍青少年的诊断和治疗具有长远的意义。

基于以往研究，笔者将对发展性协调障碍青少年的脑信息自动加工作进一步探讨，以期为发展性协调障碍青少年的 ERP 相关研究提供实验依据，并提出如下研究假设。

假设 1：发展性协调障碍青少年听觉与视觉 MMN 波幅存在差异。

假设 2：发展性协调障碍青少年在注意条件下的视觉 MMN 潜伏期与非注意条件下的存在差异，注意与非注意条件下的听觉 MMN 潜伏期存在差异。

假设 3：发展性协调障碍组与对照组青少年在注意条件下的视觉和听觉 MMN 波幅有差异。

假设 4：发展性协调障碍组与对照组青少年在非注意条件下的视觉和听觉 MMN 波幅有差异。

第二节　发展性协调障碍青少年视空间信息自动加工研究

一、研究目的

本实验采用非注意 Oddball 任务，考察发展性协调障碍组青少年和对照组青少年视空间信息自动加工的行为特点，以及 ERP 成分（视觉失匹配负波，visual mismatch negative wave，vMMN）电生理机制特点。

二、研究假设

如果发展性协调障碍青少年前注意存在缺陷，那么我们提出如下假设。

假设 1：相比对照组青少年，发展性协调障碍青少年注意任务的反应时延长，正确率降低。

假设 2：相比对照组青少年，发展性协调障碍青少年的 vMMN 波幅减小。

三、研究方法

（一）研究对象

选取某市两所小学 7—10 岁的学生 760 名。首先，向家长发放发展性协调障碍问卷，然后按年龄区间分组施测 MABC 动作技能标准测验。问卷得分低于 49 分，且青少年动作评估测验组合分数 14 分以上，分类为发展性协调障碍青少年。问卷高于 57 分，且青少年动作评估测验组合分数 10 分以下，分类为对照组青少年。删除主任务正确率过低的被试，最终纳入分析的发展性协调障碍青少年有 20 人（男 12 人，女 8 人，平均年龄 9.45±0.83 岁）；对照组青少年有 20 人（男 11 人，女 9 人，平均年龄 9.11±0.91 岁）。所有被试均为右利手，视力正常，均为首次参加电生理学实验。实验前，父母均填写知情同意书。实验结束后给予一定的报酬。

（二）实验设计

采用 2（被试类型：发展性协调障碍组、对照组）×2（非注意刺激类型：标准、偏差）的混合设计。其中被试类型为组间因素，非注意刺激类型为组内因素。

（三）实验材料与程序

该实验采用非注意 Oddball 任务，一个主要任务（在中央视野）和一个颜色相关的 Oddball 任务（在中央视野的两侧）同时呈现在屏幕上。实验开始前，在屏幕上呈现指导语并讲解，然后被试进入练习阶段，当被试能又快又好地完成练习时可进入正式实验。具体实验流程如图 7-1 所示。

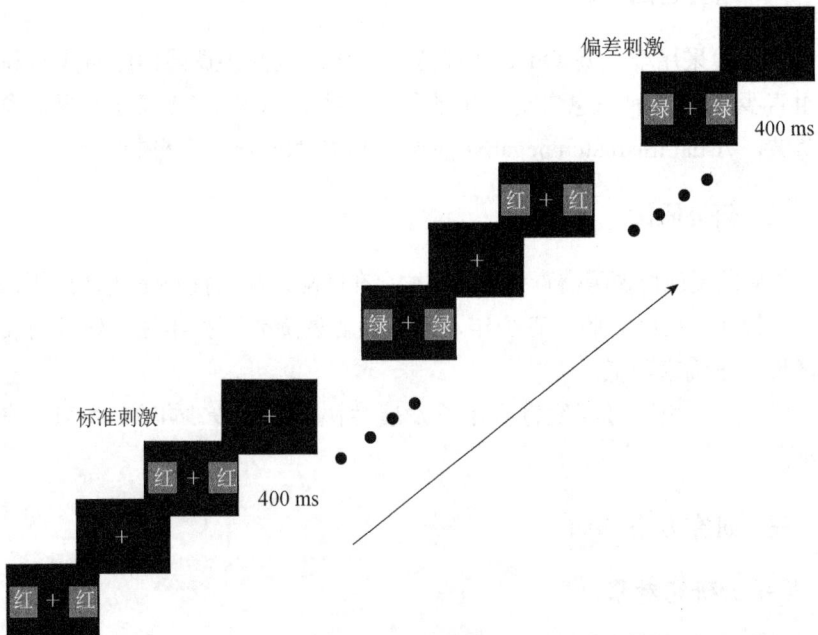

图 7-1　实验流程图

首先呈现 500 ms 的注视点，被试需要将注意力集中于屏幕中央的白色注视点处。随后，两个同色正方形在屏幕中央"+"两侧同时呈现，时间为 400 ms。这个屏幕呈现之后是一个在 500—700 ms 随机变化的刺激，在此期间，屏幕中央的"+"会发生变化。要求被试做按键反应，屏幕中央的"+"变大按"F"键，变小则按"J"键。最后呈现 500 ms 的空屏。实验共 400 个试次，做完 150 个试次后休息，共需约 15 min。实验中，给一半被试呈现红色方块作为标准刺激，给另一半被试呈现绿色方块作为标准刺激，并告知被试左右方块是无关变化，尽量不要注意，可将其忽略。

实验中所有的视觉刺激均在黑色背景下呈现，注意目标是屏幕中央的白色"+"，非注意标准刺激是红色正方形，呈现概率为 80%；偏差刺激是绿色正方形，呈现概率为 20%，所有刺激颜色均为标准色。

（四）EEG 记录与分析

我们使用美国 EGI 公司的 ERP 记录系统，采用 64 导放大器和脑电帽记录 EEG 信号，使用 MATLAB 软件进行离线处理。参考电极为全脑平均，滤波带通为 0.5—30 Hz，采样率为 500 Hz，头皮电阻小于 50 KΩ。EEG 分段从刺激前 100 ms 到刺激后 400 ms，共 500 ms。基线校正选取刺激前 100 ms。在数据处理过程中，波幅超过 ±100 μV 的分段在叠加中自动剔除。本研究包含两种刺激类别，即标准刺激和偏差刺激，每种条件下叠加次数均在 60 次以上。根据两类刺激叠加平均的 ERP 波形及以往研究，本研究选取顶枕区 4 个电极点（PO3，PO4，O1，O2）的平均波幅和潜伏期进行分析，比较发展性协调障碍组青少年和对照组青少年的差异是否存在统计学意义，以 $p<0.05$ 为差异有统计学意义。

（五）数据统计与分析

我们采用 SPSS 22.0 对所有数据进行重复测量方差分析，描述性统计（标准差与平均值）用于描述所有的结果变量。对行为数据的反应时、正确率进行独立样本 t 检验，对电生理学数据 p 采用 Greenhouse-Geisser 法矫正。

四、研究结果

（一）行为结果

当靶刺激大小发生变化时，要求被试在 500—700 ms 做出按键反应。对发展性协调障碍组青少年和对照组青少年的反应时及正确率进行比较，结果显示，发展性协调障碍组青少年和对照组青少年的正确率差异显著（$p<0.05$），如表 7-1 所示。

表 7-1　发展性协调障碍组和对照组青少年的反应时及正确率比较（$M \pm SD$）

变量	发展性协调障碍组（$n=20$）	对照组（$n=20$）	t	p
反应时（ms）	413 ± 30	409 ± 21	0.463	0.646
正确率（%）	0.75 ± 0.10	0.84 ± 0.07	-3.683	0.001

（二）脑电结果

总体上看，标准和偏差刺激在 200 ms 左右均诱发了明显的负波，主要分布在头皮后部。

1. 发展性协调障碍青少年的 MMN

在 160—260 ms 时间窗内，对发展性协调障碍组被试的枕区 MMN 的潜伏期（图 7-2）进行 2（刺激类别：标准、偏差）×4（电极点：PO3、PO4、O1、O2）的重复测量方差分析。结果显示，刺激类别主效应不显著，$F(1, 1)=0.487$，$p=0.494$，$\eta^2=0.025$；电极点主效应不显著，$F(1, 3)=1.954$，$p=0.131$，$\eta^2=0.093$；两因素的交互作用不显著，$F(1, 3)=0.172$，$p=0.915$，$\eta^2=0.009$。

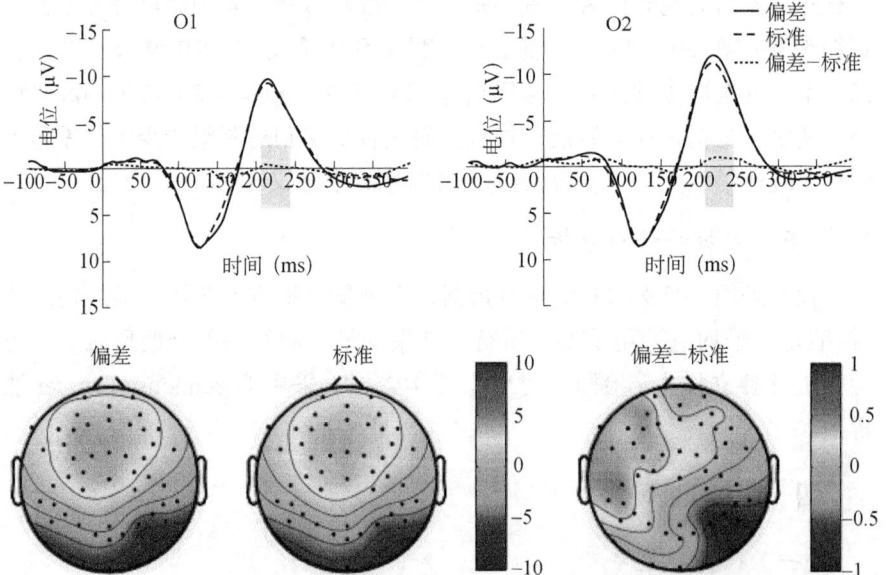

图 7-2　发展性协调障碍组青少年的 MMN 波形图和地形图（见文后彩图 7-2）

在 210—250 ms 时间窗内，对发展性协调障碍组被试的枕区 MMN 的平均波幅进行 2（刺激类别：标准、偏差）×2（脑区：左、右）的两因素重复测量方差分析。结果显示，刺激类别主效应不显著，$F(1,1)=0.926$，$p=0.348$，$\eta^2=0.046$；脑区主效应显著，$F(1,1)=27.009$，$p<0.001$，$\eta^2=0.587$，相比右半球（-6.841 μV），左半球的波幅减小（-5.202 μV）；两因素的交互作用不显著，$F(1,1)=0.926$，$p=0.348$，$\eta^2=0.046$。

2. 对照组青少年的 MMN

在 160—260 ms 时间窗内，对对照组被试的枕区 MMN 的潜伏期（图7-3）进行 2（刺激类别：标准、偏差）×4（电极点：PO3、PO4、O1、O2）的重复测量方差分析。结果显示，刺激类别主效应不显著，$F(1,1)=0.38$，$p=0.545$，$\eta^2=0.02$；电极点主效应边缘显著，$F(1,3)=2.759$，$p=0.062$，$\eta^2=0.127$；两因素的交互作用不显著，$F(1,3)=0.901$，$p=0.447$，$\eta^2=0.045$。

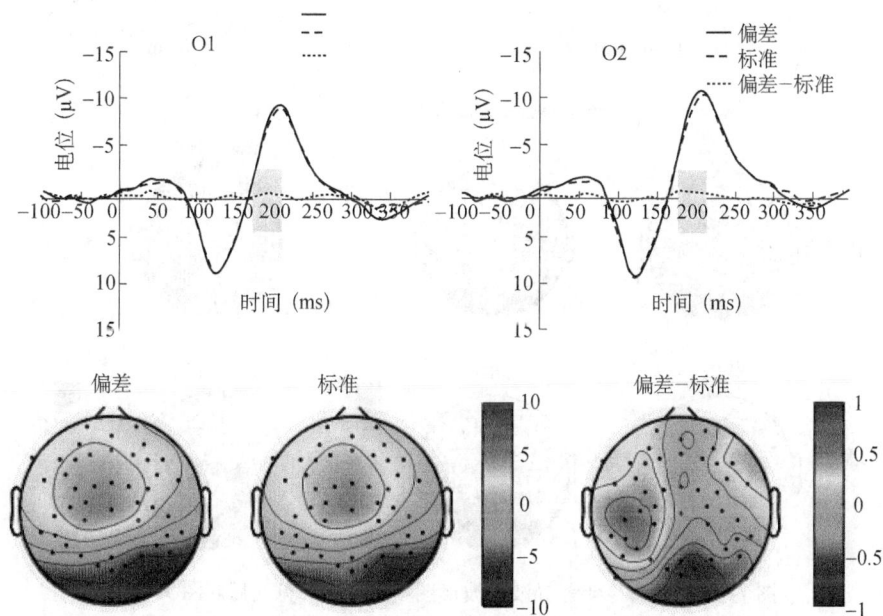

图 7-3　对照组青少年的 MMN 波形图和地形图（见文后彩图 7-3）

在 170—210 ms 时间窗内，对对照组被试的枕区 MMN 的平均波幅（图7-3）进行 2（刺激类别：标准、偏差）×2（脑区：左、右）的两因素重复测量方差分析。结果显示，刺激类别主效应不显著，$F(1,1)=2.588$，$p=0.124$，$\eta^2=0.12$；脑区主效应边缘显著，$F(1,1)=3.809$，$p=0.066$，$\eta^2=0.167$，相比右半球（-6.216 μV），左半球的波幅减小（-5.055

μV）；两因素的交互作用不显著，$F_{(1, 1)}$ =1.832，p=0.192，η^2=0.088。

3. 两组的差异波对比

在 160—260 ms 时间窗内，对两组被试的枕区差异波的潜伏期（图 7-4）进行 2（被试类型：发展性协调障碍组、对照组）×4（电极点：PO3、PO4、O1、O2）的重复测量方差分析。结果显示，被试类型主效应显著，$F_{(1, 1)}$ = 4.689，p=0.037，η^2=0.11，相比对照组（204 ms），发展性协调障碍组的差异波潜伏期延长（219 ms）；电极点主效应显著，$F_{(1, 3)}$ = 4.006，p=0.015，η^2=0.093；两因素的交互作用不显著，$F_{(1, 3)}$ =1.584，p=0.205，η^2=0.04。

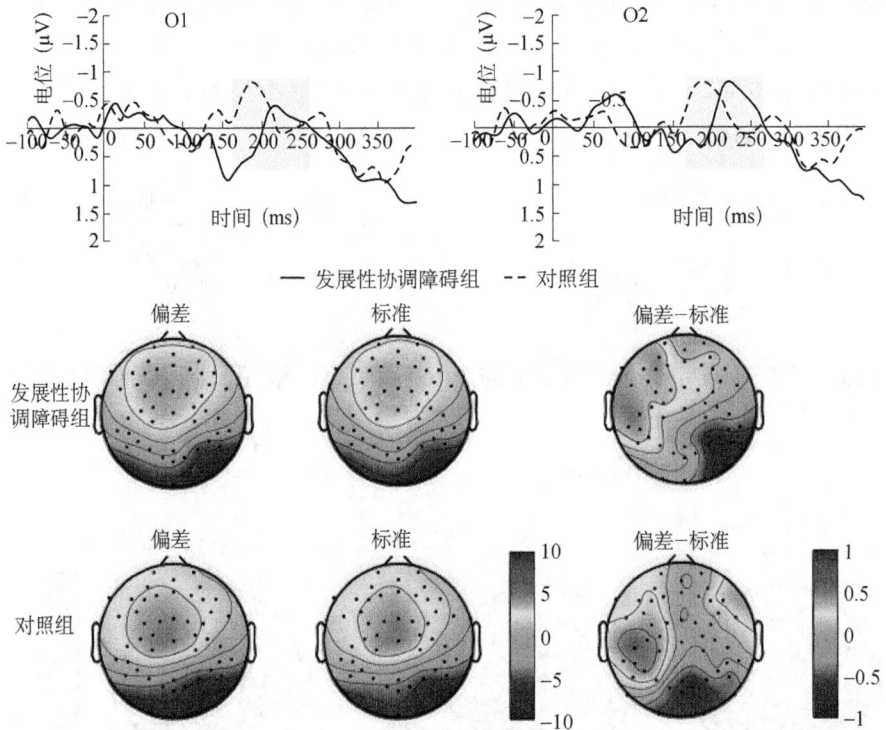

图 7-4 两组青少年差异波的波形图和地形图（见文后彩图 7-4）

根据波形图（图 7-4），选取对照组的时间窗为 170—210 ms，发展性协调障碍组的时间窗为 210—250 ms，对两组被试的枕区差异波的平均波幅进行 2（被试类型：发展性协调障碍组，对照组）×2（脑区：左、右）的两因素重复测量方差分析。结果显示，被试类型主效应不显著，$F_{(1, 1)}$ =0.367，p=0.548，η^2=0.010；脑区主效应显著，$F_{(1, 1)}$ =4.307，p=0.045，η^2=0.102，相比右半球（−0.620 μV），左半球的波幅减小

（−0.367 μV）；两个因素的交互作用不显著，$F_{(1, 1)} = 0.125$，$p = 0.725$，$\eta^2 = 0.003$。

五、讨论

本研究采用 ERP 技术，使用非注意 Oddball 范式，探究发展性协调障碍青少年的前注意信息加工能力相关的行为及神经活动表现。在本研究中，视野中心的主任务用以吸引被试的注意力，视野两侧的 Oddball 刺激与任务不相关，要求被试忽略。行为结果表明，发展性协调障碍青少年在主任务上的正确率显著低于对照组。ERP 结果表明，在顶枕区，视觉偏差刺激诱发了明显的 vMMN，反映了大脑对视觉信息的自动加工过程。本研究还发现，相比对照组，发展性协调障碍青少年 vMMN 的潜伏期显著延长，提示其前注意功能存在缺陷。

目前，ERP 与脑磁图（magnetoencephalography，MEG）研究表明，MMN 的脑内源主要分布在颞枕叶及额叶皮层。本研究中的 vMMN 主要分布在头皮后部的顶枕区，这与已有的研究结果类似（Czigler et al.，2007；Flynn et al.，2017；Jack et al.，2017；Berti，2018）。早期研究表明，vMMN 的发生源存在右半球优势，Berti（2018）研究发现 vMMN 的最大振幅在电极位置 P8 处产生。在 Zhao 和 Li（2006）的研究中，表情相关 MMN 呈现右侧颞枕区优势分布，与本研究结果一致。但是，在季淑梅等（2013）的研究中，最大波幅出现在颞枕部 P7、PO7 电极，存在左半球偏侧趋势。研究存在差异的原因可能与实验刺激材料的不同有关，刺激材料的差异可能会导致激活的脑区不同，比如，Zhao 和 Li（2006）采用的是真人情绪图片，季淑梅等（2013）采用的是卡通图片。此外，被试的个体差异如性别、年龄、文化等也可能会影响实验结果。

本实验的结果清楚地证明了 vMMN 的存在，且其存在右半球偏侧趋势。但是，本研究没有检测到两组 vMMN 平均波幅之间的差异，预期假设没有得到证明。前人关于发展性协调障碍患者 MMN 的研究结果存在分歧。关于发展性阅读障碍儿童的相关研究发现，其在 Oddball 范式下产生的 MMN 波幅显著小于对照组儿童（Näätänen，2001）。全琰等（2019）比较了 ASD 儿童失匹配负波的波形特征，发现与对照组相比，ASD 组儿童的 MMN 潜伏期显著延长，波幅无差异。这一结果与其他文献之间存在差异，这可能与时间窗和电极位置的选取有关，或者主任务对前注意信息加工也存在一定影响。参考前人的研究，本研究需要进一步比较两组被试之间的认知差异。

　　发展性协调障碍青少年的 vMMN 潜伏期延长，说明其大脑信息加工过程缓慢，对刺激不敏感，大脑的整合、认知功能受损，假设得到了验证。潜伏期延长与每个相应阶段的低级感知加工相关，作为前注意加工的唯一客观指标，MMN 潜伏期延长，提示发展性协调障碍青少年的前注意加工存在不足，与前人的研究结果一致。Chang 等（2021）研究了 6—7 岁发展性协调障碍青少年的听觉时间感知，行为证据表明，发展性协调障碍青少年对听觉持续时间和节律的辨别敏感性明显低于对照组青少年。神经证据表明，患有发展性协调障碍的青少年表现出 MMN 和 P3a 潜伏期延迟，证实了发展性协调障碍青少年在听觉前注意和注意方面存在缺陷。同时，发展性协调障碍与特定语言障碍和阅读障碍的共病率高达 30%（Gomez & Sirigu，2015），鉴于此，我们推测二者可能存在共同的发病机制。研究表明，与健康对照组相比，患有阅读障碍的儿童及存在特定语言障碍风险的 2 个月大婴儿的 MMN 潜伏期因持续时间偏差而延迟（Corbera et al.，2006；Friedrich et al.，2004；邓柯高等，2020）。研究发现，MMN 的潜伏期可以作为评估脑外伤所致精神障碍严重程度的指标，MMN 潜伏期越长，提示脑外伤所致精神障碍的症状可能越严重（李豪喆等，2019）。本研究中发展性协调障碍青少年的 MMN 潜伏期延长，提示其前注意加工缓慢，MMN 的潜伏期或许也可以作为发展性协调障碍的临床诊断指标。

六、结论

　　本研究以颜色图形为刺激材料，在视觉非注意条件下诱发出了明显的 MMN，进一步证明了 vMMN 的存在，同时也发现了发展性协调障碍青少年 vMMN 潜伏期延长，表明其前注意加工过程缓慢，注意早期阶段可能存在障碍。

第八章 发展性协调障碍青少年视空间选择性注意加工的特点

20世纪80年代中期以来，关于选择性注意的研究，已从关注所选信息（目标）的研究转向关注非选信息（分心物）的研究。Tipper和Cranston（1985）首先采用负启动技术研究了分心物的加工特点，并提出在目标选择期间，分心物同时得到了加工。这种加工表现为分心物的内部表征受到抑制，亦即当启动显示中的分心物作为随后的探测显示中的目标时，被试对其反应的时间延长，这种现象称为负启动效应。这种效应是由此目标在先前的启动显示中曾充当过被忽略的（受抑制的）分心物而造成的。因此，这种效应也称为分心物抑制效应。随后，研究者在不同的实验材料（如字母、图片、数字、Stroop色词等）和不同作业（如识别、计数、定位和归类等）上都观察到了负启动效应。因此，负启动效应作为一种实验技术在选择性注意的研究中得到了广泛应用。许多研究表明，特定人群往往表现出分心物抑制能力（即负启动效应）较弱。例如，老年人的负启动效应小于成年人；精神分裂患者的负启动效应小于正常人；在学生被试中，认知失败问卷得分高者的负启动效应小于得分低者，显示负启动效应与一种更普遍的认知功能有关。

第一节 分心抑制研究概述

一、分心抑制与工作记忆的关系

Hasher和Zacks（1988）通过大量负启动实验发现，老年人的负启动效应量明显比成年人小，分心信息抑制加工的效率随年龄的增长而下降。据此，Hasher和Zacks（1988）提出了基于年龄发展的抑制衰退理论，认为抑制机制的衰退是导致整体认知老化的主要原因。随着个体年龄的增长，抑制加工能力逐渐衰退，一些无关信息更容易进入工作记忆中，使其效率降低，容量减少，从而导致整个认知能力的衰退。

目前，关于工作记忆与选择性注意（抑制）的关系存在两种理论观点。第一种理论是互动的观点。选择性注意与工作记忆之间的互动关系在很多研究中都得到了证实，Hasher 和 Zackh（1988）发现，从分心物入手探讨注意选择与工作记忆关系的研究表明，在恒定分心物干扰下，注意选择的分心物习惯化机制能够保护工作记忆的编码、存储不受分心物干扰；在非恒定分心物干扰下，注意选择则可以通过分心物抑制机制保护工作记忆的编码、存储及加工过程。研究还发现，不仅注意对进入工作记忆的内容进行过滤，同时工作记忆中存留的内容对注意的选择过程也有导向作用。对于工作记忆对注意选择的引导作用，研究者提供了 3 种不同层次的解释：工作记忆的内容实际上是激活了长时记忆中该刺激的表征，使这些表征在注意资源的竞争中取胜；工作记忆中保留的内容使大脑皮层保持兴奋，因而在注意选择过程中具有优势；工作记忆内容的激活作用使神经细胞在刺激消失之后仍保持选择性，因此对目标刺激的反应更敏感。

神经定位研究结果也证实了选择性注意与工作记忆的互动关系。采用 fMRI 技术结合行为实验研究可以对工作记忆和选择性注意的关系进行探讨。Hasher 和 Zackh（1988）的行为实验结果显示，当同时进行注意选择任务（面孔–名字匹配判断）以及与该选择任务无关的工作记忆任务（数字记忆）时，高工作记忆负载条件导致被试在注意选择任务中的成绩下降，工作记忆的载荷在注意选择过程中对干扰刺激的抑制有显著影响，当工作记忆任务与选择注意任务相关时，较大的记忆载荷有利于抑制无关刺激的干扰。该研究的 fMRI 结果表明，脑后部皮层活动与抑制干扰刺激有关，前额叶皮层的活动和工作记忆负载有关，这两处的皮层活动有明显的交互作用。此结果表明，额叶在注意选择过程中扮演着重要的角色。其他一些神经生理方面的研究也提供了类似的证据。该研究的 PET 结果表明，前额叶、运动前区、后顶叶和枕叶皮质参与了工作记忆任务。而 ERP 研究则指出了顶叶和前额叶的活动与视空间工作记忆有关。研究还发现，顶叶和前额叶参与了视空间工作记忆的活动，前额叶和顶叶皮质在控制性注意活动中起着重要的作用。

第二种理论为同功同构观点。该理论认为选择性注意与工作记忆的关系不仅仅是互动，而是一种更为深层的同功同构的关系。工作记忆作为一般流体智力的一个重要成分，是控制性注意的一种体现。研究者通过结构方程模型考察工作记忆、短时记忆和一般流体智力之间的关系时发现，工作记忆与短时记忆的差异主要体现在中央执行功能和策略使用上，而这两方面都涉及对注意资源的分配和控制。此外，相对于工作记忆容量较小的个体，工作记忆容量较大个体的抑制效率较高。因此，可认为工作记忆能力的差异实际上反映了控制性注意的差异。以视觉搜索为实验范式，在两种实验条件（无附加任务和有附加任务）下，可以对工作记忆容量大和工作记忆容量小这两类被试进行比较，证实两类被试的工作记忆差异的确是由注意控制能力的差异导致的。工作记忆容量大的被试能够较好地进行注意分配，而工作记忆容量小的个体不能有效地进行注意控制。该理论的支持者进一步认为，工作记忆的存储成分和操作成分之间的相互作用是以注意控制能力作为中介的。注意选择的元素（注意焦点），即当前正在被加工的元素。研究者提出了一个包含两种不同特性记忆成分的模型来说明注意的选择作用。两种成分为长时记忆中被激活的表征和被注意选择的表征，前者是不受资源限制影响的，而注意焦点中的表征受到资源有限性的影响，即只有有限数量的表征能够进入注意中心。

分心抑制与工作记忆的关系问题，是当前认知心理学界关注的热点问题之一。在分心抑制研究中，通常用工作记忆容量来考察抑制机制的发展差异与个体差异。抑制机制可以把工作记忆的内容限定于与任务有关的信息，抑制效率降低就会使更多无关信息进入工作记忆，从而干扰对目标信息的加工。对年轻人而言，较高的分心抑制能力能有效地阻止无关信息进入工作记忆；对老年人而言，衰退了的抑制能力难以阻止更多的无关信息进入工作记忆，从而影响其认知操作的成绩。抑制效率降低会导致无关信息进入并保持在工作记忆中，从而侵占有限的工作记忆空间。Conway 和 Engle（1994）通过研究发现，工作记忆容量不同的被试抑制分心信息的能力不同，低工作记忆容量的人不能有效压抑分心信息的激活，从而更易受到干扰，即个体的工作记忆容量与其抑制能力有关。

Hasher 和 Zacks（1988）在大量实验研究的基础上得出了有关分心抑制与工作记忆的关系随年龄增长而发展的抑制控制假说。该假说认为，跟年龄相关的认知能力与个体的注意过程中控制分心干扰的能力直接相关，高认知能力是由于个体具有较高的控制无关信息的能力，而低认知能力是由于个体具有相对较弱的控制无关信息的能力，这种认知能力集中表现在工作记忆的广度、阅读能力等多个方面。这一假说进一步认为，工作记忆随年龄增长不断下降的趋势是由抑制能力随年龄增长不断下降导致的，而不是由记忆容量本身的下降而导致的。

有鉴于工作记忆成绩与抑制机制的密切关系，一些研究特殊人群的学者提出了有关抑制机制功能类似的假设。他们认为弱化的抑制机制至少是部分人群认知功能出现受损的原因，如老年人、精神分裂人群和阅读困难患者等。这些研究者运用负启动任务来测量特殊人群的注意加工，将负启动的抑制缺陷与更为全面的行为结果联系起来。研究结果印证了前面的预测：在某些人群中（如阅读障碍儿童、老年人和精神分裂人群），负启动的确有所减少。

正是基于这种观点，Hasher 和 Zacks（1988）对阅读困难与正常儿童在工作记忆任务比较中出现的成绩差异进行研究，提出了一种不同于工作记忆容量大小的观点−抑制能力假说。该假说认为，阅读困难儿童的工作记忆缺陷不是由于他们的工作记忆容量更小，可能是因为注意的抑制控制不足。抑制机制调节工作记忆的内容是通过三种方式进行的：特定通达、删除和限制功能。相应地，如果这些功能出现了问题，那么在后面的工作记忆任务中回忆将出现错误。这一理论对工作记忆缺陷的解释程度到底如何，有待于通过实验加以验证，这也是本实验的研究目的所在。

抑制研究的经典范式是 Stroop 实验。实验中，研究者要求被试对不一致的（绿色的"红"）、一致的（红色的"红"）和中性的（红色的"XXX"）颜色词做出颜色判断，会发现判断不一致刺激的颜色要比判断一致或中性刺激的颜色需要的时间长或者错误率高。这种不一致与中性条件的差异被称为冲突（interference）效应；相比中性条件，被试在一致条件下的反应时短或者错误率低，这被称为易化（facilitation）效应。总之，词义信息对颜色加工产生的干扰现象被统称为 Stroop 效应；相反，颜色信息对词义加工产生的相对较弱的干扰现象被称为反转的 Stroop 效应（reverse Stroop effect）。

二、分心抑制机制

在现代认知心理学领域，选择性注意一直都位于信息加工理论的核心位置。但传统的认知理论只集中讨论两个方面的因素，即知识积累和信息的激活，较少提及抑制加工。近些年，随着认知心理学的发展，研究者越来越清晰地发觉，抑制机制与兴奋机制在选择性注意过程中起着同等重要的作用。抑制成为选择性注意的另一个重要机制。选择性注意不但包含目标信息的激活，还包括对分心信息的主动抑制。抑制是主体的一种主动的压抑过程，把与任务不相关的信息从工作记忆中过滤出去，使其在总体上无法损害信息加工的过程。Hasher 和 Zacks（1988）指出，选择性注意的抑制机制在人类的记忆、言语和理解等众多行为中都起着非常重要的作用。正如 Tipper 和 Cranston（1985）所言，对有关信息的成功选择也同样需要对无关信息进行抑制，正是这样，近年来分心抑制的研究得到了心理学研究者的普遍关注。

分心抑制是一种无意识的内部加工过程，很难直接测量，因此很久以来都没有受到研究者的重视，负启动效应的发现为这种抑制机制的测量和研究提供了有效的方法。Tipper 和 Cranston（1985）在相关研究的基础上指出，负启动效应体现了选择性注意中个体对分心项的抑制，也就是说，对相关信息的成功选择不但需要对目标信息进行有效激活，还需要对分心信息进行主动抑制。近年来，这种观点得到了一致认可。对目标信息的有效激活与对分心信息的积极抑制，成了判断选择性注意的两大标准。

分心抑制在分类上主要包括特性抑制和位置抑制，在实验中相应地表现为特性负启动和位置负启动。特性负启动一般是要求被试在识别任务中对刺激的颜色、形状、类别等特征进行抑制，位置负启动一般是要求被试在定位任务中对刺激所在的位置进行抑制。这种任务往往要被试对目标刺激的位置而非刺激本身做出反应，测量大多通过按键反应来完成。

在分心抑制的年龄特征上，已有研究结果显示，特性抑制有一个随年龄增长而逐渐减退的趋势，而位置抑制则不易受年龄大小的影响，儿童在5岁就已经具备了完整的特性抑制能力。

有关分心抑制的位置问题，Connelly 和 Hasher（1993）的研究发现，位置抑制和特性抑制在大脑中有着不同的视觉通路。特性抑制和枕叶到颞叶的腹侧通路有关，主要功能涉及记忆与辨认物体；位置抑制和枕叶到顶叶的背部通路有关，空间辨别能力是顶区的一大功能。同样，有研究指出，抑制还和额叶有关系。多数研究显示，分心抑制有两个主要过程：一是目标信息和无关信息的激活；二是无关信息得到抑制。也就是说，在特性负启动中，刺激激活可能发生在颞叶位置，但抑制可能与额叶有关。

行为数据只能解释负启动的表面现象，很难对负启动现象背后的深层加工机制进行说明。近年来，很多研究者试图从脑神经机制的角度来解释负启动现象，这也正是现在研究的热点。具有时间高分辨率的 ERP 技术在对负启动的认知神经机制的研究上具有独特的优势，有助于了解不同的负启动任务下，反映抑制加工过程的早期成分和反映刺激评价及与记忆相关的晚期成分是否存在 ERP 波形的差异。

有关负启动的 ERP 研究显示，负启动效应的 ERP 指标和成分都会随实验程序和刺激属性的变化而变化，实验材料会影响负启动效应的 ERP 指标。Kathmann 等（2006）的研究发现，在特性负启动中，额中央区的 P200 波幅减弱，在位置负启动中，负启动条件下顶枕区的 P1—N1 波幅减弱，P3 潜伏期延长。

Neill 和 Valdes（1992）认为，负启动反映了注意的抑制机制，抑制了分心信息内部的激活。因此，启动显示的分心项的内部加工与抑制有关。由于此观点应用较广泛，已被多数研究者所认可，负启动任务成为测量个体抑制能力的一种常用方法。

目前，相关研究显示，位置负启动和抑制有关，表现出 P1 和 N1 波幅的减小，P3 波幅的增大。但是，在特性负启动任务中，尚未根据 ERP 数据得出一致的结果。对于 P3 成分，也有很多的说法。P3 波幅的变化反映的是不流畅的加工，还是投入的资源量或者是重复效应，现在也没有一个明确的结果。由于位置和特性负启动两个任务之间存在差异，其认知神经机制存在差异，位置负启动属于定位任务，要求被试对目标位置做出反应，而特性负启动属于类别任务，要求被试对目标的类别或属性等做出反应。

三、负启动-选择性注意抑制加工的指标

负启动效应是指启动显示中的分心项成为探测显示中的目标项的时候，被试反应时延长或者正确率降低的现象。至今为止，有关负启动的研究在不同实验材料及不同任务中都有了这样的结论：在对汉字、图形、字母、数字等不同实验材料的研究中观察到负启动效应，在利用不同任务的实验研究中，如定位、识别、判断类别、异同配对等，都有抑制的存在（张雅旭，张厚粲，1998）。如果与启动显示中分心刺激相同或同类的刺激在探测显示中作为目标而相继出现，被试需要更多的加工时间来克服启动显示中对其产生的抑制，这就会导致更长的反应潜伏期或更多的错误。20 世纪 80 年代至今，负启动效应作为一种实验技术广泛应用于选择性注意这一研究领域。

干扰项抑制是负启动产生机制中影响力较大的一种观点。干扰项抑制观点认为，对干扰项内部表征的抑制是负启动产生的原因。研究者认为，在识别目标的过程中会产生一个内部的模板，模板中包含了帮助区分目标项和干扰项的知觉特征，如颜色、形状、位置等。刺激输入之后，会自动引发早期的知觉加工，并与已形成的模板对比，与模板匹配的会引发"是"的反应，表示激活的反馈；否则，引起"否"的反应，表示抑制的反馈，这种抑制作用会使随后对相同表征（探测显示的目标刺激）的重新加工遭到损害，即出现反应的延迟。Tipper 和 Cranston（1985）不但把负启动效应的产生看作信息加工过程存在抑制加工的证据，而且其成为测量抑制能力的指标，关于特殊人群的研究结论均支持该理论假设。

负启动范式是由启动显示和探测显示组成的。首先呈现启动显示，接着是探测显示，每种显示中都包括目标刺激和分心刺激，要求被试判断目

标项的特征（如位置、类别、颜色和形状等），忽略分心项。实验中包括两种启动条件，即负启动条件与控制条件。其差异在于，在负启动条件下，探测显示的目标项和启动显示的分心项相同或同类时，被试判断探测显示中目标刺激的反应时会由于抑制而延长；在控制条件下，探测显示的目标刺激和启动显示的分心刺激无关。把不同实验条件下对探测目标的反应时的差值作为负启动量的指标。

四、发展性协调障碍患者选择性注意的相关研究

国外大量研究表明，发展性协调障碍儿童存在认知功能障碍，认为发展性协调障碍儿童选择性注意功能受损，与低级知觉功能密切相关，特别是与视空间信息处理机制相关（Wilson et al.，1997）。Asonitou 等（Asonitou et al.，2012，Asonitou & Koutsouki，2016）采用信息加工的 PASS（P，planning；A，attention；S，simultaneous；S，successive）理论，探讨了发展性协调障碍儿童与非发展性协调障碍儿童在特定运动能力和认知能力上的差异，结果发现，发展性协调障碍儿童在所有运动和认知任务上表现较差，表明发展性协调障碍儿童在注意和计划方面受损。Mandich 等（2003）采用典型的 Simon 任务研究了发展性协调障碍儿童抑制错误手动反应的能力，结果发现发展性协调障碍儿童表现出更多的错误，反映了发展性协调障碍儿童存在抑制缺陷。Tsai 等（2009a，2009b，2009c）采用视空间注意转移范式，探讨了发展性协调障碍儿童与正常发育儿童的脑活动机制，发现发展性协调障碍儿童表现出反应时间较长和抑制反应能力不足，发展性协调障碍组儿童需要更长的反应时，表现为 N1 成分的延迟和更小的 P3 波幅，表明发展性协调障碍儿童具有更长的注意定向和注意转移。花静等（2007）探讨了发展性协调障碍儿童与正常儿童听觉事件相关电位 P300，发现运动技能障碍程度与听觉 P300 的波幅呈显著负相关，发展性协调障碍儿童的 P3 波幅明显小于对照组儿童。这表明发展性协调障碍儿童对运动信息的初级加工能力差，导致其运动控制能力存在缺陷。还有研究采用 fMRI 技术进行研究，发现同时患有发展性协调障碍和孤独症谱系障碍的儿童在初级运动皮质和感觉皮质的反应抑制期间表现出激活减弱，发展性协调障碍儿童会受到各种干扰，无法快速产生抑制错误的反应，存在功能缺陷（Thornton et al.，2018）。

五、问题提出与研究假设

实际上，过去几十年对选择性注意的研究一直是以兴奋机制为核心展

开的。然而，近年来的研究发现，抑制机制也是选择性注意的重要组成部分。越来越多的研究表明，选择性注意既包括目标激活，也包括分心抑制，研究者开始从分心项的特性及其信息加工特点来揭示选择性注意的本质。所以说抑制的研究还应该受到更多的关注，以往研究从注意的兴奋角度研究得多，而从注意的抑制角度进行探讨的比较少。位置负启动和特性负启动是分离的，在人类的抑制系统中具有不同的视觉通道，是两个相互独立的加工过程，这些在已有研究中已经有所证实。以往的研究虽有对发展性协调障碍个体分心抑制和干扰抑制的相关研究，但并没有把位置抑制和特性抑制分开来研究，而是混淆在一起。ERP 技术便于与传统的行为数据，特别是与反应时间很好地配合，进行认知加工过程的研究，这种研究具有无创性，可以精确地评价发生在脑内的认知加工活动。然而以往的研究多数是从行为学的角度展开的，缺乏对选择性注意中抑制机制的脑机制研究，如 ERP 研究、fMRI 研究。

发展性协调障碍已经成为教育研究的热点之一。对于发展性协调障碍的成因，研究者根据自己的研究结果，提出了不同的观点及校正措施。能力缺陷观认为，发展性协调障碍是由于发展性协调障碍个体在某些心理过程上有缺陷，这些过程参与学习活动并起着重要作用。技能缺陷观认为，发展性协调障碍是由某些特殊的技能不足导致的，而这些技能缺失可以通过行为训练来弥补。发展性协调障碍存在信息加工过程缺陷，很多发展性协调障碍儿童由于自身存在一些注意障碍，在课堂学习过程中无法正确、有效地选择有用的信息进行加工，抑制无关信息，从而影响了学习效率和学习质量。由此可见，分心抑制能力作用于整个认知加工过程，是学习活动快速有效进行的重要保证。这种积极的抑制能力能够保证与学习任务有关的信息的内在表征被激活的同时，无关信息的内在表征也会被积极主动地抑制，从而避免了无关信息进入工作记忆产生干扰，或者是混淆对有关信息的加工。因此，研究发展性协调障碍儿童的分心抑制能力，为发展性协调障碍青少年的矫正提供了重要的理论依据。已有研究表明，与对照组青少年相比，发展性协调障碍组青少年的工作记忆容量存在不足，而这种不足就是由其分心抑制能力的缺陷造成的。本研究在此基础上，借助负启动范式探讨发展性协调障碍青少年的分心抑制特点。

对分心抑制的研究分为两种，即位置抑制和特性抑制，反映在实验中是位置负启动与特性负启动。位置抑制主要是在定位的任务中发现的，特性抑制主要是在识别任务中发现的。近年来，有研究证明，特性负启动和位置负启动在脑内部有着不同的通路。因此，研究分心抑制就要考虑到二者可能存在性质上的不同，所以本研究以具有一定特征的汉字和英文字母、数字作为材料，采用负启动范式，对发展性协调障碍组和对照组青少年的位置抑制能力与特性抑制能力分别进行实验研究，以探讨发展性协调障碍青少年在位置抑制和特性抑制上的脑机制特点。

ERP 是刺激事件引起的实时脑电波，极高的时间分辨率是 ERP 的主要优势。此外，ERP 便于与传统的行为数据，特别是与反应时很好地配合，进行认知加工过程的研究，且具有无创性，可以精确地评价发生在脑内的认知加工活动。与此同时，多导联 ERP 设备的应用，很好地解决了其在空间分辨率上的局限，加上 ERP 研究需要的设备较为简单和环境适应性强等优点，使得它的应用范围与日俱增。在心理学方面，ERP 是对知觉、注意、记忆等认知加工和认知功能方面进行研究的有效工具。对分心抑制的 ERP 脑电研究总体上还较少，大多数行为实验已经显示发展性协调障碍组与对照组青少年在抑制、记忆等方面有差异，因此利用 ERP 技术的优势对发展性协调障碍青少年分心抑制能力进行研究，可以更深入地考察发展性协调障碍组青少年抑制过程的脑机制，以及理解发展性协调障碍的本质，有利于有的放矢地制定干预计划，采取必要的补偿性教育措施。

假设 1：发展性协调障碍组与对照组青少年均存在明显的位置负启动效应，且两组被试的位置抑制能力存在差异，并体现在脑电活动的差异上。

假设 2：发展性协调障碍组与对照组青少年均存在明显的特性负启动效应，且两组被试的特性抑制能力存在差异，并体现在脑电活动的差异上。

第二节　发展性协调障碍青少年视空间选择性注意加工研究

一、研究目的

本研究的目的是在自动加工的基础上，进一步探讨发展性协调障碍组青少年和对照组青少年视空间选择性加工的特点，采用空间搜索范式，考察两组青少年的视空间选择性注意在反应时以及脑电 N2、P3 成分上是否有差异。

二、研究假设

假设 1：随着搜索项的增加，两组青少年的平均反应时均有明显延长，发展性协调障碍青少年的平均反应时明显长于对照组青少年。

假设 2：N2 与抑制冲突有关，冲突越大，N2 波幅越大，即两组青少年在高负荷条件下的 N2 波幅比低负荷条件下的更负；发展性协调障碍组青少年的 N2 波幅显著小于对照组青少年。

假设 3：P1、P3 分别是早期和晚期注意资源指标。两组青少年在低负荷条件下的 P3 波幅比高负荷条件下的更正；发展性协调障碍青少年的 P3 波幅显著小于对照组青少年。

三、研究方法

（一）研究对象

被试筛选同第七章，去掉按键正确率低于 70% 的被试，最终确定发展性协调障碍青少年 31 人，对照组青少年 24 人，年龄为 7—10 岁。删除准确率过低及脑电信号质量较差的被试数据，最终纳入分析的发展性协调障碍组 22 人（男 13 人，女 9 人，平均年龄 9.27±0.83 岁）；对照组 23 人（男 14 人，女 9 人，平均年龄 8.96±0.93 岁）。

（二）实验设计

我们采用 2（被试类型：发展性协调障碍组、控制组）×2（负荷类型：低负荷、高负荷）的混合实验设计。其中，被试类型为组间变量，负荷类型为组内变量。

（三）实验材料与程序

实验采用空间搜索范式，所有刺激均呈现在屏幕中央，要求被试在实验过程中一直将注意力集中在屏幕中央。实验流程如图 8-1 所示。首先，呈现注视点 500 ms，随后呈现刺激搜索任务，在高负荷条件下，视野内的搜索项目数是 7、8、9、10 个字母，在低负荷条件下，视野内的搜索项目数是 3、4、5、6 个字母，这些字母围成一个大小相同的圆圈。要求被试在字母围成的圆圈里搜索目标字母"T"，目标字母在屏幕左边时，按"F"键；目标字母在屏幕右边时，按"J"键，要求被试在 1500 ms 内做出反应，最后呈现 1000 ms 的空屏。正式实验开始前练习 16 次，正式实验共 320 个试次，完成 150 个试次后休息，共需约 17 min。

（四）EEG 记录与分析

我们使用美国 EGI 公司的 ERP 记录系统，采用 64 导放大器和脑电帽记录 EEG 信号，使用 MATLAB 软件进行离线处理。参考电极为全脑平

高负荷

低负荷

1000 ms

1500 ms

500 ms

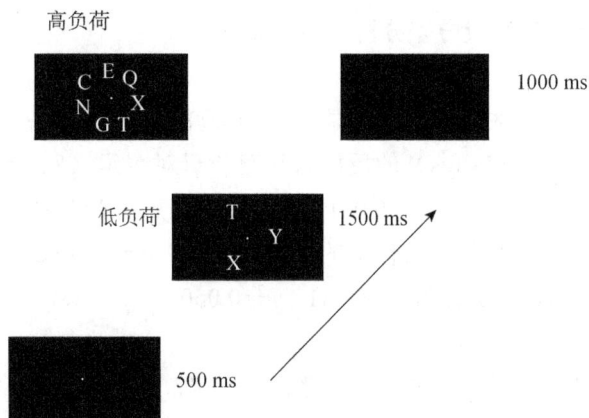

图 8-1　实验流程图

均，滤波带通为 0.5—30 Hz，采样率为 500 Hz，头皮电阻小于 50 KΩ。EEG 分段从刺激前 200 ms 到刺激后 800 ms，共 1000 ms。基线校正选取刺激前 200 ms。在数据处理过程中，采用 ICA 矫正伪迹，波幅超过 $\pm 100\,\mu V$ 的分段，在叠加中自动剔除。本研究包含两种刺激条件，即高负荷条件和低负荷条件，每种条件下叠加次数均在 80 次以上。根据两类刺激叠加平均的 ERP 波形及以往研究，对于 P1，本研究选取枕区 O1、O2、Oz 电极点的平均波幅进行分析，时间窗为 70—150 ms；对于 N2，选取额区 AFz、Fz、FCz、F1、F2、FC1、FC2 电极点的平均波幅进行分析，时间窗为 260—350 ms；对于 P3，选取顶区 Pz、POz、PO3、PO4 电极点的平均波幅进行分析，时间窗为 300—600 ms，比较发展性协调障碍组被试和对照组被试之间的差异是否存在统计学意义，以 $p<0.05$ 为差异有统计学意义。

（五）数据统计与分析

我们采用 SPSS 22.0 对所有数据进行重复测量方差分析，采用描述性统计（标准差与平均值）描述所有的结果变量。对行为数据的反应时、正确率进行重复测量方差分析，对电生理学数据 p 采用 Greenhouse-Geisser 法矫正。

四、研究结果

（一）行为结果

剔除反应错误及反应时短于 100 ms 的数据，对两组被试的反应时和正确率进行 2（被试类型：发展性协调障碍组、对照组）×2（负荷：高、低）的两因素重复测量方差分析，结果如下。

1. 反应时

结果表明，被试类型主效应显著，$F=6.008$，$p<0.05$，$\eta^2=0.123$，发展性协调障碍组组（884 ms）的反应时显著长于对照组（820 ms）；负荷的主效应显著，$F=436.011$，$p<0.001$，$\eta^2=0.910$，高负荷条件（927 ms）下的反应时显著长于低负荷条件下的反应时（779 ms）；被试类型与负荷的交互作用不显著，$F=2.252$，$p=0.141$，$\eta^2=0.050$。

2. 正确率

结果表明，被试类型主效应显著，$F=5.047$，$p<0.05$，$\eta^2=0.105$，发展性协调障碍组的正确率（84%）显著低于对照组（88%）；负荷的主效应显著，$F=148.589$，$p<0.001$，$\eta^2=0.776$，高负荷条件（79%）下的正确率显著低于低负荷条件下的正确率（92%）；被试类型与负荷的交互作用不显著，$F=0.310$，$p=0.581$，$\eta^2=0.007$。

（二）脑电结果

1. 低负荷

在 70—150 ms、260—350 ms 和 300—600 ms 时间窗内，分别对两组被试在低负荷条件下的 P1、N2、P3 平均波幅进行独立样本 t 检验。结果表明，P1 的波幅差异不显著，$p>0.05$；N2 的波幅差异边缘显著，$p=0.069$，相比发展性协调障碍组的波幅（-2.43 μV），对照组的波幅更负（-3.90 μV）；P3 的波幅差异显著，$p=0.028$，相比发展性协调障碍组的波幅（5.79 μV），对照组的波幅更正（9.02 μV）。

2. 高负荷

在 70—150 ms、260—350 ms 和 300—600 ms 时间窗内，分别对两组被试在高负荷条件下的 P1、N2、P3 平均波幅进行独立样本 t 检验。结果表明，P1 的波幅差异不显著，$p>0.05$；N2 的波幅差异不显著，$p>0.05$；P3 的波幅差异显著，$p=0.044$，相比发展性协调障碍组的波幅（4.94 μV），对照组的波幅更正（7.69 μV）。

3. 发展性协调障碍组

（1）P1（70—150 ms）

在 70—150 ms 时间窗内，对发展性协调障碍组被试的平均波幅进行 2（负荷：高、低）×3（电极点：O1、O2、Oz）的两因素重复测量方差分析。结果表明，负荷的主效应显著，$F=8.862$，$p=0.007$，$\eta^2=0.297$，高负荷条件（5.765 μV）下的波幅显著大于低负荷条件下的波幅（4.863 μV）；

电极点的主效应不显著，$F=0.699$，$p=0.503$，$\eta^2=0.032$；负荷与电极点的交互作用不显著，$F=0.498$，$p=0.611$，$\eta^2=0.023$。

（2）N2（260—350 ms）

在 260—350 ms 时间窗内，对发展性协调障碍组被试的平均波幅进行 2（负荷：高、低）×7（电极点：AFz、Fz、FCz、F1、F2、FC1、FC2）的两因素重复测量方差分析。结果表明，负荷的主效应显著，$F=12.064$，$p=0.002$，$\eta^2=0.365$，高负荷条件（-3.229 μV）下的波幅显著大于低负荷条件下的波幅（-2.431 μV）；电极点的主效应显著，$F=3.252$，$p=0.038$，$\eta^2=0.134$。事后检验表明，FCz（-3.253 μV）上的波幅显著大于 FC1 上的波幅（-1.855 μV）。负荷与被试类型的交互作用显著，$F=5.457$，$p=0.002$，$\eta^2=0.206$。简单效应分析发现，除 AFz（$p=0.151$）之外，在其他电极点上，高负荷条件下的波幅均显著大于低负荷条件下的波幅，包括 F2（$p=0.027$）、FCz（$p<0.001$）、Fz（$p=0.014$）、FC1（$p=0.002$）、F1（$p=0.062$）、FC2（$p<0.001$）。

（3）P3（300—600 ms）

在 300—600 ms 时间窗内，对发展性协调障碍组被试的平均波幅进行 2（负荷：高、低）×4（电极点：Pz、POz、PO3、PO4）的两因素重复测量方差分析。结果表明，负荷主效应显著，$F=4.363$，$p=0.049$，$\eta^2=0.172$，高负荷条件（4.938 μV）下的波幅显著小于低负荷条件下的波幅（5.795 μV）。电极点的主效应不显著，$F=2.09$，$p=0.143$，$\eta^2=0.091$。负荷与电极点的交互作用显著，$F=4.078$，$p=0.027$，$\eta^2=0.163$。简单效应分析发现，在电极 Pz（$p=0.007$）和 PO4（$p=0.036$）上，低负荷条件下的波幅显著大于高负荷条件下的波幅。

4. 对照组

（1）P1（70—150 ms）

在 70—150 ms 时间窗内，对对照组被试的平均波幅进行 2（负荷：高、低）×3（电极点：O1、O2、Oz）的两因素重复测量方差分析。结果表明，负荷的主效应边缘显著，$F=3.371$，$p=0.08$，$\eta^2=0.133$，高负荷条件（5.393 μV）下的波幅显著大于低负荷条件下的波幅（4.941 μV）；电极点的主效应不显著，$F=2.044$，$p=0.142$，$\eta^2=0.085$；负荷与电极点的交互作用不显著，$F=0.54$，$p=0.587$，$\eta^2=0.024$。

（2）N2（260—350 ms）

在 260—350 ms 时间窗内，对对照组被试的平均波幅进行 2（负荷：高、低）×7（电极点：AFz、Fz、FCz、F1、F2、FC1、FC2）的两因素重复测量方差分析。结果表明，负荷的主效应不显著，$F=0.669$，$p=0.422$，$\eta^2=0.03$；电极点的主效应显著，$F=6.823$，$p=0.002$，$\eta^2=0.237$。事后检验表明，Fz（-4.535 μV）和 AFz（-4.790 μV）的波幅显著大于 F2（-3.614 μV）、FCz（-4.104 μV）、Fz（-4.535 μV）的波幅，AFz（-4.790 μV）和 F1（-4.558 μV）的波幅显著大于 FC2（-2.570 μV）的波幅；负荷与被试类型的交互作用不显著，$F=1.285$，$p=0.288$，$\eta^2=0.055$。

（3）P3（300—600 ms）

在 300—600 ms 时间窗内，对对照组被试的平均波幅进行 2（负荷：高、低）×4（电极点：Pz、POz、PO3、PO4）的两因素重复测量方差分析。结果表明，负荷主效应显著，$F=17.381$，$p<0.001$，$\eta^2=0.441$，低负荷条件（9.018 μV）下的波幅显著大于高负荷条件下的波幅（7.686 μV）；电极点的主效不应显著，$F=0.764$，$p=0.518$，$\eta^2=0.034$；负荷与电极点的交互作用显著，$F=4.024$，$p=0.028$，$\eta^2=0.155$。简单效应分析发现，在电极PO3（$p=0.001$）、Pz（$p<0.001$）、POz（$p=0.001$）和 PO4（$p=0.003$）上，低负荷条件下的波幅均显著大于高负荷条件下的波幅。

5. 发展性协调障碍组与对照组的对比

（1）P1（70—150 ms）

在 70—150 ms 时间窗内，对两组被试在 O1、O2、Oz 电极点上的平均波幅进行 2（被试类型：发展性协调障碍组、对照组）×2（负荷：高、低）的两因素重复测量方差分析。结果表明，负荷的主效应显著，$F=12.128$，$p=0.001$，$\eta^2=0.220$，高负荷条件下的波幅（5.579 μV）显著大于低负荷条件下的波幅（4.902 μV）；被试类型的主效应不显著，$F=0.023$，$p=0.881$，$\eta^2=0.001$；负荷与被试类型的交互作用不显著，$F=1.337$，$p=0.254$，$\eta^2=0.030$。

（2）N2（260—350 ms）

在 260—350 ms 时间窗内，对两组被试在 AFz、Fz、FCz、F1、F2、FC1、FC2 电极点上的平均波幅均值进行 2（被试类型：发展性协调障碍组、对照组）×2（负荷：高、低）的两因素重复测量方差分析。结果表明，负荷的主效应显著，$F=10.641$，$p<0.05$，$\eta^2=0.198$，高负荷条件下的波幅（-3.637 μV）显著大于低负荷条件下的波幅（-3.165 μV）；被试类型的主效应不显著，$F=2.223$，$p=0.143$，$\eta^2=0.049$；负荷与被试类型的交互作用显著，$F=5.078$，$p=0.029$，$\eta^2=0.106$。简单效应分析发现，在低负荷条件下，两组的差异边缘显著，$p=0.070$，发展性协调障碍组的波幅（-2.431 μV）显著小于对照组（-3.899 μV）。

（3）P3（300—600 ms）

在 300—600 ms 时间窗内，对两组被试在 Pz、POz、PO3、PO4 电极点上的平均波幅均值进行 2（被试类型：发展性协调障碍组、对照组）×2（负荷：高、低）的两因素重复测量方差分析。结果表明，被试类型主效应显著，$F=4.910$，$p<0.05$，$\eta^2=0.102$，发展性协调障碍组的波幅（5.366 μV）显著小于对照组（8.352 μV）；负荷的主效应显著，$F=17.899$，$p<0.001$，$\eta^2=0.294$，高负荷条件下的波幅（6.312 μV）显著小于低负荷条件下的波幅（7.406 μV）；负荷与被试类型的交互作用不显著，$F=0.842$，$p=0.364$，$\eta^2=0.019$。

五、讨论

本研究使用选择性注意研究中常用的视觉搜索范式，探究了发展性协调障碍青少年的选择性注意能力相关的行为及神经活动表现特征。行为结果表明，相比对照组青少年，发展性协调障碍青少年的反应时显著延长，正确率显著降低，说明发展性协调障碍青少年搜索目标靶刺激的能力低于对照组青少年。ERP 结果表明，相比对照组青少年，发展性协调障碍青少年的 P3 波幅减小，结果提示 P3 波幅可能反映了选择性注意能力水平，发展性协调障碍青少年在选择注意任务中表现较差，顶区 P3 波幅减小。我们还发现，在高负荷条件下，被试的反应时长、正确率低。ERP 结果表明，P1、N2 的波幅增大，P3 的波幅减小，这说明负荷的增加使选择性注意晚期的注意力资源减少。

在本研究中，发展性协调障碍青少年的反应时延长、正确率降低，假设 1 得到了验证，反映了其在选择性注意能力上存在一定程度的缺陷，与既往研究中发展性协调障碍青少年较差的行为表现一致。Sartori 等（2020）比较了发展性协调障碍儿童、疑似障碍儿童和典型发育期儿童的执行功能，结果发现，相比对照组，两组障碍儿童在视空间工作记忆和认知灵活性方面的表现较差，而且发展性协调障碍组在 Go/No-go 测试中表现出抑制控制缺陷。Tsai 等（2012）的研究表明，发展性协调障碍儿童在视觉空间注意定向任务各个条件下的反应明显较慢，并表现出下肢抑制控制能力的缺陷。这些发现可能说明发展性协调障碍儿童存在注意障碍，导致他们花更多时间知觉任务中呈现的刺激。

本研究发现，在视觉搜索任务中，发展性协调障碍青少年的 P3 波幅减小，假设 2 得到了验证。以往研究提示，P3 波幅与被试对所呈现刺激投入的心理资源量多少有关，波幅越大，投入的心理资源量越多，体现了被试对刺激信息的处理能力。Sachs 等（2004）认为，P300 的潜伏期可能表明了神经的传递速度或者是大脑的效能，而 P300 的波幅可能表明了心理负荷量或者是投入到任务中的脑力资源的多少。本研究中，发展性协调障碍青少年的 P3 波幅减小，说明发展性协调障碍青少年投入的注意资源减少，提示发展性协调障碍青少年的信息加工能力降低，这与前人的研究结果一致。Tsai 等（2009a，2009b，2009c）采用视空间注意转移范式探讨了发展性协调障碍青少年与正常发育青少年的脑活动机制，发现发展性协调障碍青少年表现出较长的反应时间和抑制反应能力的不足，与较小的 CNV 激活区域一致，表明预期和执行过程不成熟。更长的线索 P3 和更小的目标 P3 表明，当遇到目标刺激并需要判断相应的方向和启动运动反应时，发展性协调障碍青少年不仅目标识别较慢且认知转移速度较低，因为 P3 波幅可能与胼胝体大小和半球间转移速度有关（Hoffman & Polich，1999）。Tsai 等（2012）在探讨足球训练对发展性协调障碍儿童抑制控制的影响时发现，发展性协调障碍儿童在视觉空间注意定向任务条件下，P3 的幅值均小于正常儿童，潜伏期均较正常儿童长。训练后，发展性协调障碍训练组在抑制控制强度和 P3 潜伏期方面均有所改善。

　　能量理论认为，发展性障碍患者的核心缺陷是不能根据任务需要来调节自身的激活状态，而抑制缺陷仅仅是能量缺失的外在表现。Kóbor 等（2014）在 Flanker 任务中，通过改变分心刺激的强度来控制个体的唤醒水平，发现对照组的 N2 波幅随着刺激强度的增加而增大，而注意缺陷多动障碍组被试的 N2 波幅却未出现增大。不同于 Kóbor 的研究，本研究发现，随着负荷水平的增加，相应的任务难度也增大了，发现发展性协调障碍青少年的 N2 波幅显著增大，而对照组没有显著增大，支持了能量理论观点。发展性协调障碍青少年不能随任务难度调节自身的能量水平，维持较高的激活状态，从而受到高负荷干扰刺激的影响，表现出更大的 N2 波幅。基于短时记忆容量，我们设计了低负荷和高负荷的搜索项目数。前人相关研究并没有统一的标准，如已有研究要求被试在不同数量刺激中 4（Soto et al.，2005）、12（Arita，Carlisle & Woodman，2012）、20（Carlisle & Woodman，2011）寻找目标客体，试图从搜索序列知觉负载大小来揭示任务难度对非目标记忆表征抑制的影响，结果 Soto 等（2005）的研究发现非目标记忆表征自动捕获注意，而 Arita 等（2012）、Carlisle 和 Woodman（2011）则发现了被试对非目标记忆表征的注意抑制效应。Tan 等（2015）操纵搜索序列的知觉负荷的高低，并结合脑电（ERP）指标，发现知觉负荷水平对注意选择的调节发生在早期的知觉加工阶段，反映在

N1 成分上，与知觉负荷理论一致。本研究还发现，虽然两组青少年 N2 波幅的组间差异不显著，但是与对照组相比，发展性协调障碍组在低负荷条件下的 N2 波幅小于对照组，随着负荷的增加，这种差异消失。本研究认为，低负荷条件下的分心刺激数量少，字母之间的距离较远，对照组青少年能较好地分配注意资源用以搜索加工目标刺激，同时抑制分心物的干扰；发展性协调障碍组青少年的抑制控制受损，难以调节注意资源分配。随着负荷的增加，分心刺激增多，逐渐超出了工作记忆容量，对照组青少年的搜索优势消失，N2 波幅的差异不显著。与王岩峰（2019）的研究结果相同，本研究中枕叶早期 P1 成分没有发现组间差异，这表明发展性协调障碍青少年的早期注意阶段正常。

本研究通过改变搜索项目数量来操纵知觉负荷，考察两组青少年在不同负荷水平下的选择性注意能力。与之前的研究类似（Pratt et al.，2011；Qi et al.，2014），ERP 指标的变化，如 N2 和 P3 为负荷理论提供了支持。在 Flanker 任务中，与一致性条件相比，不一致条件诱发了更大的 N2 波幅，这反映了个体的冲突处理（Folstein & van Petten，2008；Tillman & Wiens，2011）。在本研究中，与低负荷条件相比，被试在高负荷条件下表现出更大程度的干扰效应，表现在 N2 波幅增大。先前的研究表明，在 Flanker 任务中，不一致条件下的 P3 波幅较小，因为不一致条件难度更大，导致可用于目标加工的认知资源较少，从而产生较小的 P3 波幅（González-Villar & Carrillo-de-la-Peña，2017）。在本研究中，负荷的增加相应地增加了抑制无关刺激的难度，导致高负荷条件下的 P3 波幅减小。这些 ERP 结果表明，高负荷任务会消耗更多的认知资源。与 Pratt 等（2011）的研究结果相反，在本研究中，随着知觉负荷的增加，P1 波幅增大。前人研究负荷对 P1 的影响没有得出一致的结论，如 Pratt 等（2011）采用双任务范式考察了工作记忆负荷对选择性注意的影响，就 P1 波幅得出了不同的结果，可能是 Flanker 任务和工作记忆任务设置不同造成的。不同于前人研究，本研究采用的是简单的视觉搜索任务而不是双任务，且本研究通过增加视野内分心刺激的数量来增加知觉负荷，与前人研究中的双任务设置不同，本研究中的工作记忆负荷类型是不同的。基于此，本研究认为在注意早期阶段，高负荷吸引了更多的注意力资源，故 P1 波幅增大。同时，本研究发现，在低负荷条件下，相比于发展性协调障碍组，对照组表现出更负的 N2 波幅和更正的 P3 波幅；在高负荷条件下，对照组表现出更正的 P3 波幅，表明无论注意负荷高低，在信息的控制加工阶段，发展性协调障碍组青少年的选择性注意能力均受损。

六、结论

　　本研究采用空间搜索任务考察了发展性协调障碍青少年的选择性注意能力，结果表明发展性协调障碍青少年的 P3 波幅减小，提示其对干扰刺激的抑制能力不足，选择性注意存在缺陷，支持了认知控制理论。

第九章　发展性协调障碍青少年注意瞬脱的特点

我们的生活中充斥着大量复杂的信息，怎样选择有用的信息并进行有效的认知加工，即选择性注意的加工机制问题，是认知心理学研究的重要课题。随着选择性注意研究的不断深入，研究者开始关注注意在客体中的保持时间和加工进程，也就是选择性注意的时间维度。受研究方法局限性的影响，以往对注意的研究主要集中在空间维度，很少涉及注意的时间维度。研究者使用快速序列视觉呈现（rapid serial visual presentation，RSVP）方式，探讨了大脑加工成串刺激的能力。在屏幕中央呈现一系列视觉刺激，通过控制刺激呈现时间、加工难度等因素，考察不同条件下被试识别报告目标刺激的正确率，继而确定被试对短时呈现目标的觉察和选择性注意能力。近年来，随着该技术广泛应用于注意机制的研究，产生了大量的研究成果。

第一节　注意瞬脱研究概述

一、注意瞬脱现象

研究者在多重任务快速序列视觉呈现实验中发现，被试对单词流中前一个单词的准确辨认，使得他们很难辨认出在该词后 400 ms 内呈现的另一个单词。该范式的实验流程及其典型行为结果如图 9-1 所示。在图 9-1 中，屏幕中央呈现一系列包含字母在内的数字刺激，通常每秒钟呈现 10 个刺激，被试的任务是在这些快速呈现的数字刺激中，辨别出按照先后顺序分别嵌入这些数字刺激中的两个字母刺激，这两个字母即目标刺激，分别记作 T1 和 T2。研究者主要考察被试在正确识别 T1 的前提下，对 T2 的识别正确率，标记为 T2/T1，T2 相对于 T1 的位置，记作 Lag，即如果 T1 和 T2 之间没有分心刺激，那么 T2 也被记作 Lag-1，有一个分心刺激为 Lag-2，以此类推。图 9-1（b）显示，被试通常对 T1 辨识保持较高的正确率，但是在 T1 呈现后的 200—500 ms 内，在正确辨识 T1 的前提下，再识别出 T2 的正确率显著低于识别出 T1 的正确率。在这个时间之外，

T2/T1 的正确率和对 T1 识别的正确率没有显著的差异。Raymond 等（1992）将这种目标后刺激识别缺失的注意盲现象称为注意瞬脱（attentional blink，AB）。注意瞬脱的产生必须具备两个条件：一是被试必须同时报告目标刺激和探测刺激，仅报告目标刺激或探测刺激中的一个，不会产生瞬脱现象；二是必须有干扰刺激。

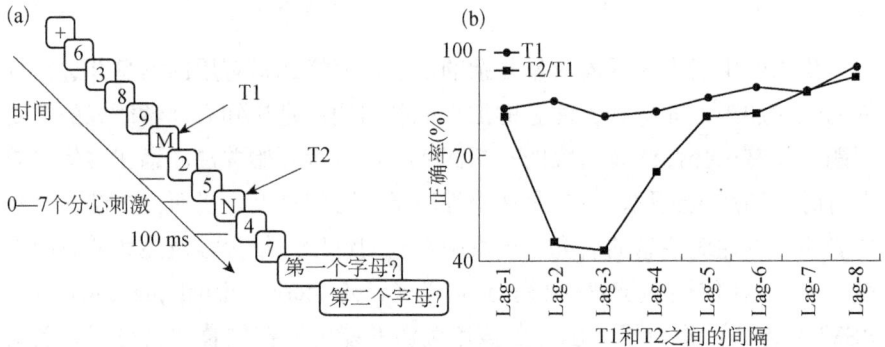

图 9-1　快速序列视觉呈现范式的实验流程及其典型行为结果
（Martens & Wyble，2010）

在 Raymond 等（1992）的研究后，美国、英国、意大利等国的 20 余个研究小组相继报道了他们的研究成果，一致发现视觉通道存在注意瞬脱现象。部分实验已经证实，在听觉通道和交叉通道也存在注意瞬脱现象，但在什么时候以及在哪里发生等，尚没有统一的认识。通道内的注意瞬脱现象与通道间的注意瞬脱现象是否有着相同的位置，通道内的容量限制和中枢容量限制是否独立存在，尚需进一步探索。

二、注意瞬脱的经典理论

（一）两阶段模型

Chun 和 Potter（1995）认为，快速序列视觉呈现刺激流中的目标刺激经历了两个加工阶段。第一阶段属于感觉登记，该阶段加工容量较大，T1 和 T2 两个目标刺激被迅速进行特征（如颜色等）登记，在这个阶段都得到了加工，T1 和 T2 的辨别结果暂时储存在概念性短时记忆中，该阶段刺激的表征极易衰退。第二阶段是短时记忆巩固过程，在巩固阶段，一次只有一个目标得到巩固，只有得到巩固的目标才能进入工作记忆，达到可报告状态。此阶段是容量有限的瓶颈式加工，对 T1 的巩固完成之后，T2 才能得到巩固，只要这个瓶颈被 T1 占用，T2 的表征就处于易变和易受干扰的状态。当 T1 和 T2 的间隔时间较短时，T2 呈现时，T1 仍处于加工阶段，这样会导致 T2 的加工延迟，T2 在第一阶段建立的表征要么自行衰退，要么被刺激流中的其他刺激擦除或替代，从而出现注意瞬脱；当 T1 和 T2 的间隔时间延长时，加工瓶颈处于空闲状态，T2 在第一阶段建立的表征就能顺利进入工作记忆进行加工，注意瞬脱消失。从加工阶段解释注意瞬脱现象，使该模型显得简单明了，然而，注意瞬脱的原因是痕迹消退或是干扰，两阶段模型似乎倾向于前者，但仍然不能排除干扰的影响。

（二）心理不应期理论

在心理不应期研究范式中，改变第一和第二个刺激之间的时间间隔（SOA），并要求被试尽快对两个刺激做出反应。结果发现，与仅要求对第 2 个刺激做出反应的控制条件相比，当 SOA 很长时，被试对第二个刺激的平均反应时不会显著延长；当 SOA 很短时，被试对第二个刺激的平均反应时呈线性增长。这些结果表明，心理不应期与注意瞬脱存在共同点。用研究心理不应期的方法研究注意瞬脱时（即每个目标刺激呈现后均要迅速做出反应），T1 的反应时可预测 T2 的正确报告率，且反应选择因素（如简单或迫选）可调节注意瞬脱的程度。因此，Jolicoeur 等（1999）认为，注意瞬脱的发生与心理不应期一样，是因为在较晚的反应选择阶段存在加工瓶颈。不难看出，两阶段模型和心理不应期理论都是利用短时记忆或工作记忆的资源有限性来解释注意瞬脱现象，在某时刻，中枢处理器一次只能加工一个刺激，如果中枢忙于加工前面的刺激，后面刺激的加工就会延迟。

（三）注意滞留模型

注意滞留模型也认为，快速序列视觉呈现流中目标刺激的加工需要经历容量不同的两个阶段，但此模型中的容量有限概念与两阶段模型中的不同，它是指注意资源的有限，每个刺激都要竞争有限的注意资源。在 T1 第二阶段的加工完成前呈现 T2 时，T2 第二阶段的加工得到的注意资源减少，因而出现注意瞬脱。两阶段模型的容量有限是指加工容量的有限，一次只能加工一个刺激。

（四）干扰模型

Shapiro 等（1994）认为，快速序列视觉呈现流中只有少数与 T1、T2 预置模板相匹配或在时间上与 T1、T2 邻近的刺激（T1，T1+1，T2，T2+1）可以进入视觉短时记忆，并根据其与 T1 或 T2 预置模板匹配的程度、进入顺序、用于加工该刺激的注意资源的多少等因素被赋予权重。T1

项由于与模板的相似程度高、进入较早、被提供的注意资源充足而拥有较大权重。T1、T2 间隔时间长时，由于 T1 和 T1+1 项已被转移至另一个记忆系统或权重已衰退，因此 T2 也得到类似强度的权重，快速序列视觉呈现流呈现结束后，T2 易被提取出来；T1 和 T2 间隔时间短时，用于加工 T2 的剩余注意资源较少，T2 的权重减小，故不易被提取出来。综上，注意滞留模型和干扰模型均认为，有限的注意资源分配给了前面的目标刺激，注意资源耗竭是发生注意瞬脱的主要原因。

三、注意瞬脱中 Lag-1 节省现象及其理论解释

早期的注意瞬脱研究发现，当 T2 紧接着 T1 后（Lag-1 位置）出现，两者时间间隔为 100 ms 左右时，注意瞬脱现象显著减少或消失。Potter 等（1998）将这种现象命名为 Lag-1 节省现象，它更好地揭示了注意的时间有限性。Visser 等（2004）还对 Lag-1 节省现象做出了操作性定义：T2 在 Lag-1 位置的正确率比正确率最低的位置（通常是 Lag-2 至 Lag-4）高出 5%，这一比例成为后来研究 Lag-1 节省现象的量化指标。长期以来，Lag-1 节省现象并未引起研究者更多的关注。近年来，Martens 和 Wyble（2010）将其看作注意瞬脱中最重要的现象，其成为一个热点问题。很显然，尽管 Lag-1 节省现象是注意瞬脱研究范式中的特殊现象，但其涉及短时注意连续加工、注意分配及注意系统重建等涉及选择性注意的基本问题。近年来，围绕 Lag-1 节省现象研究者提出了一系列理论，重新梳理注意瞬脱理论有助于进一步探讨注意加工机制的本质。

（一）关门迟缓假说

关门迟缓假说（the sluggish-gate idea）最早由 Shapiro 等（1994）及 Chun 和 Potter（1995）提出。该理论认为，在加工 T1 表征时，注意门径（attentionalgate）开启，T1 得到迅速加工，而门径的关闭却有所迟缓。因此，紧接着 T1 的刺激（Lag-1）便能够"溜进"注意门径中，得到足够的注意资源，两个目标刺激共同得到加工，并整合在同一个注意单元中。由于整合的加工过程使有限的注意资源发生超载，两个目标刺激会有顺序损耗，发生顺序混淆，这也是实证研究中验证关门迟缓假设说的重要指标之一。注意门径和注意单元是关门迟缓假说强调的两个关键概念。注意门径的开启和迟缓关闭都强调时间维度的接近，即无论是分心物还是目标刺激，在注意门径开启时，都与 T1 进入相同的注意门径。为了控制加工过多的刺激，需要过滤器来筛选与目标刺激特征不同的刺激。不同速度的刺

激流会影响被试的主观期待，由此改变注意门径的时间。注意单元强调的是加工过程的重叠，即在同一时间加工不同的刺激特征。

作为早期注意瞬脱理论的辅助性假说，关门迟缓假说强调了短时注意连续加工的时程包容性，这种思想为后来的理论提供了基础。许多后续发展的理论在解释 Lag-1 节省现象时，多采用关门迟缓假说中强调的时间窗口和注意单元的概念，这也体现了多数模型重视注意资源容量分配的观点。关门迟缓假说是早期资源有限理论的代表，其用简单清晰的概念对大量复杂的短时注意连续加工现象进行了解释，理论本身具有广泛性和普遍性。然而，Lag-1 节省现象仅针对较短注意时程（约 100 ms）内的加工，早于注意瞬脱发生的时间（200—500 ms），因此众多理论模型并没有对其进行更深入的解释和关注，如 T2 进入注意门径后的加工过程是否还需要注意资源，是与 T1 共享注意资源还是所需注意资源减少？T1 和 T2 进入同一个注意单元或客体，两者的加工过程是不是独立的？整合到一个注意单元或客体的过程发生在目标识别的哪个阶段，是特征整合阶段还是进入工作记忆之后？怎样合理解释 T2 的识别率高于 T1 的实验结果？这些问题体现出关门迟缓假说的概括性和宽泛性，缺乏精细加工过程的解释，直接导致后来发展的很多理论对于注意起始阶段解释的不确定性。随着 Lag-1 节省现象研究的兴起，关门迟缓假说不能满足对短时注意连续加工的深入探讨，许多研究者根据 Lag-1 节省现象提出了更细致、更具有整合性的理论。

（二）两阶段竞争模型

Potter 等（1998）在早期两阶段模型的基础上进一步总结以往关于 Lag-1 节省现象的研究，于 2002 年提出了两阶段竞争模型（two-stage competition model）。该模型将注意过程分为两个阶段：第一阶段，对每个刺激均进行识别加工，与目标特征匹配的刺激获得注意资源，T2 出现在 Lag-1 位置时，T2 和 T1 均得到识别并获得更多的资源。随着两个目标刺激的时间间隔的增大，T1 由于优先于 T2 出现，因此能够获得更多的资源。第一个阶段很不稳定，两个目标发生资源竞争，竞争中占有优势并得到识别的目标刺激通过注意单元过滤器。第二个阶段，短时记忆阶段。该阶段相对稳定，能够阻碍其他分心物的加工，使进入该阶段的目标得到巩固并报告出来。两阶段竞争模型很好地解释了 T1、T2 连续加工的不平衡性，主张用注意单元过滤器来代替关门迟缓假说中的注意单元，更加强调注意早期加工的选择性，是瓶颈模型的典型代表。传统注意瞬脱范式中，刺激呈现时间较长（100 ms/项），T1 的识别和巩固跳过第二阶段而得到加工，因此 T2 能够获得更多的注意资源，两个目标刺激都得到很好的加工，正确识别率都较高，发生了 Lag-1 节省现象。研究者通常依据 T1 是否得到很好的加工来验证两阶段竞争模型（Martin et al.，2006），即 T1 的正确率显著低于控制条件，说明 T1 的加工受到竞争的损耗，支持竞争模型。

两阶段竞争模型强调目标在进入短时记忆之前的不稳定性和竞争性也得到了部分实证研究结果的支持。Potter 等（1998）在研究中发现，当两个目标刺激的时间间隔为 40 ms 时，出现注意瞬脱反转现象（reverse effect），即 T2 的正确率显著高于其他位置，而 T1 的正确率却显著低于其他位置，短时程内 T2 在与 T1 的竞争中占有优势。Potter 等（1998）通过控制 T1、T2 的语义相关程度（两个目标为语义相关词或者无关词）以及两个目标之间的时间间隔（27 ms、53 ms、107 ms、213 ms），来观察两个目标刺激的启动效应和加工水平。结果发现，只有在时间间隔较短（27ms）的条件下，T2 对 T1 才有启动效应（即两目标相关时，正确率显著高于无关情况），除短时间间隔以外的所有情况下（53 ms、107 ms、213 ms），T1 对 T2 均有启动效应。这说明时间间隔较短时，T2 经常比 T1 优先得到加工，因而对 T1 产生启动效应，其他情况下则是 T1 优先得到加工，因此对 T2 产生启动效应。该研究支持两阶段竞争模型。

竞争模型认为，竞争发生在早期识别阶段，且依据目标刺激获得的注意资源多少来决定哪个目标刺激能够得到辨认，并进入稳定的巩固阶段。与关门迟缓假说不同，两阶段竞争模型更注重短时注意加工早期的有限性，不但很好地解释了相关的实证研究，也区别于其他强调后期巩固限制的瓶颈理论。此外，两阶段竞争模型关注目标特征识别的差异程度，对 Lag-1 节省现象的解释具有更强的整合性和精细度。然而，两阶段竞争模型也受到了一些质疑。Visser 等（2004）指出，Potter 等（1998）的实验研究多采用的是非标准 AB 范式，即在屏幕中央同时呈现上下两个刺激流，这不符合 Lag-1 节省现象中两个目标空间位置一致的产生条件，且由于采用了空间随机化，所得结果可能是空间注意局限所致，并不能反映出短时注意连续加工的实质。Olivers 和 Meeter（2008）也指出，在时间间隔较短的情况下，T1 容易被随后与其相似的 T2 掩蔽，而 T2 后与其相似程度低的分心物的掩蔽效果较低，因此可能是不同的掩蔽效果导致了两目标间的识别差异，而非资源竞争。此外，两阶段竞争模型不能很好地解释两个目标相似度增加使 Lag-1 节省现象增强的结果，关于 T1 和 T2 优先加工的前提和具体机制并不清晰。

（三）暂时性失控理论

按照传统的资源有限性观点，T2 的可利用注意资源会随着与 T1 竞争的增强而减少，这应该是一种线性变化，与 Lag-1 节省现象引发的"U"形变化趋势不符。因此，资源有限性假设有其局限性。DiLollo 等（2005）将刺激的呈现方式分为一致与不一致两种情况，一致呈现条件下，目标刺激为随机选取的 3 个连续英文字母（即 RRR），不一致呈现条件下，中间的字母变为数字或其他字符（即 RDR，D 代表分心物）。结果发现，一致呈现条件下的目标刺激均得到了较好的识别，出现 Lag-1 节省现象及其延展，而不一致呈现条件下则出现了注意瞬脱现象。他们由此提出了暂时性失控理论（temporary loss of control，TLC），认为在快速序列视觉呈现加工过程中，是由特征过滤器来筛选和剔除分心物的，该过滤器由中央执行功能控制。刺激序列开始时，注意的中央控制系统会适当地控制刺激加工，因此 T1 前的分心物不会使特征过滤器发生外源性改变。在加工 T1 时，中央控制系统进行目标刺激加工与反应执行，失去了对外源刺激的控制，特征过滤器便会由 Lag-1 位置的刺激来决定。如果 Lag-1 的刺激与原系统匹配，则会得到进一步加工，特征过滤器不会发生改变，产生 Lag-1 节省现象；如果 Lag-1 的刺激与原系统不匹配（即为分心物或掩蔽刺激），则会激活加工系统的外源性改变，使其后与原特征系统匹配的 T2 得不到有效加工，出现注意瞬脱，直到 T1 完全加工或者内源控制系统重新建构。暂时性失控理论解释了 Lag-1 节省现象及其发生条件，即 T1 随后的刺激与 T1 的特征相同，特征过滤器没有发生外源性改变，因此 T1 后多个连续目标均可以得到识别，其正确率只局限于短时记忆的容量。当两个目标刺激具有不同任务特征时，特征过滤器发生改变，便不会发生 Lag-1 节省现象。

暂时性失控理论得到了 DiLollo 等（2005）的研究的支持。他们控制了 T1 和 T2 间是否存在分心物（T1，DT2，T1，T2），以及 T3 相对于 T2 的位置（Lag-1，Lag-3，Lag-7）两种变量，来考察分心物对短时注意加工的影响。结果发现，无论 T1 和 T2 之间是否存在分心物，当 T3 紧跟着 T2 后呈现时（Lag-1），正确率均显著高于其他位置（Lag-3，Lag-7），发生 T3 的 Lag-1 节省现象。该结果支持了暂时性失控理论，认为当 T3 与 T2 的注意中央控制系统匹配时，便不会发生识别缺失，一旦加入分心物使特征过滤器发生外源性改变，便会产生注意瞬脱现象。该结果也对以往的资源有限性假设提出了质疑。

暂时性失控理论将 Lag-1 节省现象作为前提假设的立足点和支持性证据，对传统注意资源有限性假设提出了挑战，与以往只强调项目个体性的瓶颈理论和竞争模型相比，理论中的中央控制系统体现了注意系统自上而下加工信息的控制作用，暂时失控可能导致的外源性改变则体现了刺激特征自下而上的能动作用，且对于目标刺激的前后项作用给予了更多的考察和关注，对今后的理论发展起到了较好的铺垫作用。然而，暂时性失控理论自提出之日起就引发了许多争议。Olivers 和 Meeter（2008）认为，暂时性失控理论的中央控制系统随时间进程的发展并没有对 T2 进行加工，其本质还是资源有限性。但对于刺激加工的两种冲突过程（项目和控制系统的匹配及目标识别本身），暂时性失控理论显然更强调控制系统，即中央控制系统的水平，因此这种有限性并非资源分配失控所致，而是控制系统失控所致。

（四）推动反弹理论

在选择性注意的早期阶段出现自动化且迅速的注意增强现象，而后注意投入缓慢降低，由此可能会导致随后刺激的识别缺失。有研究采用不同的选择性注意研究范式，也都得到了相似的结果。Olivers 和 Meeter（2008）总结过去的理论与实证研究，合理解释了以往研究中短时注意增强现象，提出推动反弹理论（boost and bounce theory）。该理论认为，刺激进入视觉系统后进行相应的特征识别，识别过程会受到前后掩蔽项（相似度、难度等）的影响。之后进行注意选择的过程，反应门径系统负责选择相关信息、抑制无关信息，根据刺激表征与目标信息的匹配程度，以及当前刺激的强度进行相关反应，包括兴奋和抑制两种反应环路。兴奋反应环路增强刺激的感知觉特征加工，促使刺激进入工作记忆并报告出来，具有推动效应，抑制反应环路降低刺激的感知觉特征加工，忽略刺激反应，具有反弹效应。两种反应环路均有约 100 ms 的延迟。在快速序列视觉呈现范式中，T1 的出现引起了兴奋反应环路，对刺激信息的激活产生强烈的推动效应，如果 T2 呈现在注意系统推动加工的延迟时期，信息激活程度增强，便会产生 Lag-1 节省现象及其延展；如果 T1 后的刺激为分心物，兴奋反应环路的延迟也得到了推动加工，但分心物进入工作记忆后，系统察觉到错误信息，会引起抑制反应环路，产生强烈的反弹效应，使随后的目标刺激识别缺失，产生注意瞬脱现象。

Olivers 和 Meeter（2008）要求被试在黑色数字中搜索两个红色英文字母目标，实验条件下，T1 后 1—2 个分心物的颜色变为红色，即带有一部分目标特征。结果发现，当 T1 后紧跟着带有目标特征的分心物时，T2 发生注意瞬脱的时间会延后，且随着带有目标特征分心物数量的增加，注意瞬脱发生了时间维度近似平移的延迟。该结果表明，目标特征分心物引发的推动效应产生了延迟，从而改变了目标识别缺失的时间进程，支持了推动反弹理论。随后，研究者要求被试在数字流中识别字母目标，刺激序列为 T1、DT2、T3，结果发现，虽然 T2 的识别率显著下降，发生典型的注意瞬脱现象，但 T3 的正确率却得到了提高。增加分心物的掩蔽效应后（即分心物与目标具有共同的知觉特征），T3 的恢复效应更加显著。这表明发生 AB 的目标刺激同样能够引发 Lag-1 节省现象，即目标刺激虽然识别缺失，但其引发的推动效应发生了延迟，使随后的目标刺激进入工作记忆并报告出来，该结果同样支持了推动反弹理论。

推动反弹理论整合了注意瞬脱与 Lag-1 节省现象，认为两者都是由 T1 及随后项目的兴奋或抑制反应环路延迟决定的，强调了 T2 处于推动效应时间进程内的重要性，同时关注注意系统迅速唤醒和反应延时的特点，强调兴奋与抑制加工的灵活性和动力性。另外，该理论认为注意资源容量有限并非短时注意加工的关键因素，目标选择的持续性过程才是引起 Lag-1 节省现象的根本原因，更加强调注意系统自上而下的控制力，体现了持续性控制的理念。持续性控制的观点得到越来越多的理论（延迟投入假说等）和实证研究的支持，这也反映了一种机械论向能动控制论转化的趋势。然而，推动反弹理论也有许多未解决的问题。首先，以往的研究并不能完全排除资源有限性的影响，在 Olivers 和 Meeter（2008）的延迟注意瞬脱实验中，正确率随着目标特征分心物数量的增加而下降，这反映了注意资源的有限性。其次，推动和反弹效应的延迟时程、注意转换的时程等缺乏一定的理论依据，灵活的推动与反弹过程也没能在理论中得到充分体现，这都是该理论需要发展及完善的地方。

四、Lag-1 节省现象加工机制的主要论争

（一）时间决定与位置决定

Raymond 等（1992）提出了两个引起注意瞬脱的必要条件：一是 T1 与 T2 之间的时间间隔为 200—500 ms；二是 T1 与 T2 之间要有掩蔽项。前者强调了时间因素的重要性，后者则强调了事件因素的重要性。由此关于注意瞬脱的理论可以大致分为两种：强调 T1 即时加工的损耗；强调 T1+1 分心物的干扰。Lag-1 节省现象作为注意瞬脱中的特殊现象，同时综合各种理论假设中对其的解释，其产生的条件可分为两种：一种强调两个目标刺激的时间间隔（小于 100 ms）的重要性；另一种则强调 T2 位置（T1+1）（事件）的重要性。随着 Lag-1 节省现象相关理论的不断发展，对这两种产生条件的研究也不断丰富。

　　强调 T1 与 T2 时间间隔短暂重要性的理论，多认为对 T1 的编码、巩固、反应选择使注意早期的加工得到激活或抑制，与 T1 时间间隔较短的刺激会因这种反应的延迟而得到不同程度的加工。其中代表性的两种理论是关门迟缓假说和推动反弹理论。关门迟缓假说认为，在注意门径关闭之前，无论是分心物还是目标刺激都可以进入，之后再由过滤器按照目标特征进行筛选。因此，注意窗口内出现的分心物能够得到特征识别，后来发展的许多注意瞬脱理论模型都采用了关门迟缓假说的观点来解释 Lag-1 节省现象。推动反弹理论认为，在目标刺激引发的推动反应时期，无论是分心物还是目标刺激，都会提高特征信息的激活程度，之后分心物会引发反弹反应，对其后的刺激造成强烈的抑制，更强调目标选择控制在时间维度上的延迟。

　　强调 T2 作为 T1+1 位置的重要性的理论，多认为 T1 后的分心物是引发注意瞬脱的原因。因此，当 T1 后的刺激不是分心物而是目标时，该刺激就会得到很好的加工。其代表性理论是暂时性失控理论。该理论认为，加工 T1 时中央控制系统的失控使过滤器受到外源性控制，T1 后的目标得到特征加工后并没有使过滤器发生外源性的改变，因此能够进入工作记忆并被报告出来。随后，许多 AB 模型均关注 T1+1 位置刺激的加工，并发展出许多强调持续性控制的模型。两种产生条件的观点涉及连续性加工的前提及短时注意加工的理论分派，因此得到了广泛的争论和探讨。就目前的研究来说，时间因素占主导的观点得到了更多理论与实证的支持，围绕怎样控制与分离时间和位置两种因素的实证研究还将继续。

　　（二）注意资源有限与注意控制

　　在上述解释 Lag-1 节省现象加工机制的四种理论中，关门迟缓假说和两阶段竞争理论都强调资源有限性，属于资源有限观点；暂时性失控理论和推动反弹理论都强调注意控制的重要性，淡化了注意资源的有限性，属于注意控制观点。

　　两种观点有共同之处。首先，它们都从选择性注意的根本机制出发，强调目标刺激选择加工的重要性；其次，都认为在加工目标过程中存在阶段性，无论是注意资源还是注意控制系统，都作用于目标刺激加工选择的阶段，从而影响 Lag-1 节省现象；最后，都关注时间进程的研究，呈现的刺激多为呈现在屏幕中央位置的单独刺激流，在关注目标刺激加工选择时间维度的同时，没有更多地与注意转换、注意焦点及注意捕获等其他影响短时注意加工的现象结合起来，这是其局限所在。两种观点在整合的同时，也存在着很大的区别。资源有限假设强调 T1 和 T2 间分心物的加工性及两者占用的注意资源量，是对加工过程整体注意资源局限性的探讨，而注意控制假设则认为 Lag-1 节省现象是由 T1 和 T2 的目标输入进行的选择控制不变引起的，强调的是目标与分心物在特征（类型）表征上的区分性。

　　许多研究者试图采用不同的刺激数目及分心物的位置来辨别两种观点的异同。研究者根据目标刺激的多少和分心物的位置列出了不同的呈现序列。实验要求被试在字母刺激序列中识别出数字，每个刺激呈现时间为 75 ms，刺激间隔为 25 ms，实验结果排除了猜测概率，从而得到了更加准确的正确率指标。结果发现，连续呈现三个目标刺激（T1，T2，T3）时，T2 和 T3 的正确率均显著高于发生 AB 的序列（T1，DT2）条件下 T2 的正确率。这说明 T1 后的目标引起的注意持续性控制产生了短时注意的连续加工，而非 T1 注意窗口的迟缓关闭或兴奋环路的延迟，支持注意控制性假说。实验还通过比较分心物前呈现 1 个目标（即 T1，DT2，控制 D 数量变化）和 3 个连续目标（即 T1，T2，T3，DT4，控制分心物数量变化）两种刺激序列的结果，考察了注意转换及中央控制系统在短时注意加工中的作用。结果发现，在 3 个连续目标序列条件下，分心物后的目标刺激（T4）识别率随着分心物前目标刺激（T）的相对位置而变化（Olivers & Meeter，2008），这说明短时注意加工缺失并非由分心物和目标的注意转换引起的，而是由 T3 加工完成后的中央控制系统引起的。反过来说，短时注意连续加工是由 T1 加工后的持续性控制系统引起的，进一步证实了注意控制假设。此外，两种呈现序列只在正确率水平上有差异，而在变化趋势上并无交互作用，这进一步说明目标刺激加工受到容量的限制（3 个连续目标需要的资源多，正确率低），但并没有改变短时注意加工的变化趋势和时程，注意资源有限性是独立于短时注意加工起作用的，支持了注意控制性假设。Libera 和 Chelazzi（2006）认为，Olivers 的研究中忽略了连续性识别（within-trial contingency，WTC）标准（即 T3 的正确率应以 T1 和 T2 正确为前提，而 Olivers 等的研究中只以 T1 的正确为前提，没有考虑到 T2 的识别正确率）。研究发现，当 T3 正确率指标不遵循 WTC 时，在连续目标刺激序列中，T3 与 T1、T2 的正确率没有显著差异，符合注意控制假设。但当 T3 正确率指标遵循 WTC 时，连续目标刺激的加工不同，T3 的正确识别率显著下降，支持了资源有限假设。Di Lollo 等（2005）综合了两种观点，实验采用 3 个连续目标刺激（T1，T2，T3），增加 T1 前分心物或 T3 后掩蔽项，并控制它们与目标刺激的相似程度，以此来考察刺激流中其他项目对目标刺激的影响。结果发现，T1 前的分心物降低了 T1 的正确识别率，且影响程度与相似程度成正比，证明了在分心物与目标的注意转换中发生了控制系统重建的过程，支持了注意控制假设。T3 后的掩蔽项则降低了 T3 的正确识别率，且影响程度与相似程度成正比，证明了注意系统资源有限，导致目标刺激加工延迟，因此容易受到随后掩蔽项的干扰，支持了资源有限假设。该研究表明，在短时注意连续加工的过程中，可能存在影响不同项目的不同机制相互整合，两种观点并不冲突。

资源有限假设认为，整体注意资源容量不变，目标刺激的加工可以类比于连通器，此消彼长。因此，资源有限假设研究的基本思路是：改变一个目标刺激所需的资源容量，即改变注意资源分配方案，之后对比其他目标刺激的加工情况，以此来验证整体目标刺激的资源有限性。注意控制假设不否认资源有限性的存在，但认为 AB 及 Lag-1 节省现象的根本原因并非资源有限，刺激流的加工是一种实时迅速的变化过程，只有在记忆容量接近饱和时才会限制更多项目的巩固（Olivers & Meeter，2008）。因此，注意控制假设研究的基本思路是：寻找与资源有限假设的矛盾点，如增加目标刺激数量、变化任务难度、在不损耗 T1 的前提下提高 T2 的正确识别率等（Olivers & Nieuwenhuis，2006）；改变目标与分心物的呈现序列，以此来考察控制系统的作用机制。就目前的实证研究来看，注意控制假设更具有灵活性、能动性及实时性，并由此发展出了许多理论（Olivers & Meeter，2008）。未来几年内，两种观点的争论仍将成为研究的热点。

五、注意瞬脱的个体差异与影响因素

（一）注意瞬脱的个体差异

在快速序列视觉呈现研究范式中，被试要想很好地完成任务，就必须将注意首先集中在 T1 上，然后迅速转移到 T2 上，可以认为注意瞬脱反映了个体在时间维度上分配注意和迅速转移注意能力的差异。工作记忆从本质上就是一种控制注意的能力，从这个角度来看，不同控制能力的个体注意瞬脱的幅度和长度应该有所不同。丛林（2006）比较了女足运动员和一般女大学生在注意瞬脱上的差异，发现女足运动员的瞬脱期时间较短、幅度较小，可以认为是由于女足运动员经过特殊的训练，所以她们控制注意的能力增强，说明控制能力与注意瞬脱存在负相关。依据个体的瞬脱大小，可以把正常人分为注意瞬脱者和无注意瞬脱者两类。丛林（2006）发现，大约有5%的人群是无注意瞬脱者，他们对快速刺激流有很强的辨识能力，并且在巩固目标刺激和排除分心刺激方面要显著地优于注意瞬脱者。注意瞬脱效应除了在正常人之间存在差别外，在患有神经疾病等特殊群体中也存在差异。这种差异在临床应用中的价值开始受到重视。有研究者对特殊群体进行了研究，Mathis等（2012）的研究发现，精神分裂症患者、孤独症患者（Amirault et al.，2009）、威廉斯氏综合征患者和监狱犯人等群体在注意瞬脱效应上的表现要比正常人更明显。这些群体存在着广泛的注意障碍和执行功能障碍，这使得他们无法拥有正常人那样的时间注意力。这说明这些疾病对患者在注意的时间方面有着比较大的损害。

影响注意瞬脱个体差异的因素有很多，总结起来大致可以分为两类：一类是认知能力的差异，包括工作记忆的过滤效率和对分心刺激的抑制能力；另一类是情绪状态的差异，包括受不同人格特质影响的情绪状态的差异和意向聚焦。

（二）导致注意瞬脱个体差异的因素

1. 工作记忆

研究发现，在注意瞬脱窗口内增加记忆负荷，会增大注意瞬脱效应，而在窗口之外则没有影响。王恩国等（2008）首先使用工作记忆广度任务来测量个体的工作记忆储存成分和加工成分；然后，将被试分为工作记忆广度高、低组；最后，让两组被试完成快速视觉呈现任务，结果证明了工作记忆容量和注意瞬脱之间存在显著的负相关。结果表明，高工作记忆广度个体的注意瞬脱效应显著低于低工作记忆广度的个体。他们认为，由于高工作记忆广度个体对信息的加工效率很高，可以在注意瞬脱窗口期内有效地抑制分心刺激的干扰，并且使注意门径的开放时间延长，以便更多信息进入工作记忆中。更重要的是，高工作记忆广度人群可以自由地调整策略，从而使注意瞬脱效应显著减小。

2. 抑制分心刺激的能力

Marois等（2004）的研究发现，对分心刺激抑制能力的高低也会影响个体注意瞬脱效应的大小。对分心刺激的抑制能力可以预测个体在注意瞬脱任务中的行为表现，即拥有更强抑制分心刺激能力的个体表现出更小的注意瞬脱效应。随后，研究者采用以下实验操作来考察个体对分心刺激的探测和抑制能力对注意瞬脱的影响：增大分心刺激和目标刺激的物理特征差异；减小分心刺激的呈现总数的范围。结果发现，对分心刺激的探测和抑制可以有效地预测个体注意瞬脱效应的大小（Zhao & Li，2006）。事实上，对分心刺激的抑制能力也可以用工作记忆的过滤效率来解释。如前所述，如果过滤效率高的个体在分心刺激的抑制及目标刺激的选择上的能力更强，那么个体对分心刺激的抑制能力就能有效地预测其注意瞬脱效应的大小。

3. 情绪状态

个体的情绪状态对其在注意瞬脱任务中的表现有很大影响。在进行快速序列呈现任务之前，采用情绪量表来测量个体当时所处的情绪状态，发现处于积极状态的个体在快速序列呈现任务中对 T2 的识别正确率要显著高于处于消极状态的个体，即不同的情绪状态会影响个体的注意瞬脱效应。另外，有研究发现，个体的焦虑水平也会影响其注意瞬脱效应。在完成注意瞬脱任务时，高焦虑人群要比低焦虑人群对 T2 的识别正确率低，即高焦虑人群的注意瞬脱效应更大。

4. 人格特质

人格因素也会影响注意瞬脱效应。刘议泽等（2014）首先采用大五人格量表对被试进行测量，然后对被试进行注意瞬脱任务的测试。结果发现，具有高外向性和高开放性的被试，其注意瞬脱效应较小，并且高开放性的被试在整个任务中的正确率也比较高（刘议泽等，2014）。拥有高神经质和高尽责性的被试注意瞬脱效应相对较大，并且高尽责性的被试在整个任务中的正确率比较低。一般来说，高外向性和高开放性的人具有更多的积极情绪状态，而积极状态的人在认知控制加工中多采用放松的、灵活的方式，所以他们在完成快速序列呈现任务时能更好地排除无关刺激的干扰，而高责任心和高神经质的人则刚好相反，所以其注意瞬脱效应更大。

5. 意向聚焦

意向聚焦是指对空间的局部或全体的注意倾向，它反映了个体认知加工方式的一种偏好。研究者首先采用少主语全局/局部任务（global/local task）测量个体的空间意向聚焦倾向，然后再进行注意瞬脱任务测试。结果发现，对全局有意向聚焦倾向的个体的注意瞬脱效应要比对局部有意向聚焦倾向的个体小（刘议泽等，2014）。这一结果强有力地说明个体的认知加工方式会影响其注意瞬脱效应的大小。另外，对宗教信仰人群进行的研究发现，加尔文教徒的注意瞬脱效应显著大于无神论者的注意瞬脱效应。这或许是因为这些教规会使教徒们在认知任务中形成一系列独特的信息加工模式。一个虔诚的加尔文教徒为了达到教规的期望，往往会严格遵守教规。教徒通过长期的潜心修行，对教规形成一种特殊偏好，而这种加工模式使得教徒们过度集中注意力。所以信仰加尔文教的教徒要比无神论者的注意瞬脱效应更大。

以上几种因素从不同方面影响个体的注意瞬脱，它们分别从认知、情绪状态和人格的角度来解释个体注意瞬脱效应的差异，这是研究个体差异最主要的几个因素。虽然这些因素都对个体注意瞬脱差异有贡献，但是它们在影响个体注意瞬脱差异方面所占的比重及它们之间的相互作用如何，目前为止还没有比较深入的研究。不过比较肯定的是，它们之间存在着紧密的联系，比如，工作记忆中过滤效率高的个体往往具有较强的抑制分心刺激的能力，个体人格特质的差异会影响人们日常生活中看待事物时的情绪状态和意向聚焦，具有外向性和开放性人格特质的被试及经常处于积极情绪状态的被试能强烈地抑制分心刺激的干扰。这可能暗示这些因素之间既是各自独立的，又是相互影响的。因此，这些注意瞬脱个体差异的因素之间的关系，还需要进一步深入研究。

六、特殊群体注意瞬脱相关研究

注意瞬脱是一种重要的时间维度上的选择性注意。认知控制理论认为，注意瞬脱效应来源于执行控制功能的不足，会受到分心物干扰的影响。国内外学者对发展性阅读障碍和注意缺陷多动障碍注意瞬脱的研究较广泛。刘议泽等（2014）采用经典的注意瞬脱任务，以快速呈现的朗读阿拉伯数字（0—9）的声音刺激流为实验材料进行实验，比较了听障儿童和对照组儿童在 T1、T2 不同时间间隔下对 T2 判断正确率的表现。结果发现，汉语阅读障碍儿童对快速呈现序列中的目标刺激加工并不落后，但是双任务中对 T2 识别的正确率明显低于对照组，且阅读障碍儿童完成注意转换的时间远超过了对照组儿童，表明汉语阅读障碍儿童存在听觉注意转换延迟缺损。Visser 等（2004）将有发展性阅读障碍的儿童的注意瞬脱与对照组进行了比较。结果显示，阅读障碍儿童分配注意力到快速连续刺激上的能力发育迟缓。一些研究者在探讨 ADHD 儿童早期视觉加工过程中发现，相比对照组，阅读障碍组儿童表现出不同程度的注意瞬脱（Groot et al.，2015；Ruiz，2012）。同时，也有研究指出，ADHD 儿童和对照组儿童不存在注意瞬脱的显著差异（Carr et al.，2010）。研究结果存在差异的原因可能是研究对象在年龄、智力等方面存在差异，或者不同研究采用的研究方法不同。

研究表明，发展性阅读障碍者和注意缺陷多动障碍者均存在执行功能障碍。对发展性阅读障碍者视空间的研究发现，发展性阅读障碍组个体的信息整合缓慢，视觉注意转移困难（杨宇等，2019；赵微，方俊明，2006）。Barkley（1997）提出的行为抑制理论认为，反应抑制缺损是 ADHD 的核心缺陷，正是反应抑制缺损导致了 ADHD 患者的注意缺陷、多动和冲动。以往大量学者通过不同的范式证实了 ADHD 患者的抑制控制缺陷（Brocki et al.，2008；杨斌让等，2011；韩煜昉，2019）。

七、尚待解释的问题

注意瞬脱之所以得到了广泛的研究，一方面是因为它主要与注意的时间维度有关，另一方面也在于它与意识的神经相关研究有密切的关系。在物理刺激保持不变的情况下，为什么有时候能够报告 T2 而有时候却不能报告 T2？注意瞬脱存在个体差异的原因是什么？

一般认为，阅读困难在一定程度上反映了个体控制注意能力的缺陷。Hari 等（1999）发现，阅读困难被试的瞬脱期更长。然而，也有研究发现，阅读困难被试的瞬脱期比正常人短。要解释这些不一致的现象，还需要进一步的研究。

Giesbrecht 和 Di Lollo（1998）研究了自下而上的加工因素对注意瞬脱的影响。他们考察了被试在暗适应和明适应条件下的注意瞬脱，结果发现，在暗适应的情况下，被试没有表现出典型的瞬脱现象，只是在明适应的情况下才出现典型的瞬脱现象。由于暗适应主要影响视觉加工的早期阶段，他们据此认为，视觉加工的早期阶段在调节注意瞬脱的过程中发挥着重要作用，但是现有的解释注意瞬脱的模型都没有考虑到早期加工的作用。fMRI 研究对报告 T2 和不能报告 T2 进行了对比分析，发现早期视觉加工区的激活有不一致的激活模式。针对早期加工阶段在瞬脱中的作用，仍然没有定论。

如果 T2 紧跟着 T1 出现（T2 在 Lag-1 位置上），两个目标刺激的报告率几乎相同，T2 报告率只有很小的降低，而且被试经常先报告 T2。这说明虽然被试能够加工两个目标刺激，但是不能很好地加工目标刺激的顺序。张侃和杜峰（2004）利用这个现象研究了序列加工和并行加工的问题。结果发现，如果两个目标之间没有干扰刺激的呈现，那么被试可以实现对两个目标刺激的并行加工；如果两个目标之间有一个干扰刺激，那么两个目标只能是序列加工。当两个目标相继呈现时，两个目标的波在左颞顶联合区（left temporal parietal conjunction）混合在一起，但是在额叶和右侧的颞顶区有不同的峰点。他们认为，左颞顶区可以同时加工两个目标，但是额叶和右侧颞顶区的加工只能是序列加工。这就提出了一个很重要的问题，并行加工是怎样转换为序列加工的？

虽然从表面上看注意瞬脱是关于注意的研究主题，但是由于注意和意识的紧密联系，注意瞬脱神经机制的研究与当前意识的神经相关物的研究有着密切关系。从实验范式上看，注意瞬脱的实验范式与意识研究的经典实验范式如双眼竞争范式十分相似，瞬脱期间不能报告的 T2 和能够报告的 T2 之间神经机制的差异，也是寻找意识神经相关物的一个研究点。对瞬脱期间 T2 加工的时间过程的研究，更是从时间维度上来寻找资源有限的证据，在一定意义上也是对定位相关研究很好的补充。

第二节 发展性协调障碍青少年注意瞬脱研究

一、研究目的

我们进一步从时间维度探讨发展性协调障碍组青少年和对照组青少年选择性加工的特点，采用快速序列呈现，考察两组青少年注意瞬脱的特点。

二、研究假设

假设：相比对照组，发展性协调障碍组青少年对 T1、T2 的识别时间较长，正确率较低。

三、研究方法

（一）研究对象

被试筛选同第七章，剔除对 T2 识别率过低的 5 个样本，最终纳入分析的发展性协调障碍组有 31 人（男 17 人，女 14 人，平均年龄为 9.00±1.00 岁），对照组 34 人（男 17 人，女 17 人，平均年龄为 8.88±0.98 岁）。

（二）实验设计

我们采用了 2（被试类型：对照组、发展性协调障碍组）×4（Lag：T2 出现在 T1 后的位置，包括 Lag-2、Lag-3、Lag-4、Lag-5）的混合实验设计。被试类型为组间变量，T2 位置为组内变量。

（三）实验材料与程序

实验呈现通道为视觉，刺激材料为阿拉伯数字（0—9），在白色背景下呈现，干扰材料为 1—9 九个数字，其中目标 T1 为红色数字"1"或"5"，其余刺激均为黑色，探测 T2 数字为"0"。实验程序采用 E-prime 2.0 进行编程，包括 12 个练习试次，128 个正式试次。正式测试阶段，T1 一直呈现，T2 有一半试次呈现，且等概率地随机呈现在 T1 后的 4 个位置上。每个试次结束后，被试可以自己选择休息时间，每名被试大约需要 15 min 完成实验。实验程序如图 9-2 所示。

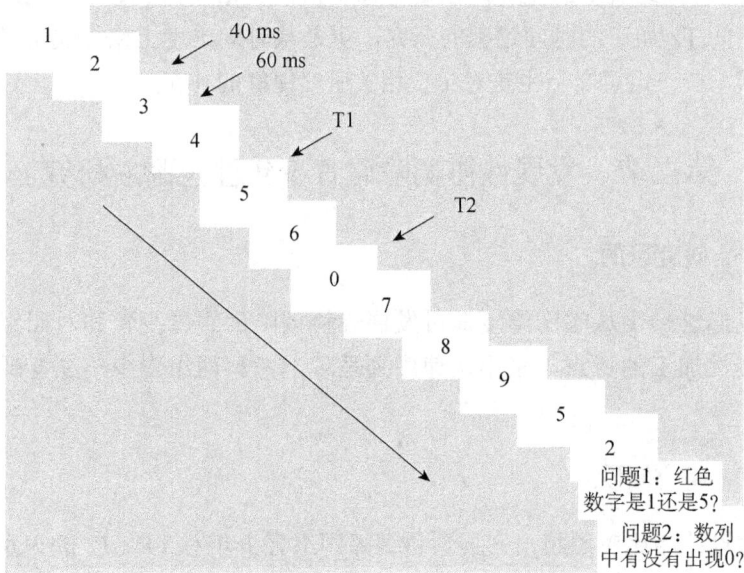

图 9-2　视觉注意瞬脱双任务程序示意图

屏幕中央先呈现 1000 ms 的注视点，待其消失后呈现一串刺激流，其中目标刺激 T1 始终出现在第 5 个位置，T2 则分别出现在与 T1 相隔 200 ms、300 ms、400 ms、500 ms 的位置，其余位置均以干扰物呈现。每个试次包含 12 个刺激，每个刺激呈现的时间为 40 ms，两个刺激之间的间隔为 60 ms，即 SOA 为 100 ms。实验要求被试尽可能地记住刺激流中的 T1、T2，并在刺激流呈现完毕后对目标刺激 T1（1，5）及 T2（0）进行判断，回答两个问题。问题 1：T1 是 1 还是 5？是 1，按"F"键；是 5，按"J"键。问题 2：序列中 0 是否出现？是，按"F"键；否，按"J"键。要求被试在 4 s 内做出按键反应，4 s 后屏幕将自动呈现下一个试次的实验内容。

四、结果

原始数据中有一半并未呈现 T2，故不纳入统计分析。在正确识别 T1 的前提下，以被试类型作为组间变量、T2 呈现位置作为组内变量，对 T2 的识别率进行两因素的重复测量方差分析，结果如表 9-1 所示。

表 9-1　两组被试在 T2 不同位置上的识别率（$M \pm SD$）

类别	发展性协调障碍组（n=31）	对照组（n=34）
Lag-2	0.48±0.26	0.59±0.21
Lag-3	0.47±0.24	0.60±0.19
Lag-4	0.47±0.21	0.62±0.21
Lag-5	0.57±0.23	0.64±0.22

结果表明，本研究中，被试类型的主效应显著（F=6.335，p<0.05），发展性协调障碍青少年对 T2 的识别率显著低于对照组，发展性协调障碍青少年的注意瞬脱效应更大；T2 位置的主效应显著（F=3.825，p<0.05），表明 T2 出现的位置对青少年的正确识别率有着极大的影响，影响了注意瞬脱现象的发生。事后检验表明，Lag-3 位置的识别率最低，显著低于 Lag-5（p=0.065），Lag-4 位置的识别率显著低于 Lag-5（p=0.025）；T2 位置与被试类型的交互作用不显著（F=0.704，p=0.517），说明两组被试在 T2 不同位置的识别率无显著差异。

绘制两组被试在不同位置对 T2 识别率的变化曲线，如图 9-3 所示。对照组青少年在 T2 不同位置上的识别率均高于发展性协调障碍青少年。随着间隔时间的延长，两组青少年对 T2 的识别率呈现提高趋势。对照组的识别率在 Lag-2 位置处达到最低点，发展性协调障碍青少年的识别率在 Lag-3 位置处到达最低点，即注意瞬脱效应最大，且发展性协调障碍青少年表现出更大的注意瞬脱效应。

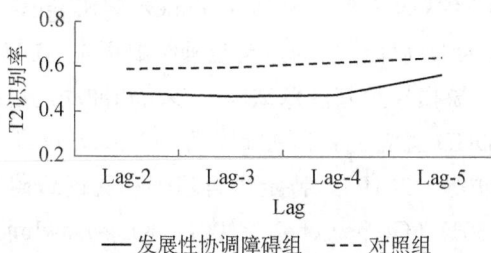

图 9-3　两组青少年在不同位置对 T2 的识别率

五、讨论

本研究采用 RSVP 范式对发展性协调障碍青少年的注意瞬脱进行了研究，从时间维度上探讨了发展性协调障碍组青少年和对照组青少年在选择性注意方面的异同。在本实验中，发展性协调障碍组（$p<0.001$）和对照组（$p<0.001$）青少年对目标 T2 的识别率均低于 T1，两组青少年都出现了注意瞬脱现象，反映出人脑在加工快速出现的序列刺激时存在注意盲点。根据注意资源有限理论，目标 T1 占用了过多的注意资源，余下的注意资源不足以识别第二个目标刺激，导致 T2 的识别率下降，即注意瞬脱现象出现。

对 T2 的识别率，发展性协调障碍青少年显著低于正常青少年（$p<0.01$），发展性协调障碍青少年的注意瞬脱效应更大，假设得到了验证，说明发展性协调障碍青少年的抑制能力存在缺陷。研究者在研究中发现，发展性障碍患者等特殊群体的注意瞬脱存在个体差异，这种差异在临床应用中的价值也开始受到重视。国内外学者对发展性阅读障碍和 ADHD 注意瞬脱的研究较为广泛。Visser 等（2004）将患有发展性阅读障碍的儿童的注意瞬脱与对照组进行了比较，结果与本研究一致，发展性阅读障碍儿童表现出更大的注意瞬脱效应，其分配注意力到快速连续刺激上的能力发育迟缓。一些研究者在探讨 ADHD 儿童早期视觉加工的过程中发现，相比对照组，ADHD 组表现出不同程度的注意瞬脱现象（Groot et al.，2015；Ruiz，2012）。程浩和刘爱书（2017）回顾了近 10 年来关于 ADHD 儿童注意瞬脱的研究，虽然研究结论并不一致，但总的来说，ADHD 儿童表现出一种发展的延迟，对分心刺激的抑制能力滞后。

研究表明，发展性协调障碍和多种发育障碍（包括 ADHD、特定语言障碍和阅读障碍）存在较高的共病率，这些发育障碍患者也存在广泛的注意障碍和执行功能障碍。已知 10 岁以上的青少年中，发展性协调障碍与 ADHD 的共病率高达 35%—50%（Gomez & Sirigu，2015）。Barkley（1997）提出的行为抑制理论认为，反应抑制缺损是 ADHD 患者的核心缺陷，正是反应抑制缺损导致其注意缺陷、多动和冲动。以往研究通过不同的范式证实了 ADHD 患者的抑制控制缺陷（Brocki et al.，2008；杨斌让等，2011；韩煜昉等，2019）。特定语言障碍和阅读障碍与发展性协调障碍的共病率高达 30%（Gómez et al.，2001；King-Dowling et al.，2015）。关于发展性阅读障碍视空间的研究发现，障碍组个体的信息整合缓慢，视觉注意转移困难（杨宇等，2019；赵微，方俊明，2006）。这表明共同的注意缺陷可能是这些发育障碍的基础，使得患者无法拥有正常人那样的时间注意力，对快速出现的分心刺激的抑制能力降低，说明在注意的时间方面，这些疾病对患者有着比较大的损害。

对不同被试类型和 T2 呈现位置进行重复测量方差分析，结果表明，T2 呈现位置的主效应显著。进一步分析表明，对照组在 Lag-2 位置处达到最低点，发展性协调障碍组在 Lag-3 位置处达到最低点。这表明发展性协调障碍青少年的注意瞬脱效应更大且持续时间更长，在注意加工过程中，发展性协调障碍青少年对快速出现的刺激难以精准识别，且难以从当前刺激抽离，表现为注意转移滞后。Donnadieu 等（2015）的研究认为，ADHD 患儿时间选择性注意的分配受损，是由发育迟缓而非特定的认知缺陷导致的。本研究比较了 7—8 岁发展性协调障碍组青少年（11 人）和对照组青少年（12 人）识别 T2 的差异，发现对照组青少年的准确率显著高于发展性协调障碍青少年（$p=0.032$），发展性协调障碍青少年在信息加工过程中对干扰刺激的抑制能力减弱。但本研究人数过少，今后的研究中需要采用更多的被试样本进一步分析。本研究还比较了 9—10 岁发展性协调障碍青少年（20 人）和 7—8 岁的对照组青少年（12 人）之间的差异，发现两组青少年无显著差异（$p=0.430$），但就注意瞬脱现象的持续时间和最低点位置而言，发展性协调障碍青少年依然表现出最低点位置的延迟。不同于 Donnadieu 等（2015）的研究，本研究支持认知控制理论，认为发展性协调障碍青少年在选择注意时间分配上的缺损是由于存在认知缺陷，尤其是对干扰刺激的抑制能力不足，而不是发展的延迟。但由于本研究中用于比较的样本量较少，年龄跨度较小，提示未来的研究可以增加样本量，对发展性协调障碍青少年的注意瞬脱现象做进一步的纵向追踪研究。

两组被试对 T1 均有较高的识别率，对照组青少年的识别率高于发展性协调障碍青少年，但差异并不显著（$p=0.65$），表明发展性协调障碍青少年的知觉加工过程并未落后。在加工 T1 时，被试的注意力集中，注意资源充足，T1 得到了充分加工，从而识别率较高。与本研究不同的是，Carr 等（2010）在对 ADHD 儿童的研究中发现，在双任务中，ADHD 儿童对 T1 的识别率显著低于正常儿童。通过分析可知，本研究与 Carr 等（2010）研究中的实验材料、刺激呈现时间、间隔时间、研究对象均存在一定差异。其他有关神经障碍患者注意瞬脱的研究结果表明，障碍组儿童和对照组儿童对 T1 的识别是否存差异，结论尚不统一（Donnadieu et al.，2015）。未来的研究需要采用更加标准的实验范式进行测量，便于对不同研究进行比较和分析。

本实验采用快速序列呈现双任务范式考察了 7—10 岁发展性协调障碍青少年注意瞬脱的特点，研究表明发展性协调障碍青少年具有更大的注意瞬脱效应，对干扰刺激的抑制能力不足，选择性注意存在缺陷，支持了认知控制理论，为有针对性地对发展性协调障碍青少年的选择性注意进行干预提供了理论依据。

六、未来研究的展望

1）发展性协调障碍个体从障碍的严重程度到障碍模式上都存在极大的个体差异性。这就需要鉴别发展性协调障碍的亚类型，比较分析不同类型的运动障碍群体之间的运动和认知差异。

2）本研究仅从时间方面发现了发展性协调障碍青少年脑电成分波幅和潜伏期的差异，没有定位具体脑区的异常，今后的研究可以结合 fMRI，进一步探讨发展性协调障碍青少年的脑机制。

3）发展性协调障碍青少年注意能力的纵向发展轨迹及其与运动发育的相互作用，也有待于未来做更深入的追踪比较研究。同时，性别、智力、环境等因素也可以纳入到后面的研究中。我们应该全面地了解发展性协调障碍与注意的关系，找出何种加工限制特点会影响发展性协调障碍患者的视空间注意模式。

结　语

　　对于发展性协调障碍青少年视空间注意的神经机制缺陷，可以根据皮亚杰的认知发展理论来解释。皮亚杰认为，由遗传驱动的动作发展和认知能力发展是密不可分的。青少年动作技能的发展是通过探索和了解外界环境获得的，并导致越来越多的认知结构发生改变。动作技能的发展引起认知观念的形成和分化，认知观念的发展反过来又会影响青少年的动作技能、学业成绩和对环境的操控能力。本书以皮亚杰的认知发展理论为依据，在以往研究的基础上，全面、系统地探索了发展性协调障碍青少年视空间注意的神经机制特点。鉴于视空间注意在个体动作发展中的重要性，研究以考察发展性协调障碍青少年视空间注意脑信息自动加工（前注意）的神经机制为切入点，系统地探讨了发展性协调障碍组与对照组青少年在视空间注意信息保持、视空间注意范围、视空间注意分配、视空间注意转移和视空间注意选择性方面的神经机制特点，全面、系统地探讨了发展性协调障碍青少年视空间注意信息加工的神经机制特点。ERP是研究上述问题最为有效的手段，该方法能够精确记录大脑内信息加工时程的动态变化，有效考察其信息加工过程的神经机制特点。该研究结果可以从理论上进一步揭示青少年的动作发展与认知神经发展之间的内在关联。

　　本书研究有助于促进青少年身心和谐发展，提高处境不利青少年的心理健康水平，促进全民身心和谐发展，符合国家政治、经济发展的需要。发展性协调障碍是一种与动作技能有关的特殊性发育缺陷，主要表现在动作计划和执行过程中的感觉统合失调。这种障碍不仅会导致青少年动作发育迟缓，影响其认知能力的发展，而且会导致青少年参与社会性活动减少，影响其社会交往能力和社会认知的发展，进而诱发其他心理健康问题。解决这一问题的关键是探索导致青少年早期动作障碍的神经缺陷机制，进而促进青少年身心健康、协调发展。随着认知神经科学的兴起与脑成像技术的发展，研究者从信息加工和认知神经科学的视角探讨造成发展性协调障碍的内在原因具有了可能。实践中，该领域的研究成果不仅能够促进人们对发展性协调障碍的本质及规律的认识，有助于早期发现和鉴别发展性协调障碍青少年，还能帮助发展性协调障青少年提高动作技能、学习成绩和生活质量。因此，本书研究符合《"健康中国2030"规划纲要》

中提出的"加大对重点人群心理问题早期发现和及时干预力度……提高突发事件心理危机的干预能力和水平"的要求，不仅有利于对发展性协调障碍青少年的早期甄别与矫正，而且有利于从理论上澄清发展性协调障碍与其他发育性障碍之间的关系，促进人们对大脑发育与动作发展之间关系的认识，为发展性协调障碍青少年的早期识别、干预与矫正提供科学的理论指导。

参 考 文 献

陈江涛, 唐丹丹, 刘聪丛, 陈安涛. (2014). 注意瞬脱效应的个体差异. *心理科学进展, 22*(10), 1564-1572.

程浩, 刘爱书. (2017). 注意缺陷多动障碍患者的注意瞬脱. *中国心理卫生杂志, 31*(2), 150-155.

丛林. (2006). 拳击运动员表象竞赛时的注意力研究. *上海体育学院学报, 30*(4), 63-65.

邓柯高, 雷湘, 张一新, 唐淑婷, 左彭湘.(2020). 汉语发展性阅读障碍儿童不同听觉刺激模式下事件相关电位特征分析. *听力学及言语疾病杂志, 28*(1), 1-6.

丁锦宏, 潘发达, 王玉娟, 陈怡. (2012). 9～13 岁小学生注意力对学业成绩的影响. *交通医学, 26*(6), 569-572, 579.

丁颖, 李燕芳, 邹雨晨. (2015). 发展性障碍儿童的脑发育特点及干预. *心理科学进展, 23*(8), 1398-1408.

段青, 宋为群, 罗跃嘉. (2005). 不同范围区域性提示下视觉空间注意的早期 ERP 研究. *第四军医大学学报, 26*(3), 276-279.

方环海, 王梅.(2008). 大脑枕叶语言功能的研究进展. *中国康复理论与实践, 14*(8), 739-741.

高晶晶, 王恩国, 土岩峰. (2019). 发展性协调障碍儿童的注意范围特点. *心理学进展, 9*(5), 831-839.

高文斌, 罗跃嘉, 魏景汉, 彭小虎, 卫星. (2002). 固定位置区域提示下视觉注意范围等级的 ERP 研究. *心理学报, 34*(5), 443-448.

管萍, 章丽丽, 魏艳, 杨洁, 吴燕玲, 张爱萍. (2019). 无锡市学龄前儿童发育性运动协调障碍调查. *华南预防医学, 45*(6), 533-535.

郭文斌, 姚树桥. (2003). 认知偏差与抑郁症. *中国行为医学科学*, (1), 113.

郭亚恒. (2012). *学习困难儿童注意保持的特点——来自 ERP 的证据*. 河南大学硕士学位论文.

韩煜昉. (2019). *ADHD 儿童认知功能损害与临床症状严重程度的相关性研究*. 浙江理工大学硕士学位论文.

侯东风. (2006). *长春市中小学生注意品质特点的研究*. 东北师范大学硕士学位论文.

花静, 朱庆庆, 古桂雄. (2007). 发育性协调障碍儿童听觉事件相关电位测定. *中国公共卫生, 23*(11), 1307-1308.

黄敬, 俞善纯, 包敏, 梅元武. (2003). 慢性低灌注大鼠 P300 的变化与记忆功能. *中国临*

床康复, 7(19), 2654-2655, 2771.

黄楠. (2017). *发展性协调障碍儿童的工作记忆和中央执行功能研究.* 河南大学硕士学位论文.

季淑梅, 李围, 刘鹏, 边志杰. (2013). 卡通表情诱发的视觉失匹配负波研究. *生物医学工程学杂志, 30*(3), 476-480.

贾静茹. (2020). *发展性协调障碍儿童视空间注意保持和注意范围的 ERP 研究.* 河南大学硕士学位论文.

李豪喆, 刘露, 张盛宇, 陈琛, 刘超, 樊慧雨, ⋯, 蔡伟雄. (2019). 失匹配负波在评估脑外伤所致精神障碍严重程度中的运用. *法医学杂志, 35*(6), 695-700.

李玲, 郑健, 刘勇, 卢丽. (2008). 血管性抑郁患者关联性负变的临床研究. *中国神经精神疾病杂志, 34*(2), 100-102.

李旭东. (2009). *发展性协调障碍倾向儿童的认知能力和视空工作记忆的 ERP 特征.* 北京体育大学硕士学位论文.

李璇. (2012). *视听相互作用的源定位及皮层网络分析.* 上海交通大学硕士学位论文.

林镜秋. (1996). 大中小学生注意转移的实验研究. *天津师大学报(社会科学版),* (6), 33-37.

凌光明. (2001). *小学低年级学业不良儿童的有意注意稳定性研究.* 苏州大学硕士学位论文.

刘光亚, 谢光荣. (2006). 抑郁症患者的事件相关电位研究进展. *国际精神病学杂志, 33*(1), 56-59.

刘敏. (2011). *电子游戏环境下学优生与学困生注意品质的差异研究.* 南京师范大学硕士学位论文.

刘卿, 杨凤池, 张曼华, 周梅, 郭卫. (1999). 学习困难儿童的注意力品质初探. *中国心理卫生杂志, 13*(4), 220-221.

刘晓, 杨蕾, 张敏, 解雅春, 洪琴, 李希翎, ⋯, 崔焱. (2012). 南京市区学龄前儿童发育性运动协调障碍的发生状况及影响因素研究. *中国儿童保健杂志, 20*(12), 1074-1076.

刘议泽, 钟姝, 余雪, 刘翔平. (2014). 汉语阅读障碍儿童的听觉注意转换延迟缺损. *中国临床心理学杂志, 22*(5), 778-781, 811.

鲁上, 刘烨, 傅小兰. (2013). 头部朝向在社会性注意转移中的作用. *心理科学进展, 21*(2), 211-219.

罗斌. (2015). *选择性注意和工作记忆负荷对冲突加工影响的事件相关电位研究.* 苏州大学硕士学位论文.

罗跃嘉, Parasuraman R. (2001). 早期 ERP 效应与视觉注意空间等级的脑调节机制. *心理学报, 33*(5), 385-389.

罗跃嘉, 魏景汉. (1996). 跨感觉通道注意 ERP 研究现状与争论. *心理学动态, 4*(4), 7-11.

吕静, 王家同, 赵仑, 刘旭峰, 苏衡, 刘练红, 李婧. (2005). 抑郁症患者关联性负变 (CNV)实验研究. *第四军医大学学报, 26*(10), 941-943.

吕志芳. (2017). *发展性协调障碍儿童的注意品质特点.* 河南大学硕士学位论文.

孟祥芝, 周晓林. (2002). 发展性协调障碍. *中国心理卫生杂志, 16*(8), 558-562.

孟祥芝, 周晓林, 吴佳音. (2003). 发展性协调障碍与书写困难个案研究. *心理学报, 35*(5), 604-609.

孟迎芳, 郭春彦. (2007). 编码与提取干扰对内隐和外显记忆的非对称性影响. *心理学报, 39*(4), 579-588.

南云, 罗跃嘉. (2003). 数字加工的认知神经基础. *心理科学进展,* (3), 289-295.

皮亚杰. (1990). *皮亚杰教育论著选.* 卢濬, 译. 北京: 人民教育出版社.

秦显海. (2009). *射箭运动员注意分配指向性特征与认知方式的关系.* 北京体育大学硕士学位论文.

秦志强, 花静, 张郦君, 古桂雄. (2011). 儿童发育性运动协调障碍的干预研究进展. *中国儿童保健杂志, 19*(12), 1116-1118.

全琰, 张玉, 肖莉娜, 乔桂香, 韦雯曦, 李红辉. (2019). 孤独谱系障碍儿童的失匹配负波研究. *世界最新医学信息文摘, 19*(80), 205-206.

任文芳. (2010). *学习困难儿童的神经心理特征探讨——基于 NEPSY 评估的研究.* 陕西师范大学硕士学位论文.

桑标, 赛李阳, 潘婷婷, 刘影, 张少华, 马明伟. (2018). 不同情绪刺激强度下的情绪调节策略选择. *中国临床心理学杂志, 26*(1), 52-55.

邵宝. (2011). *上海市 7—12 岁儿童发展协调障碍的研究.* 华东师范大学硕士学位论文.

沈模卫, 高涛, 刘利春, 李鹏. (2004). 内源性眼跳前的空间注意转移. *心理学报, 36*(6), 663-670.

宋为群, 高原, 罗跃嘉. (2004). 视觉注意的早期等级效应与晚期半球偏侧化效应——来自 ERP 的电生理学证据. *自然科学进展, 14*(6), 660-664.

宋为群, 罗跃嘉. (2003). 视觉空间注意的早期 ERP 等级效应. *航天医学与医学工程, 16*(6), 452-454.

隋光远, 吴燕. (2006). 儿童外显视空间注意转移. *心理学报, 38*(6), 841-848.

孙延超, 李秀艳, 高卫星, 许桂春, 杨海英, 刘晓芹. (2012). 珠心算儿童视觉空间注意 ERP 早成分研究. *中国学校卫生, 33*(2), 185-186, 189.

谭金凤, 伍姗姗, 王小影, 王丽君, 赵远方, 陈安涛. (2013). 奖励驱动的双任务加工过程中的分离脑机制: 来自 ERP 的证据. *心理学报, 45*(3), 285-297.

王恩国, 赵国祥, 刘昌, 吕勇, 沈德立. (2008). 不同类型学习困难青少年存在不同类型的工作记忆缺陷. *科学通报, 53*(14), 1673-1679.

王国锋. (2007). *不同性别内外向人格特质的关联性负变电位研究*. 湖南师范大学硕士学位论文.

王岩峰. (2019). *发展性协调障碍儿童视空间注意转移和注意分配的 ERP 研究*. 河南大学硕士学位论文.

王艳梅, 毛锐杰. (2016). 认知重评策略对注意分配的影响. *心理学探新, 36*(5), 409-412.

魏景汉, 范思陆. (1991). 关于 CNV 是复合波的直接证明. *心理学报*, (1), 69-73.

吴广宏. (2005). 足球与乒乓球锻炼对小学生的注意广度影响的实验研究. *北京体育大学学报, 28*(12), 1726-1727.

吴燕, 隋光远. (2006). 内外源提示下学障儿童注意定向的眼动研究. *心理发展与教育*, (1), 23-28.

肖泽萍, 陈兴时, 张明岛, 楼翡璎, 陈珏. (2003). 强迫症、抑郁症及焦虑症患者事件相关电位的比较研究. *中华精神科杂志, 36*(2), 81-84.

辛晓昱, 吴媛, 冀永娟, 周长虹. (2011). 注意缺陷多动障碍与儿童血铅水平的关系研究. *中国儿童保健杂志, 19*(5), 465-467.

杨斌让, 陈小文, 张民, 彭刚, 张琳琳. (2011). 两种亚型注意缺陷多动障碍男童执行功能特征. *中国儿童保健杂志, 19*(12), 1084-1087, 1102.

杨宇, 马杰, 谭珂, 张明哲, 白学军. (2019). 汉语发展性阅读障碍儿童的快速命名缺陷. *心理与行为研究, 17*(5), 652-661.

叶奕乾, 何存道, 梁宁建. (2010). *普通心理学(第四版)*. 上海: 华东师范大学出版社.

殷恒婵. (2003). 青少年注意力测验与评价指标的研究. *中国体育科技*, (3), 51-53

尹霞. (2007). 拉丁舞对学前班儿童注意稳定性影响的实验研究. *北京体育大学学报, 30*(S1), 164-165.

游旭群, 张媛, 刘登攀. (2008). 仿真场景下类别空间关系判断中的注意分配. *心理学报*, (7), 759-765.

曾飚, 周晓林, 孟祥芝. (2003). 发展性阅读障碍的注意缺陷研究现状. *心理发展与教育*, (2), 91-95.

张窦斐. (2013). 伴随性负波(CNV)和情绪解脱波(EML)的研究述评. *社会心理科学*, (1), 21-23.

张厚粲, 王晓平. (1989). 瑞文标准推理测验在我国的修订. *心理学报*, (2), 113-121.

张侃, 杜峰. (2004). 序列呈现的刺激可以被并行地加工: 来自注意瞬脱研究的证据. *心理学报*, (4), 417-425.

张曼华, 刘卿. (1999). 注意力品质对小学生学习成绩的影响. *健康心理学杂志*, (3), 335-337.

张曼华, 杨凤池, 张宏伟. (2004). 学习困难儿童注意力特点研究. *中国学校卫生, 25*(2), 202-203.

张明岛, 陈兴时, 等. (1995). *脑诱发电位学*. 上海: 上海科技教育出版社.

张雅旭, 张厚粲. (1998). 选择性注意机制研究的新进展——负启动效应与分心信息抑制. *心理科学*, *21*(1), 57-61.

张宇, 雷维娜, 游旭群. (2010). 负数的低水平加工引起的空间注意转移——如果心理数字线可以延伸至零的左边. *心理科学*, *33*(4), 819-822.

赵微, 方俊明. (2006). 视觉加工速度、瞬间信息整合特征与汉语学习困难. *心理科学*, *29*(3), 526-531.

赵勇. (2008). 小学低中年级学生注意力水平与学习成绩相关性研究. *现代教育科学(小学校长)*, (2), 78-79.

郑晖. (2008). *初一学生情绪稳定性、注意稳定性和学业成绩的关系研究*. 福建师范大学硕士学位论文.

周平, 宋丽娜, 黄微, 廖扬, 关慕桢. (2019). 反社会人格高危群体注意保持的关联性负变研究. *山西医科大学学报*, *50*(3), 333-337.

朱冽烈, 许政援, 孔瑞芬. (2000). 学习困难儿童的注意、行为特性及同伴关系的研究. *心理科学*, *23*(5), 556-559, 638.

朱盛, 蔡兰富, 池银归. (2012). 发育性运动协调障碍儿童执行功能状况初步研究. *中国现代医生*, (18), 161-162.

Able, S. L., Johnston, J. A., Adler, L. A., & Swindle, R. W. (2007). Functional and psychosocial impairment in adults with undiagnosed ADHD. *Psychological Medicine*, *37*(1), 97-107.

Adams, I. L. J., Ferguson, G. D., Lust, J. M., Steenbergen, B., & Smits-Engelsman, B. C. M. (2016). Action planning and position sense in children with developmental coordination disorder. *Human Movement Science*, *46*, 196-208.

Alesi, M., Gómez-López, M., & Bianco, A. (2019). Motor differentiation's and cognitive skill in pre-scholar age. *Cuadernos de Psicología del Deporte*, *19*(1), 50-59.

Alesi, M., Pecoraro, D., & Pepi, A. (2018). Executive functions in kindergarten children at risk for developmental coordination disorder. *European Journal of Special Needs Education*, *34*(3), 285-296.

Alloway, T. P., & Archibald, L. (2007). Working memory and learning in children with developmental coordination disorder and specific language impairment. *Journal of Learning Disabilities*, *41*(3), 251-262.

Alloway, T. P., & Temple, K. J. (2010). A comparison of working memory skills and learning in children with developmental coordination disorder and moderate learning difficulties. *Applied Cognitive Psychology*, *21*(4), 473-487.

Alloway, T. P., Rajendran, G., & Archibald, L. M. D. (2009). Working Memory in Children with Developmental Disorders. *Journal of Learning Disabilities*, *42*(4), 372-382.

Ament, K., Mejia, A., Buhlman, R., Erklin, S., Caffo, B., Mostofsky, S., & Wodka, E. (2015). Evidence for specificity of motor impairments in catching and balance in children with autism. *Journal of Autism and Developmental Disorders*, *45*(3), 742-751.

Amirault, M., Etchegoyhen, K., Delord, S., Mendizabal, S., Kraushaar, C., Hesling, I., ..., Mayo, W. (2009). Alteration of attentional blink in high functioning autism: A pilot study. *Journal of Autism and Developmental Disorders*, *39*(11), 1522-1528.

Arita, J. T., Carlisle, N. B., & Woodman, G. F. (2012). Templates for rejection: Configuring attention to ignore task-irrelevant features. *Journal of Experimental Psychology: Human Perception and Performance*, *38*(3), 580-584.

Asonitou, K., & Koutsouki, D. (2016). Cognitive process-based subtypes of developmental coordination disorder(DCD). *Human Movement Science*, *47*, 121-134.

Asonitou, K., Koutsouki, D., Kourtessis, T., & Charitou, S. (2012). Motor and cognitive performance differences between children with and without developmental coordination disorder(DCD). *Research in Developmental Disabilities*, *33*(4), 996-1005.

Barbeau, E. B., Meilleur, A. A. S., Zeffiro, T. A., & Mottron, L. (2015). Comparing motor skills in autism spectrum individuals with and without speech delay. *Autism Research*, *8*(6), 682-693.

Barkley, R. A. (1997). Behavioral inhibition, sustained attention, and executive functions: Constructing a unifying theory of ADHD. *Psychological Bulletin*, *121*(1), 65-94.

Barratt, E. S.(1967). Perceptual-motor performance related to impulsiveness and anxiety. *Perceptual and Motor Skills*, *25*(2), 485-492.

Bartolomeo, P. (2014). The attention systems of the human brain. In P. Bartolomeo(Ed), *Attention Disorders After Right Brain Damage*: *Living in Halved Worlds*(pp. 1-19). London: Springer.

Beck, M. R., Angelone, B. L., & Levin, D. T. (2004). Knowledge about the probability of change affects change detection performance. *Journal of Experimental Psychology*: *Human Perception and Performance*, *30*(4), 778-791.

Bender, S., Weisbrod, M., Bornfleth, H., Resch, F., & Oelkers-Ax, R. (2005). How do children prepare to react? Imaging maturation of motor preparation and stimulus anticipation by late contingent negative variation. *NeuroImage*, *27*(4), 737-752.

Bender, S., Weisbrod, M., Resch, F., & Oelkers-Ax, R. (2007). Stereotyped topography of different elevated contingent negative variation components in children with migraine without aura points towards a subcortical dysfunction. *Pain*, *127*(3), 221-233.

Berti, S. (2018). Visual mismatch negativity(VMMN)is elicited with para-foveal hemifield oddball stimulation: An event-related brain potential(ERP)study. *Neuroscience Letters*,

672, 113-117.

Bhoyroo, R., Hands, B., Steenbergen, B., & Wigley, C. A. L. (2019). Examining complexity in grip selection tasks and consequent effects on planning for end-state-comfort in children with developmental coordination disorder: A systematic review and meta-analysis. *Child Neuropsychology, 26*(4), 534-559.

Blank, R., Smits-Engelsman, B., Polatajko, H., & Wilson, P. (2012). European academy for childhood disability(EACD): Recommendations on the definition, diagnosis and intervention of developmental coordination disorder(long version). *Developmental Medicine & Child Neurology, 54*(1), 54-93.

Boksem, M. A. S., Meijman, T. F., & Lorist, M. M. (2006). Mental fatigue, motivation and action monitoring. *Biological Psychology, 72*(2), 123-132.

Bosse, M. L., Tainturier, M. J., & Valdois, S. (2007). Developmental dyslexia: The visual attention span deficit hypothesis. *Cognition, 104*(2), 198-230.

Brefczynski, J. A., & DeYoe, E. A. (1999). A physiological correlate of the "spotlight" of visual attention. *Nature Neuroscience, 2*(4), 370-374.

Brocki, K. C., Randall, K. D., Bohlin, G., & Kerns, K. A. (2008). Working memory in school-aged children with attention-deficit/hyperactivity disorder combined type: Are deficits modality specific and are they independent of impaired inhibitory control? *Journal of Clinical and Experimental Neuropsychology, 30*(7), 749-759.

Brown, T. (2013). *Movement Assessment Battery for Children.* 2nd ed. New York: Springer.

Cairney, J., Missiuna, C., Veldhuizen, S., & Wilson, B. (2008). Evaluation of the psychometric properties of the developmental coordination disorder questionnaire for parents(DCD-Q): results from a community based study of school-aged children. *Human Movement Science, 27*(6), 932-940.

Cairney, J., Rigoli, D., & Piek, J. (2013). Developmental coordination disorder and internalizing problems in children: The environmental stress hypothesis elaborated. *Developmental Review, 33*(3), 224-238.

Cang, A., Li, Y. C., Chan, J. F., Dotov, D. G., Cairney, J., & Trainor, L. J. (2021). Inferior auditory time perception in children with motor difficulties. *Child Development, 92*(5), e907-e923.

Caprile, C., Alda, J. A., Ferreira, E. (2013). Experimental paradigms for an objective diagnosis of ADHD. *18th Meeting of the EuropeanSociety for Cognitive Psychology*, 124.

Carlisle, N. B., & Woodman, G. F. (2011). When memory is not enough: Electrophysiological evidence for goal-dependent use of working memory representations in guiding visual attention. *Journal of Cognitive Neuroscience, 23*(10), 2650-2664.

Carmo, J. C., Rumiati, R. I., Siugzdaite, R., & Brambilla, P. (2013). Preserved imitation of known gestures in children with high-functioning autism. *ISRN Neurology*, 751516.

Carr, L., Henderson, J., & Nigg, J. T. (2010). Cognitive control and attentional selection in adolescents with ADHD versus ADD. *Journal of Clinical Child & Adolescent Psychology*, *39*(6), 726-740.

Castellanos, F. X., Sonuga-Barke, E. J. S., Milham, M. P., & Tannock, R. (2006). Characterizing cognition in adhd: Beyond executive dysfunction. *Trends in Cognitive Sciences*, *10*(3), 117-123.

Castiello, U., & Umiltà, C. (1990). Size of the attentional focus and efficiency of processing. *Acta Psychologica*, *73*(3), 195-209.

Cheng, H. C., & Chen, H. Y., Tsai, C. L., Chen, Y. J., & Cherng, R. J. (2009). Comorbidity of motor and language impairments in preschool children of Taiwan. *Research in Developmental Disabilities*, *30*(5), 1054-1061.

Chow, S. M. K., & Henderson, S. E. (2003). Interrater and test-retest reliability of the movement assessment battery for Chinese preschool children. *American Journal of Occupational Therapy Official Publication of the American Occupational Therapy Association*, *57*(5), 574.

Chun, M. M., & Potter, M. C. (1995). A two-stage model for multiple target detection in rapid serial visual presentation. *Journal of Experimental Psychology: Human Perception and Performance*, *21*(1), 109-127.

Cocks, N., Barton, B., & Donelly, M. (2009). Self-concept of boys with developmental coordination disorder. *Physical & Occupational Therapy in Pediatrics*, *29*(1), 6-22.

Connelly, S. L., & Hasher, L. (1993). Aging and the inhibition of spatial location. *Journal of Experimental Psychology: Human Perception and Performance*, *19*(6), 1238-1250.

Conway, A. R., & Engle, R. W. (1994). Working memory and retrieval: A resource-dependent inhibition model. *Journal of Experimental Psychology: General*, *123*(4), 354-373.

Cools, W., & de Martelaer, K., Samaey, C., & Andries, C. (2009). Movement skill assessment of typically developing preschool children: A review of seven movement skill assessment tools. *Journal of Sports Science & Medicine*, *8*(2), 154-168.

Corbera, S., Escera, C., & Artigas, J. (2006). Impaired duration mismatch negativity in developmental dyslexia. *NeuroReport*, *17*(10), 1051-1055.

Corbetta, M., Akbudak, E., Conturo, T. E., Snyder, A. Z., Ollinger, J. M., ···, Shulman, G. L. (1998). A common network of functional areas for attention and eye movements. *Neuron*, *21*(4), 761-773.

Correa, A., Lupiáñez, J., Madrid, E., & Tudela, P. (2006). Temporal attention enhances early visual processing: A review and new evidence from event-related potentials. *Brain Research, 1076*(1), 116-128.

Czigler, I., Weisz, J., & Winkler, I. (2007). Backward masking and visual mismatch negativity: Electrophysiological evidence for memory-based detection of deviant stimuli. *Psychophysiology, 44*(4), 610-619.

Damen, E. J., & Brunia, C. H. (1987). Precentral potential shifts related to motor preparation and stimulus anticipation: A replication. *Electroencephalography and Clinical Neurophysiology. Supplement, 40*, 13-16.

Davis, E. E., Pitchford, N. J., & Limback, E. (2011). The interrelation between cognitive and motor development in typically developing children aged 4-11 years is underpinned by visual processing and fine manual control. *British Journal of Psychology, 102*(3), 569-584.

De Groot, B. J. A., van den Bos, K. P., van der Meulen, B. F., & Minnaert, A. E. M. G. (2015). The attentional blink in typically developing and reading-disabled children. *Journal of Experimental Child Psychology, 139*, 51-70.

Dehaene, S., Dehaene-Lambertz, G., & Cohen, L. (1998). Abstract representations of numbers in the animal and human brain. *Trends in Neurosciences, 21*(8), 355-361.

Dehaene, S., Tzourio, N., Frak, V., Raynaud, L., Cohen, L., Mehler, J., & Mazoyer, B. (1996). Cerebral activations during number multiplication and comparison: A PET study. *Neuropsychologia, 34*(11), 1097-1106.

Dewey, D., & Kaplan, B. J. (1994). Subtyping of developmental motor deficits. *Developmental Neuropsychology, 10*(3), 265 284.

Dewey, D., Kaplan, B. J., Crawford, S. G., & Wilson, B. N. (2002). Developmental coordination disorder: Associated problems in attention, learning, and psychosocial adjustment. *Human Movement Science, 21*(5-6), 905-918.

Di Lollo, V., Kawahara, J., Ghorashi, S. M. S., & Enns, J. T. (2005). The attentional blink: Resource depletion or temporary loss of control. *Psychological Research, 69*(3), 191-200.

Diamond, A. (2013). Executive functions. *Annual Review of Psychology, 64*(1), 135-168.

Doallo, S., Lorenzo-López, L., Vizoso, C., Holguín, S. R., Amenedo, E., Bará, S., & Cadaveira, F. (2004). The time course of the effects of central and peripheral cues on visual processing: An event-related potentials study. *Clinical Neurophysiology, 115*(1), 199-210.

Donnadieu, S., Berger, C., Lallier, M., Marendaz, C., & Laurent, A. (2015). Is the impairment in temporal allocation of visual attention in children with ADHD related to a developmental delay or a structural cognitive deficit. *Research in Developmental Disabilities, (36)*, 384-395.

Droll, J. A., Abbey, C. K., & Eckstein, M. P. (2009). Learning cue validity through performance feedback. *Journal of Vision, 9*(2), 18.1-23.

Duncan-Johnson, C. C., & Donchin, E. (1977). On quantifying surprise: The variation of event-related potentials with subjective probability. *Psychophysiology, 14*(5), 456-467.

Eimer, M. (1996). ERP modulations indicate the selective processing of visual stimuli as a result of transient and sustained spatial attention. *Psychophysiology, 33*(1), 13-21.

Facoetti, A., Turatto, M., Lorusso, M. L., & Mascetti, G. G. (2001). Orienting of visual attention in dyslexia: Evidence for asymmetric hemispheric control of attention. *Experimental Brain Research, 138*(1), 46-53.

Falkenstein, M., Hohnsbein, J., Hoormann, J., & Blanke, L. (1991). Effects of crossmodal divided attention on late ERP components. II. Error processing in choice reaction tasks. *Electroencephalography and Clinical Neurophysiology, 78*(6), 447-455.

Fan, D. S. P., Lam, D. S. C., Lam, R. F., Lau, J. T. F., Chong, K. S., Cheung, E. Y. Y. & Chew, S. J. (2004). Prevalence, incidence, and progression of myopia of school children in Hong Kong. *Investigative Ophthalmology & Visual Science, 45*(4), 1071-1075.

Flynn, M., Liasis, A., Gardner, M., & Towell, T. (2017). Visual mismatch negativity to masked stimuli presented at very brief presentation rates. *Experimental Brain Research, 235*(2), 555-563.

Folstein, J. R., & van Petten, C. (2008). Influence of cognitive control and mismatch on the N2 component of the ERP: A review. *Psychophysiology, 45*(1), 152-170.

Franconeri, S. L., Alvarez, G. A., & Cavanagh, P. (2013). Flexible cognitive resources: Competitive content maps for attention and memory. *Trends in Cognitive Sciences, 17*(3), 134-141.

Friedman-Hill, S. R., Robertson, L. C., & Treisman, A. (1995). Parietal contributions to visual feature binding: Evidence from a patient with bilateral lesions. *Science, 269*(5225), 853-855.

Friedrich, M., Weber, C., & Friederici, A. D. (2004). Electrophysiological evidence for delayed mismatch response in infants at-risk for specific language impairment. *Psychophysiology, 41*(5), 772-782.

Fu, S. M., Huang, Y. X., Luo, Y. J., Wang, Y., Fedota, J., Greenwood, P. M., & Parasuraman, R. (2009). Perceptual load interacts with involuntary attention at early processing stages: Event-related potential studies. *NeuroImage, 48*(1), 191-199.

Fu, S. M., Zinni, M., Squire, P. N., Kumar, R., Caggiano, D. M., & Parasuraman, R. (2008). When and where perceptual load interacts with voluntary visuospatial attention: An event-related potential and dipole modeling study. *NeuroImage, 39*(3), 1345-1355.

Gaillard, A. W. K., & Näätänen, R. (1980). Some baseline effects on the CNV. *Biological*

Psychology, 10(1), 31-39.

Gazzaley, A., & Nobre, A. C. (2012). Top-down modulation: Bridging selective attention and working memory. *Trends in Cognitive Sciences, 16*(2), 129-135.

Germano, G. D., Reilhac, C., Capellini, S. A., & Valdois, S. (2014). The phonological and visual basis of developmental dyslexia in Brazilian Portuguese reading children. *Frontiers in Psychology, 5*, 1169.

Gherri, E., & Eimer, M. (2010). Active listening impairs visual perception and selectivity: An ERP study of auditory dual-task costs on visual attention. *Journal of Cognitive Neuroscience, 23*(4), 832-844.

Giesbrecht, B., & Di Lollo, V. (1998). Beyond the attentional blink: Visual masking by object substitution. *Journal of Experimental Psychology: Human Perception and Performance, 24*(5), 1454-1466.

Gilger, J. W., & Kaplan, B. J. (2001). Atypical brain development: A conceptual framework for understanding developmental learning disabilities. *Developmental Neuropsychology, 20*(2), 465-481.

Gillberg, C., & Rasmussen, P. (1982). Perceptual, motor and attentional deficits in seven-year-old children: Background factors. *Developmental Medicine & Child Neurology, 24*, 752-770.

Gomez, A. & Sirigu, A. (2015). Developmental coordination disorder: Core sensori-motor deficits, neurobiology and etiology. *Neuropsychologia, 79*(PtB), 272-287.

Gómez, C. M., Delinte, A., Vaquero, E., & Cardoso, M. J., Vázquez, M., Crommelinck, M., & Roucoux, A. (2001). Current source density analysis of CNV during temporal gap paradigm. *Brain Topography, 13*(3), 149-159.

González-Villar, A. J., & Carrillo-de-la-Peña, M. T. (2017). Brain electrical activity signatures during performance of the multisource interference task. *Psychophysiology, 54*(6), 874-881.

Greenwood, P. M., & Parasuraman, R. (1999). Scale of attentional focus in visual search. *Perception Psychophysics, 61*(5), 837-859.

Greenwood, P. M., & Parasuraman, R. (2004). The scaling of spatial attention in visual search and its modification in healthy aging. *Perception & Psychophysics, 66*(1), 3-22.

Greenwood, P. M., Parasuraman, R., & Alexander, G. E. (1997). Controlling the focus of spatial attention during visual search: Effects of advanced aging and Alzheimer disease. *Neuropsychology, 11*(1), 3-12.

Handy, T. C., & Mangun, G. R. (2000). Attention and spatial selection: Electrophysiological evidence for modulation by perceptual load. *Perception & Psychophysics, 62*(1), 175-

186.

Hari, R., Valta, M., & Uutela, K. (1999). Prolonged attentional dwell time in dyslexic adults. *Neuroscience Letters*, *271*(3), 202-204.

Harpin, A. V. (2005). The effect of adhd on the life of an individual, their family, and community from preschool to adult life. *Archives of Disease in Childhood*, *90*(Suppl1), i2-i7.

Hart, H., Radua, J., Mataix-Cols, D., & Rubia, K. (2012). Meta-analysis of fMRI studies of timing in attention-deficit hyperactivity disorder(ADHD). *Neuroscience and Biobehavioral Reviews*, *36*(10), 2248-2256.

Hasher, L., Zacks, R. T. (1988). Working memory, comprehension, and aging: A review and a new view. In G. H. Bower(Ed.), *The Psychology of Learning and Motivation*(pp. 193-225). San Diego: Academic Press.

Heinze, H. J., Mangun, G. R., Burchert, W., Hinrichs, H., Scholz, M., & Münte, T. F. (1994). Combined spatial and temporal imaging of brain activity during visual selective attention in humans. *Nature*, *372*(6506), 543-546.

Henderson, S. E., & Henderson, L. (2003). Toward an understanding of developmental coordination disorder: Terminological and diagnostic issues. *Neural Plasticity*, *10*(1-2), 1-13.

Hill, E. L., & Wing, A. M. (1999). Coordination of grip force and load force in developmental coordination disorder: A case study. *Neurocase*, *5*(6), 537-544.

Hillyard, S. A., & Anllo-Vento, L. (1998). Event-related brain potentials in the study of visual selective attention. *Proceedings of the National Academy of Sciences of the United States of America*, *95*(3), 781-787.

Hillyard, S. A., Vogel, E. K., & Luck, S. J. (1998). Sensory gain control(amplification)as a mechanism of selective attention: Electrophysiological and neuroimaging evidence. *Biological Sciences*, *353*(1373), 1257-1270.

Hoffman, L. D., & Polich, J. (1999). P300, handedness, and corpus callosal size: gender, modality, and task. *International Journal of Psychophysiology*, *31*(2), 163-174.

Holeckova, I., Cepicka, L., Mautner, P., Stepanek, D., & Moucek, R. (2014). Auditory ERPs in children with developmental coordination disorder. *Activitas Nervosa Superior*, *56*(1-2), 37-44.

Hopfinger, J. B., Luck, S. J., & Hillyard, S. A. (2004). Selective attention: Electrophysiological and neuromagnetic studies. *The Cognitive Neurosciences*, *3*, 561-574.

Houwen, S., van der Veer, G., Visser, J., & Cantell, M. (2017). The relationship between motor performance and parent-rated executive functioning in 3-to 5-year-old children: What is the role of confounding variables? *Human Movement Science, 53*, 24-36.

Hyde, C., Fuelscher, I., Enticott, P. G., Jones, D. K., Farquharson, S., Silk, T. J., ..., Caeyenberghs, K. (2019). White matter organization in developmental coordination disorder: A pilot study exploring the added value of constrained spherical deconvolution. *NeuroImage Clinical, 1*, 101625.

Ilan, A. B., & Polich, J. (1999). P300 and response time from a manual stroop task. *Clinical Neurophysiology, 110*(2), 367-373.

Isreal, J., Chesney, G., Wickens, C., & Donchin, E. (1980). P300 and tracking difficulty: Evidence for multiple resources in dual-task performance. *Psychophysiology, 17*(3), 259-273.

Jack, B. N., Widmann, A., O'Shea, R. P., Schröger, E., & Roeber, U. (2017). Brain activity from stimuli that are not perceived: Visual mismatch negativity during binocular rivalry suppression. *Psychophysiology, 54*(5), 755-763.

Jolicoeur, P. (1999). Concurrent response-selection demands modulate the attentional blink. *Journal of Experimental Psychology: Human Perception and Performance, 25*(4), 1097-1113.

Jones, L. A., Sinnott, L. T., Mutti, D. O., Mitchell, G. L., Moeschberger, M. L., & Zadnik, K.(2007). Parental history of myopia, sports and outdoor activities, and future myopia. *Investigative Ophthalmology & Visual Science, 48*(8), 3524-3532.

Kadesjo, B., & Gillberg, C. (1999). Developmental coordination disorder in Swedish 7-year-old children. *Journal of the American Academy of Child & Adolescent Psychiatry, 38*, 820-828.

Kathmann, N., Bogdahn, B., & Endrass, T. (2006). Event-related brain otential variations during location and identity negative priming. *Neuroscience Letters, 394*(1), 53-56.

Kennedy-Behr, A., Wilson, B. N., Rodger, S., & Mickan, S. (2013). Cross-cultural adaptation of the developmental coordination disorder questionnaire 2007 for german-speaking countries: Dcdq-g. *Neuropediatrics, 44*(5), 245-251.

Kida, T., Kaneda, T., & Nishihira, Y. (2012). Dual-task repetition alters event-related brain potentials and task performance. *Clinical Neurophysiology, 123*(6).

King-Dowling, S., Missiuna, C., Rodriguez, M. C., Greenway, M., & Cairney, J. (2015). Co-occurring motor, language and emotional-behavioral problems in children 3-6 years of age. *Human Movement Science, 39*, 101-108.

Kirby, A., & Sugden, D. (2007). Children with developmental coordination disorders. *Journal of the Royal Society of Medicine, 100*(4), 182-186.

Kóbor, A., Takács, Á., Honbolygó, F., & Csépe, V. (2014). Generalized lapse of responding in trait impulsivity indicated by ERPs: The role of energetic factors in inhibitory control. *International Journal of Psychophysiology, 92*(1), 16-25.

Kok, A. (1986). Effects of degradation of visual stimulation on components of the event-related potential(ERP)in go/no-go reaction tasks. *Biological Psychology, 23*(1), 21-38.

Krigolson, O. E., & Holroyd, C. B. (2006). Evidence for hierarchical error processing in the human brain. *Neuroscience, 137*(1), 13-17.

Landa, R., & Garrett-Mayer, E. (2006). Development in infants with autism spectrum disorders: A prospective study. *Journal of Child Psychology and Psychiatry, and Allied Disciplines, 47*(6), 629-638.

Lange, K., Rösler F, & Röder B. (2003). Early processing stages are modulated when auditory stimuli are presented at an attended moment in time: An event-related potential study. *Psychophysiology, 40*(5), 806-817.

Lawerman, T. F., Brandsma, R., & Maurits, N. M. Martinez-Manzanera O., Verschuuren-Bemelmans, C. C., Lunsing, R. J., ···, & Sival, D. A. (2020). Paediatric motor phenotypes in early-onset ataxia, developmental coordination disorder, and central hypotonia. *Developmental Medicine & Child Neurology, 62*(1), 75-82.

Lehto, J. E., Juujärvi, P., Kooistra, L., & Pulkkinen, L. (2003). Dimensions of executive functioning: Evidence from children. *British Journal of Developmental Psychology, 21*(1), 59-80.

Leonard, H. C., Bernardi, M., Hill, E. L., & Henry, L. A. (2015). Executive functioning, motor difficulties, and developmental coordination disorder. *Developmental Neuropsychology, 40*(4), 201-215.

Libera, C. D., & Chelazzi, L. (2006). Visual selective attention and the effects of monetary rewards. *Psychological Science, 17*(3), 222-227.

Linden, D., E. J. (2005). The P300: where in the brain is it produced and what does it tell us?. *The Neuroscientist: A Review Journal Bringing Neurobiology, Neurology and Psychiatry, 11*(6), 563-576.

Lingam, R., Jongmans, M. J., Ellis, M., Hunt, L. P., Golding, J., & Emond, A. (2012). Mental health difficulties in children with developmental coordination disorder. *Pediatrics, 129*(4), e882-e891.

Luck, S. J., & Hillyard, S. A. (1994). Electrophysiological correlates of feature analysis during visual search. *Psychophysiology, 31*(3), 291-308.

Luck, S. J., Hillyard, S. A., Mouloua, M., Woldorff, M. G., Clark, V. P., & Hawkins, H. L. (1994). Effects of spatial cuing on luminance detectability: Psychophysical and electrophysiological evidence for early selection. *Journal of Experimental Psychology:*

Human Perception and Performance, 20(4), 887-904.

Luo, Y. J., & Wei, J. H. (1999). Cross-modal selective attention to visual and auditory stimuli modulates endogenous ERP components. *Brain Research, 842*(1), 30-38.

Luo, Y. J., Greenwood, P. M., & Parasuraman, R. (2001). Dynamics of the spatial scale of visual attention revealed by brain event-related potentials. *Cognitive Brain Research, 12*(3), 371-381.

Macneil, L. K., & Mostofsky, S. H. (2012). Specificity of dyspraxia in children with autism. *Neuropsychology, 26*(2), 165-171.

Mandich, A. D., Polatajko, H. J., & Rodger, S. (2003). Rites of passage: Understanding participation of children with developmental coordination disorder. *Human Movement Science, 22*(4-5), 583-595.

Mangun, G. R., & Hillyard, S. A. (1991). Modulations of sensory-evoked brain potentials indicate changes in perceptual processing during visual-spatial priming. *Journal of Experimental Psychology*: *Human Perception and Performance, 17*(4), 1057-1074.

Marois, R., Yi, D., & Chun, M. M. (2004). The neural fate of consciously perceived and missed events in the attentional blink. *Neuron, 41*(3), 465-472.

Martens, S., Wyble, B. (2010). The attentional blink: Past, present, and future of a blind spot in perceptual awareness. *Neuroscience & Biobehavioral Reviews, 34*(6), 947-957.

Martin, C. D., Barcelo, F., Hernandez, M., & Costa, A. (2011). The time course of the asymmetrical "local" switch cost: Evidence from event-related potentials. *Biological Psychology, 86*, 210-218.

Martin, N. C., Piek, J. P., & Hay, D. (2006). Dcd and adhd: A genetic study of their shared aetiology. *Human Movement Science, 25*(1), 110-124.

Martínez, A., DiRusso, F., Anllo-Vento, L., Sereno, M. I., Buxton, R. B., & Hillyard, S. A. (2001). Putting spatial attention on the map: Timing and localization of stimulus selection processes in striate and extrastriate visual areas. *Vision Research, 41*(10-11), 1437-1457.

Mathis, K. I., Wynn, J. K., Jahshan, C., Hellemann, G., Darque, A., & Green, M. F. (2012). An electrophysiological investigation of attentional blink in schizophrenia: Separating perceptual and attentional processes. *International Journal of Psychophysiology, 86*(1), 108-113.

McAdam, D. W. (1966). Slow potential changes recorded from human brain during learning of a temporal interval. *Psychonomic Science, 6*(9), 435-436.

McCallum, W. C., & Walter, W. G. (1968). The effects of attention and distraction on the contingent negative variation in normal and neurotic subjects. *Electroencephalography & Clinical Neurophysiology, 25*(4), 319-329.

Michel, E., Roethlisberger, M., Neuenschwander, R., & Roebers, C. M. (2011). Development of cognitive skills in children with motor coordination impairments at 12-month follow-up. *Child Neuropsychology, 17*(2), 151-172.

Miniussi, C., Wilding, E. L., Coull, J. T., & Nobre, A. C. (1999). Orienting attention in time: modulation of brain potentials. *Brain, 122*(8), 1507-1518.

Missiuna, C., Cairney, J., Pollock, N., Campbell, W., Russell, D. J., Macdonald, K., ..., Cousin, M. (2014). Psychological distress in children with developmental coordination disorder and attention-deficit hyperactivity disorder. *Research in Developmental Disabilities, 35*, 1198-1207.

Miyake, A., Friedman, N. P., Emerson, M. J., Witzki, A. H., Howerter, A., & Wager, T. D. (2000). The unity and diversity of executive functions and their contributions to complex "frontal lobe" tasks: A latent variable analysis. *Cognitive Psychology, 41*(1), 49-100.

Moreno-De-Luca, A., Myers, S. M., Challman, T. D., Moreno-De-Luca, D., Evans, D. W., & Ledbetter, D. H. (2013). Developmental brain dysfunction: Revival and expansion of old concepts based on new genetic evidence. *The Lancet Neurology, 12*(4), 406-414.

Näätänen, R.(1990). The role of attention in auditory information processing as revealed by event-related potentials and other brain measures of cognitive function. *Behavioral & Brain Sciences, 13*(2), 201-233.

Näätänen, R. (2001). The perception of speech sounds by the human brain as reflected by the mismatch negativity(MMN)and its magnetic equivalent(MMNm). *Psychophysiology, 38*(1), 1-21.

Neill, W. T., & Valdes, L. A. (1992). Persistence of negative priming: Steady-state or decay? *Journal of Experimental Psychology: Learning, Memory, and Cognition, 18*(3), 565-576.

Niu, Y. N., Wei, J. H., & Luo, Y. J. (2008). Early ERP effects on the scaling of spatial attention in visual search. *Progress in Natural Science: Materials International, 18*(4), 381-386.

Nobre, A., Coull, J., Frith, C., & Mesulam, M. M.(1999). Orbitofrontal cortex is activated during breaches of expectation in tasks of visual attention. *Nature Neuroscience, 2*(1), 11-12.

Ogilvie, J. M., Stewart, A. L., Chan, R. C. K., & Shum, D. H. K. (2011). Neuropsychological measures of executive function and antisocial behavior: A meta-analysis. *Criminology, 49*(4), 1063-1107.

Ogura, C., Koga, Y., & Shimokochi, M. (1996). Recent Advances in Event-Related Brain Potential Research. *Amsterdam Elsevier*, 1085-1088.

Olbrich, H. M., Maes, H., Valerius, G., Langosch, J. M., Gann, H., & Feige, B. (2002). Assessing cerebral dysfunction with probe-evoked potentials in a CNV task—A study in alcoholics. *Clinical Neurophysiology*, *113*(6), 815-825.

Olivers, C. N. L., & Meeter, M. (2008). A boost and bounce theory of temporal attention. *Psychological Review*, *115*(4), 836-863.

Olivers, C. N. L., & Nieuwenhuis, S. (2006). The beneficial effects of additional task load, positive affect, and instruction on the attentional blink. *Journal of Experimental Psychology: Human Perception and Performance*, *32*(2), 364-379.

Parmar, A., Kwan, M., Rodriguez, C., Missiuna, C., & Cairney, J. (2014). Psychometric properties of the dcd-q-07 in children ages to 4-6. *Research in Developmental Disabilities*, *35*(2), 330-339.

Perchet, C., & García-Larrea, L. (2000). Visuospatial attention and motor reaction in children: An electrophysiological study of the "Posner" paradigm. *Psychophysiology*, *37*(2), 231-241.

Perchet, C., & García-Larrea, L. (2005). Learning to react: anticipatory mechanisms in children and adults during a visuospatial attention task. *Clinical Neurophysiology Official Journal of the International Federation of Clinical Neurophysiology*, *116*(8), 1906-1917.

Perchet, C., Revol, O., Fourneret, P., Mauguière, F., & Garcia-Larrea, L. (2001). Attention shifts and anticipatory mechanisms in hyperactive children: An ERP study using the posner paradigm. *Biological Psychiatry*, *50*(1), 44-57.

Pfeuty, M., Ragot, R., & Pouthas, V. (2003). Processes involved in tempo perception: A CNV analysis. *Psychophysiology*, *40*(1), 69-76.

Piek, J. P., Baynam, G. B., & Barrett, N. C. (2006). The relationship between fine and gross motor ability, self-perceptions and self worth in children and adolescents. *Human Movement Science*, *25*(1), 65-75.

Pieters, S., de Block, K. D., Scheiris, J., Eyssen, M., Desoete, A., Deboutte, D., ..., Roeyers, H. (2012). How common are motor problems in children with a developmental disorder: Rule or exception?. *Child Care Health & Development*, *38*(1), 139-145.

Plainis, S., Moschandreas, J., Nikolitsa, P., Plevridi, E., Giannakopoulou, T., Vitanova, V., & Tsilimbaris, M. K. (2009). Myopia and visual acuity impairment: A comparative study of Greek and Bulgarian school children. *Ophthalmic and Physiological Optics*, *29*(3), 312-320.

Polich, J., & Herbst, K. L. (2000). P300 as a clinical assay: Rationale, evaluation, and findings. *International Journal of Psychophysiology*, *38*(1), 3-19.

Polich, J., & Hoffman, L. D. (1998). P300 and handedness: On the possible contribution of corpus callosal size to ERPs. *Psychophysiology*, *35*(5), 497-507.

Posner, M. I., Walker, J. A., Friedrich, F. J., & Rafal, R. D. (1984). Effects of parietal in jury on covert orienting of attention. *Journal of Neuroscience: The Official Journal of the Society Neuroscience, 4*(7), 1863-1874.

Potter, M. C., Chun, M. M., Banks, B. S., & Muckenhoupt, M. (1998). Two attentional deficits in serial target search: The visual attentional blink and an amodal task-switch deficit. *Journal of Experimental Psychology: Learning, Memory, and Cognition, 24*(4), 979-992.

Pratt, N., Willoughby, A., & Swick, D. (2011). Effects of working memory load on visual selective attention: Behavioral and electrophysiological evidence. *Frontiers in Human Neuroscience, 5*(1), 57-81.

Qi, S. Q., Zeng, Q. H., Luo, Y. M., Duan, H., Ding, C., Hu, W. P., & Li, H. (2014). Impact of working memory load on cognitive control in trait anxiety: An ERP study. *PLoS One, 9*(11), e111791.

Querne, L., Berquin, P., Vernier-Hauvette, M. P., Fall, S., Deltour, L., Meyer, M. E., & de Marco, G. (2008). Dysfunction of the attentional brain network in children with Developmental Coordination Disorder: A fMRI study. *Brain Research, 1244*, 89-102.

Ramautar, J. R., Kok, A., & Ridderinkhof, K. R. (2006). Effects of stop-signal modality on the n2/p3 complex elicited in the stop-signal paradigm. *Biological Psychology, 72*(1), 96-109.

Rasmussen, P., & Gillberg, C. (2000). Natural outcome of adhd with developmental coordination disorder at age 22 years: A controlled, longitudinal, community-based study. *Journal of the American Academy of Child & Adolescent Psychiatry, 39*(11), 1424-1431.

Raymond, J. E., Shapiro, K. L., & Arnell, K. M.(1992). Temporary suppression of visual processing in an RSVP Task: An attentional blink. *Journal of Experimental Psychology Human Perception and Performance, 18*(3), 849-860.

Ricon, T. (2010). Using concept maps in cognitive treatment for children with developmental coordination disorder. *Health, 2*(7), 685-691.

Rigoli, D., Piek, J. P., Kane, R., & Oosterlaan, J. (2012). An examination of the relationship between motor coordination and executive functions in adolescents. *Developmental Medicine & Child Neurology, 54*(11), 1025-1031.

Riley, A. W., Spiel, G., Coghill, D., Döpfner, M., Falissard, B., Lorenzo, M. J., ..., ADORE Study Group. (2006). Factors related to health-related quality of life(HRQOL)among children with ADHD in Europe at entry into treatment. *European Child & Adolescent Psychiatry, 15*(1 suppl), i38-i45.

Roebers, C. M., & Kauer, M. (2009). Motor and cognitive control in a normative sample of 7-year-olds. *Developmental Science, 12*(1), 175-181.

Roebers, C. M., Röthlisberger, M., Cimeli, P., & Michel, E., & Neuenschwander, R. (2011).

School enrolment and executive functioning: A longitudinal perspective on developmental changes, the influence of learning context and the prediction of pre-academic skills. *European Journal of Developmental Psychology*, *8*(5), 526-540

Rose, K. A., Morgan, I. G., Ip, J., Kifley, A., Huynh, S., Smith, W., & Mitchell, P. (2008). Outdoor activity reduces the prevalence of myopia in children. *Ophthalmology*, *115*(8), 1279-1285.

Rosenblum, S., Margieh, J.A., & Engel-Yeger, B. (2018). Handwriting features of children with developmental coordination disorder-results of triangular evaluation. *Research in Developmental Disabilities*, *34*, 4134-4141.

Ruiz, E. D. (2012). *Interaction of Attention and Emotion across Development and Disorder.* Washington: Georgetown University.

Sachs, G., Anderer, P., Margreiter, N., Semlitsch, H., Saletu, B., & Katschnig, H. (2004). P300 event-related potentials and cognitive function in social phobia. *Psychiatry Research: NeuroImaging*, *131*(3), 249-261.

Santos, A., Joly-Pottuz, B., Moreno, S., Habib, M., & Besson, M. (2007). Behavioural and event-related potentials evidence for pitch discrimination deficits in dyslexic children: Improvement after intensive phonic intervention. *Neuropsychologia*, *45*(5), 1080-1090.

Sartori, R. F., Valentini, N. C., & Fonseca, R. P. (2020). Executive function in children with and without developmental coordination disorder: A comparative study. *Child: Care, Health and Development*, *46*(3), 294-302.

Shapiro, K. L., Raymond, J. E., Arnell, K. M. (1994). Attention to visual pattern information produces the attentional blink in rapid serial visual presentation. *Journal of Experimental Psychology: Human Perception and Performance*, *20*(2), 357-371.

Shen, X. (2006). P300 and response time from the colored kanji stroop task. *International Journal of Neuroscience*, *116*(12), 1481-1490.

Sigmundsson, H., Ingvaldsen, R. P., & Whiting, H. T. (1997). Inter-and intra-sensory modality matching in children with hand-eye co-ordination problems. *Experimental Brain Research*, *114*(3), 492-499.

Sigmundsson, H., Whiting, H. T., & Ingvaldsen, P. (1999). 'Putting your foot in it'! A window into clumsy behaviour. *Behavioural Brain Research*, *102*(1-2), 129-136.

Singhal, A., & Fowler, B. (2004). The differential effects of Sternberg short-and long-term memory scanning on the late nd and P300 in a dual-task paradigm. *Brain Research Cognitive Brain Research*, *21*(1), 124-132.

Slater, L. M., Hillier, S. L., & Civetta, L. R. (2010). The clinimetric properties of performance-based gross motor tests used for children with developmental coordination disorder: A systematic review. *Pediatric Physical Therapy: The Official Publication of the Section on Pediatrics of the American Physical Therapy Association, 22*(2), 170-179.

Smits-Engelsman, B. C. M., Niemeijer, A. S., & Waelvelde, H. V. (2011). Is the movement assessment battery for children-2nd edition a reliable instrument to measure motor performance in 3 year old children?. *Research in Developmental Disabilities, 32*(4), 1370-1377.

Smits-Engelsman, B., Schoemaker, M., Delabastita, T., Hoskens, J., & Geuze, R. (2015). Diagnostic criteria for DCD: Past and future *Human Movement Science, 42*, 293-306.

Somers, D. C., Dale, A. M., Seiffert, A. E., & Tootell, R. B. (1999). Functional MRI reveals spatially specific attentional modulation in human primary visual cortex. *Proceedings of the National Academy of Sciences of the United States of America, 96*(4), 1663-1668.

Song, W. Q., Li, X. Y., Luo, Y. J., Du, B. Q., & Ji, X. M. (2006). Brain dynamic mechanisms of scale effect in visual spatial attention. *Neuroreport, 17*(15), 1643-1647.

Soto, D., Heinke, D., Humphreys, G. W., & Blanco, M. J. (2005). Early, involuntary top-down guidance of attention from working memory. *Journal of Experimental Psychology: Human Perception and Performance, 31*(2), 248-261.

Srinivasan, S. M., Lynch, K. A., Bubela, D. J., Gifford, T. D., & Bhat, A. N. (2013). Effect of interactions between a child and a robot on the imitation and praxis performance of typically devloping children and a child with autism: A preliminary study. *Perceptual and Motor Skills, 116*(3), 885-904.

Talsma, D., Mulckhuyse, M., Slagter, H. A., & Theeuwes, J. (2007). Faster, more intense! The relation between electrophysiological reflections of attentional orienting, sensory gain control, and speed of responding. *Brain Research, 1178*, 92-105.

Tan, J. F., Zhao, Y. F., Wang, L. J., Tian, X., Cui, Y., Yang, Q., ..., Chen, A. (2015). The competitive influences of perceptual load and working memory guidance on selective attention. *PLoS One, 10*(6), 1-14.

Taylor, M. J. (2002). Non-spatial attentional effects on P1. *Clinical Neurophysiology, 113*(12), 1903-1908.

Tecce, J. J. (1972). Contingent negative variation(CNV)and psychological processes in man. *Psychological Bulletin, 77*(2), 73-108.

Thornton, S., Bray, S., Langevin, L. M., & Dewey, D. (2018). Functional brain correlates of motor response inhibition in children with developmental coordination disorder and attention deficit/hyperactivity disorder. *Human Movement Science, 59*, 134-142.

Tillman, C. M., & Wiens, S. (2011). Behavioral and ERP indices of response conflict in Stroop and Flanker tasks. *Psychophysiology, 48*(10), 1405-1411.

Tipper, S. P., & Cranston, M. (1985). Selective attention and priming: Inhibitory and facilitatory effects of ignored primes. *Quarterly Journal of Experimental Psychology*: *Human, Experimental Psychology Section A, 37*(4), 581-611.

Tootell, R. B. H., Hadjikhani, N., Hall, E. K., Marrett, S., Vanduffel, W., Vaughan, J. T., & Dale, A. M. (1998). The retinotopy of visual spatial attention. *Neuron, 21*(6), 1409-1422.

Treisman, A. M., & Gelade, G. (1980). A feature integration theory of attention. *Cognitive Psychology, 12*(1), 97-136.

Tsai, C. L., & Wu, S. K. (2008). Relationship of visual perceptual deficit and motor impairment in children with developmental coordination disorder. *Perceptual Motor Skills, 107*(2), 457-472.

Tsai, C. L., Chang, Y. K., Hung, T. M., Tseng, Y. T., & Chen, T. C. (2012). The neurophysiological performance of visuospatial working memory in children with developmental coordination disorder. *Developmental Medicine & Child Neurology, 54*(12), 1114-1120.

Tsai, C. L., Pan, C. Y., Cherng, R. J., & Wu, S. K. (2009a). Dual-task study of cognitive and postural interference: A preliminary investigation of the automatization deficit hypothesis of developmental co-ordination disorder. *Child: Care, Health and Development, 35*(4), 551-560.

Tsai, C. L., Pan, C. Y., Cherng, R. J., Hsu, Y. W., & Chiu, H. H. (2009b). Mechanisms of deficit of visuospatial attention shift in children with developmental coordination disorder: A neurophysiological measure of the endogenous Posner paradigm. *Brain and Cognition, 71*(3), 246-258.

Tsai, C. L., Yu, Y. K., Chen, Y. J., & Wu, S. K. (2009c). Inhibitory response capacities of bilateral lower and upper extremities in children with developmental coordination disorder in endogenous and exogenous orienting modes. *Brain Cognition, 69*(2), 236-244.

Uohashi, T., Kitamura, Y., Ishizu, S., Okamoto, M., Yamada, N., & Kuroda, S. (2006). Analysis of magnetic source localization of P300 using the multiple signal classification algorithm. *Psychiatry and Clinical Neurosciences, 60*(6), 645-651.

Vaivre-Douret, L., Lalanne, C., Ingster-Moati, I., Boddaert, N., Cabrol, D., Dufier, J. L., & Falissard, B. (2011). Subtypes of developmental coordination disorder: Research on their nature and etiology. *Developmental Neuropsychology, 36*(5), 614-643.

van den Boer, M., & de Jong, P. F .(2018). Stability of visual attention span performance and its relation with reading over time. *Scientific Studies of Reading, 22*(5), 434-441.

van den Boer, M., van Bergen, E., & de Jong, P. F. (2014). Underlying skills of oral and silent reading. *Journal of Experimental Child Psychology, 128*, 138-151.

van den Boer, M., Van Bergen, E., & de Jong, P. F. (2015). The specific relation of visual attention span with reading and spelling in Dutch. *Learning and Individual Differences*, *39*, 141-149.

van der Lubbe, R. H. J., & Verleger, R. (2002). Aging and the Simon task. *Psychophysiology*, *39*(1), 100-110.

van Veen, V., & Carter, C. S. (2002). The anterior cingulate as a conflict monitor: fMRI and ERP studies. *Physiology & Behavior*, *77*(4-5), 477-482.

Visser, T. A. W., Boden, C., & Giaschi, D. E. (2004). Children with dyslexia: Evidence for visual attention deficits in perception of rapid sequences of objects. *Vision Research*, *44*(21), 2521-2535.

Vogel, E. K., & Luck, S. J. (2000). The visual N1 component as an index of a discrimination process. *Psychophysiology*, *37*(2), 190-203.

Wang, E., Du, C., & Ma, Y. (2017). Old/New Effect of Digital Memory Retrieval in Chinese Dyscalculia: Evidence from ERP. *Journal of Learning Disabilities*, *50*(2),158-167.

Williams, J., Omizzolo, C., Galea, M. P., & Vance, A. (2013). Motor imagery skills of children with attention deficit hyperactivity disorder and developmental coordination disorder. *Human Movement Science*, *32*(1), 121-135.

Wilmut, K., Byrne, M., & Barnett, A. L. (2013). Reaching to throw compared to reaching to place: A comparison across individuals with and without developmental coordination disorder. *Research in Developmental Disabilities*, *34*(1), 174-182.

Wilson, B. N., Crawford, S. G., Green, D., Roberts, G., Aylott, A., & Kaplan, B. J. (2009). Psychometric properties of the Revised Developmental Coordination Disorder Questionnaire. *Physical & Occupational Therapy in Pediatrics*, *29*(2), 182-202.

Wilson, B. N., Kaplan, B. J., Crawford, S. G., Campbell, A., & Dewey, D. (2000). Reliability and validity of a parent questionnaire on childhood motor skills. *The American Journal of Occupational Therapy: Official Publication of the American Occupational Therapy Association*, *54*(5), 484-493.

Wilson, P. H., & Mckenzie, B. E. (1998). Information Processing Deficits Associated with Developmental Coordination Disorder: A Meta-analysis of Research Findings. *Journal of Child Psychology and Psychiatry*, *39*(6), 829-840.

Wilson, P. H., Maruff, P., & Lum, J. (2003). Procedural learning in children with developmental coordination disorder. *Human Movement Science*, *22*(4-5), 515-526.

Wilson, P. H., Maruff, P., & McKenzie, B. E. (1997). Covert orienting of visuospatial attention in children with developmental coordination disorder. *Developmental Medicine & Child Neurology*, *39*(11), 736-745.

Wilson, P. H., Ruddock, S., Smits-Engelsman, B., Polatajko, H., & Blank, R. (2013). Understanding performance deficits in developmental coordination disorder: A meta-analysis of recent research. *Developmental Medicine & Child Neurology*, *55*(3), 217-228.

Wilson, P. H., Smits-Engelsman, B., Caeyenberghs, K., Steenbergen, B., Sugden, D., Clark, J., ···, Blank, R. (2017). Cognitive and neuroimaging findings in developmental coordination disorder: New insights from a systematic review of recent research. *Developmental Medicine & Child Neurology*, *59*(11), 1117-1129.

Zhang, Q., Liang, T. F., Zhang, J. F., Fu, X. Y., & Wu, J. L. (2018). Electrophysiological evidence for temporal dynamics associated with attentional processing in the zoom lens paradigm. *PeerJ, 6*, e4538.

Zhao, L., & Li, J. (2006). Visual mismatch negativity elicited by facial expressions under non-attentional condition. *Neuroscience Letters*, *410*(2), 126-131.

Zoubrinetzky, R., Collet, G., Serniclaes, W., Nguyen-Morel, M. A., & Valdois, S. (2016). Relationships between categorical perception of phonemes, phoneme awareness, and visual attention span in developmental dyslexia. *PLoS One*, *11*(3), e0151015.

Zwicker, J. G., Harris, S. R., & Klassen, A. F. (2012). Quality of life domains affected in children with developmental coordination disorder: A systematic review. *Child Care, Health and Development*, *39*(4), 562-580.

Zwicker, J. G., Missiuna, C., Harris, S. R., & Boyd, L. A. (2015). Brain activation associated with motor skill practice in children with developmental coordination disorder: An fMRI study. *International Journal of Developmental Neuroscience*, *29*(2), 145-152.

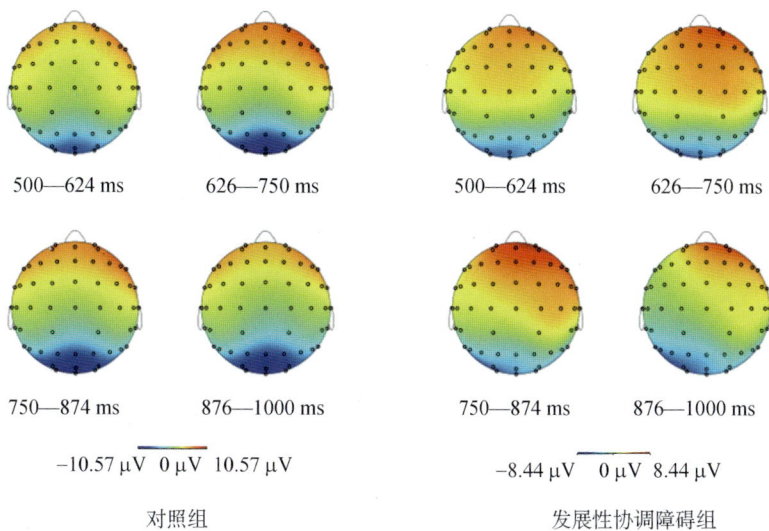

500—624 ms　　626—750 ms　　　　　500—624 ms　　626—750 ms

750—874 ms　　876—1000 ms　　　　750—874 ms　　876—1000 ms

−10.57 μV　0 μV　10.57 μV　　　　−8.44 μV　0 μV　8.44 μV

对照组　　　　　　　　　　发展性协调障碍组

图 3-6　两组被试在 500—1000 ms 内 CNV 地形图

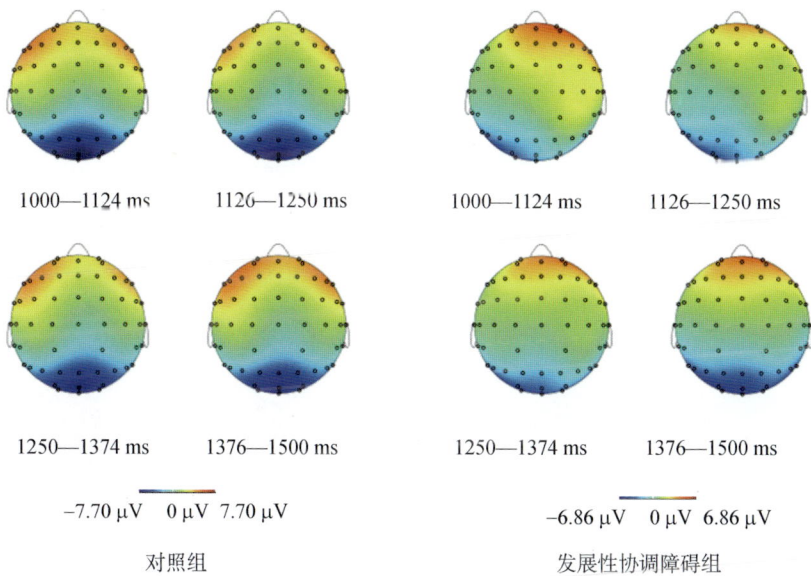

1000—1124 ms　　1126—1250 ms　　　　1000—1124 ms　　1126—1250 ms

1250—1374 ms　　1376—1500 ms　　　　1250—1374 ms　　1376—1500 ms

−7.70 μV　0 μV　7.70 μV　　　　−6.86 μV　0 μV　6.86 μV

对照组　　　　　　　　　　发展性协调障碍组

图 3-8　两组被试在 1000—1500 ms 内的 CNV 地形图

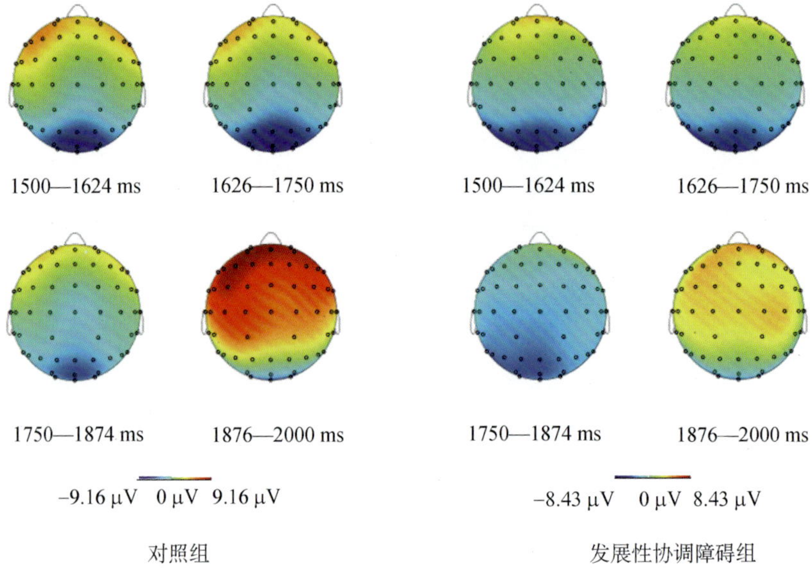

| 1500—1624 ms | 1626—1750 ms | 1500—1624 ms | 1626—1750 ms |

| 1750—1874 ms | 1876—2000 ms | 1750—1874 ms | 1876—2000 ms |

−9.16 μV　0 μV　9.16 μV　　　　　　−8.43 μV　0 μV　8.43 μV

对照组　　　　　　　　　　　　　发展性协调障碍组

图 3-10　两组被试在 1500—2000 ms 内的 CNV 地形图

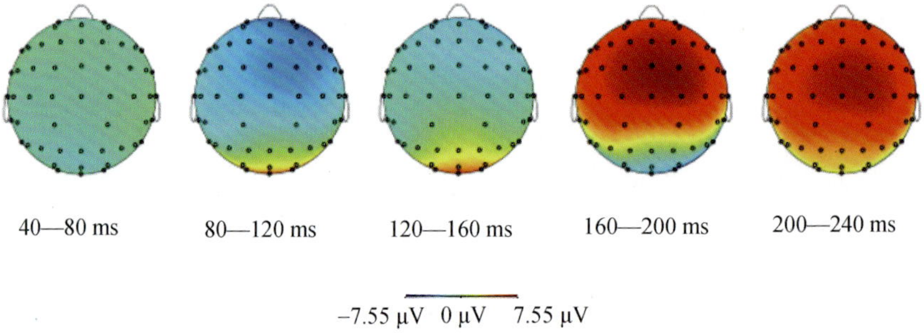

| 40—80 ms | 80—120 ms | 120—160 ms | 160—200 ms | 200—240 ms |

−7.55 μV　0 μV　7.55 μV

图 4-4　发展性协调障碍组在小注意范围条件下的地形图

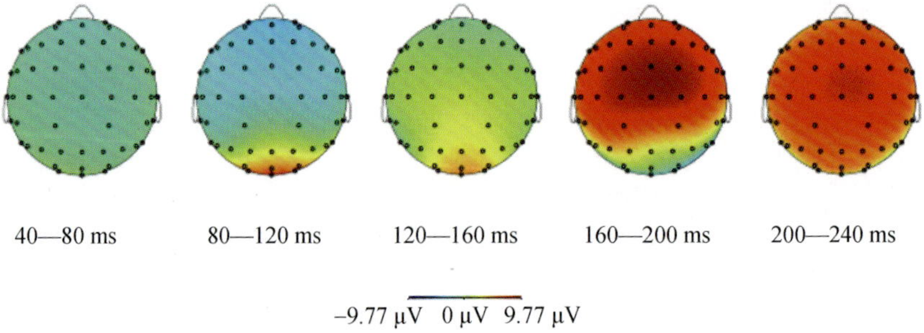

| 40—80 ms | 80—120 ms | 120—160 ms | 160—200 ms | 200—240 ms |

−9.77 μV　0 μV　9.77 μV

图 4-5　发展性协调障碍组在大注意范围条件下的地形图

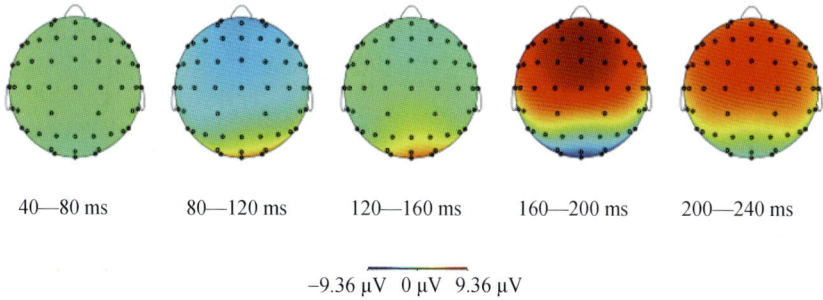

40—80 ms　　80—120 ms　　120—160 ms　　160—200 ms　　200—240 ms

−9.36 μV　0 μV　9.36 μV

图 4-7　对照组在小注意范围条件下的地形图

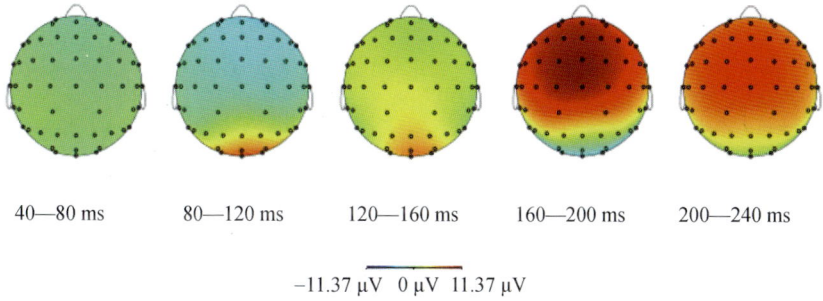

40—80 ms　　80—120 ms　　120—160 ms　　160—200 ms　　200—240 ms

−11.37 μV　0 μV　11.37 μV

图 4-8　对照组在大注意范围条件下的地形图

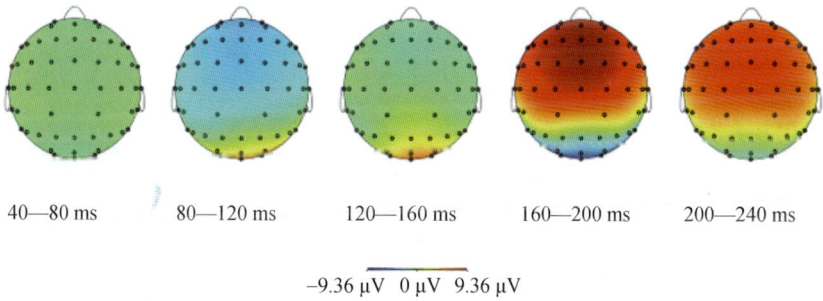

40—80 ms　　80—120 ms　　120—160 ms　　160—200 ms　　200—240 ms

−9.36 μV　0 μV　9.36 μV

图 4-10　对照组在小注意范围条件下的地形图

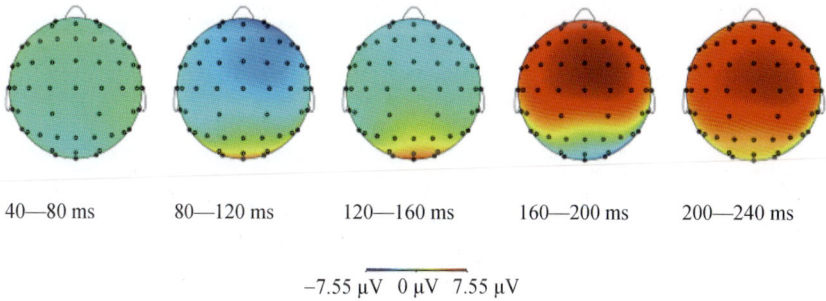

40—80 ms　　80—120 ms　　120—160 ms　　160—200 ms　　200—240 ms

−7.55 μV　0 μV　7.55 μV

图 4-11　发展性协调障碍组在小注意范围条件下的地形图

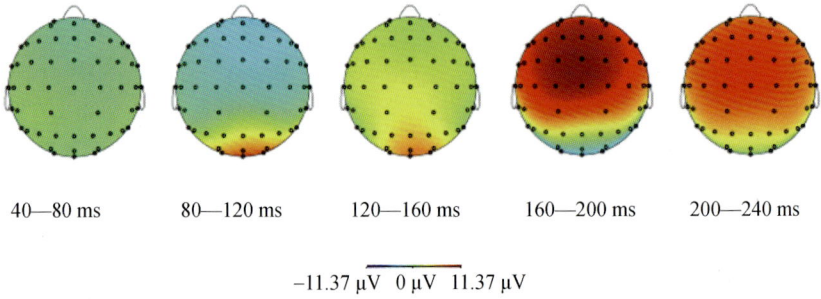

40—80 ms　　80—120 ms　　120—160 ms　　160—200 ms　　200—240 ms

−11.37 μV　0 μV　11.37 μV

图 4-13　对照组在大注意范围条件下的地形图

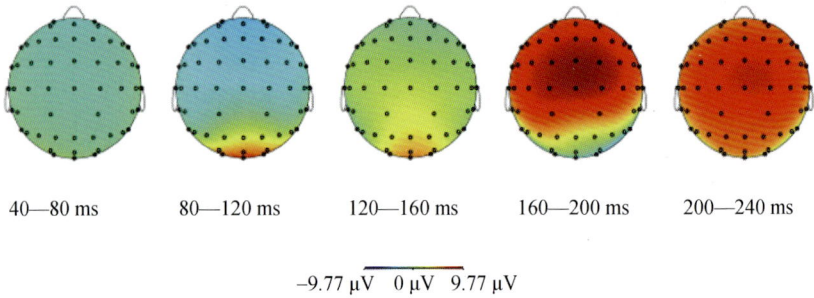

40—80 ms　　80—120 ms　　120—160 ms　　160—200 ms　　200—240 ms

−9.77 μV　0 μV　9.77 μV

图 4-14　发展性协调障碍组在大注意范围条件下的地形图

一致条件

不一致条件

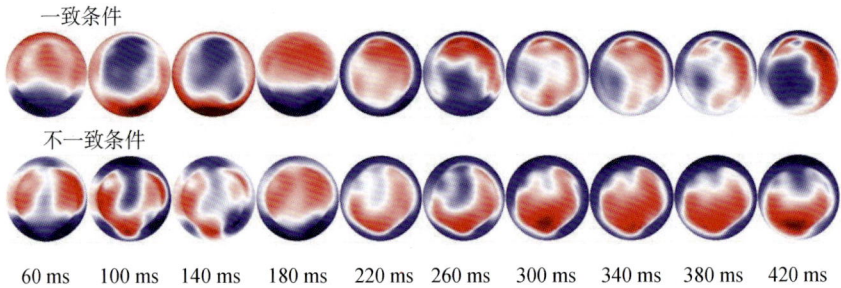

60 ms　100 ms　140 ms　180 ms　220 ms　260 ms　300 ms　340 ms　380 ms　420 ms

图 5-3　发展性协调障碍青少年在一致条件和不一致条件下的地形图

一致条件

不一致条件

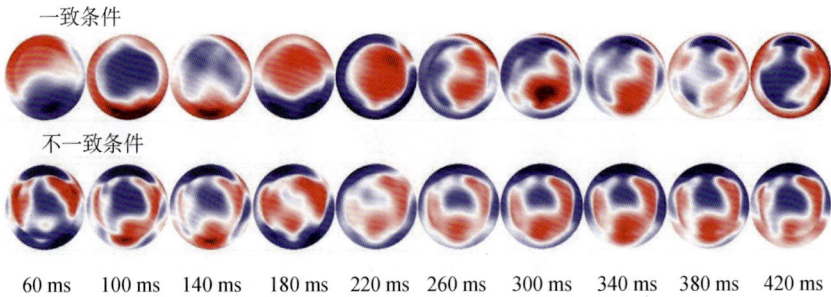

60 ms　100 ms　140 ms　180 ms　220 ms　260 ms　300 ms　340 ms　380 ms　420 ms

图 5-5　对照组青少年在一致条件和不一致条件下的地形图

对照组

发展性协调障碍组

60 ms 100 ms 140 ms 180 ms 220 ms 260 ms 300 ms 340 ms 380 ms 420 ms

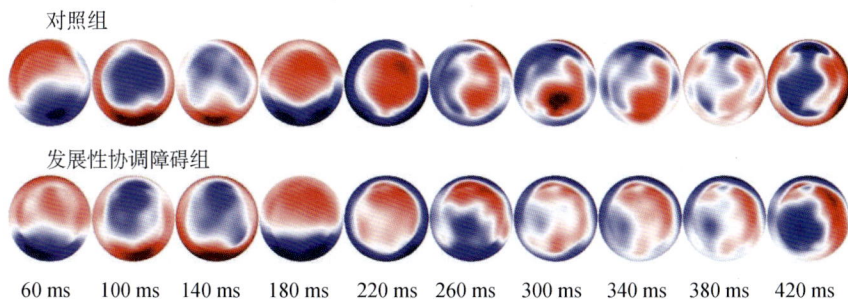

图 5-7 一致条件下发展性协调障碍组和对照组青少年的地形图

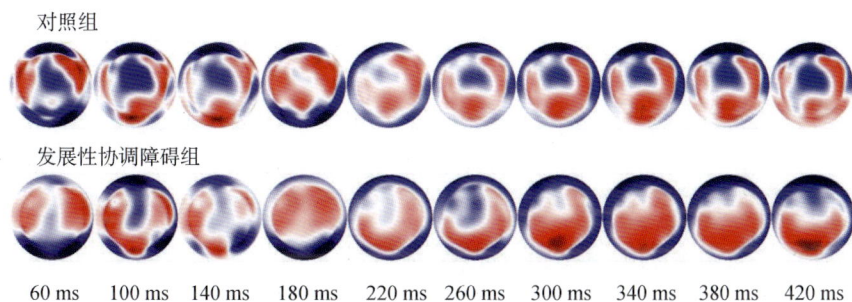

对照组

发展性协调障碍组

60 ms 100 ms 140 ms 180 ms 220 ms 260 ms 300 ms 340 ms 380 ms 420 ms

图 5-9 不一致条件下发展性协调障碍组和对照组青少年的地形图

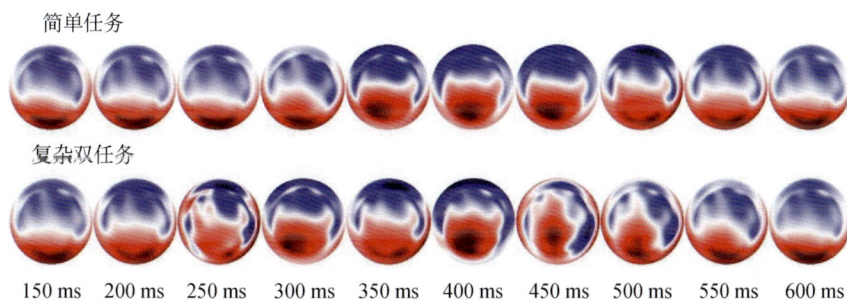

简单任务

复杂双任务

150 ms 200 ms 250 ms 300 ms 350 ms 400 ms 450 ms 500 ms 550 ms 600 ms

图 6-3 发展性协调障碍青少年在简单任务和复杂双任务中的地形图

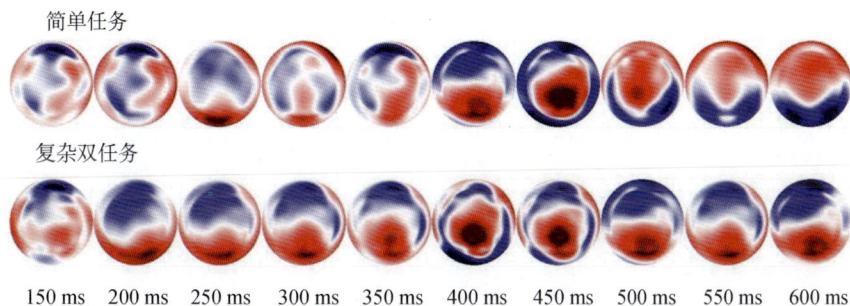

简单任务

复杂双任务

150 ms 200 ms 250 ms 300 ms 350 ms 400 ms 450 ms 500 ms 550 ms 600 ms

图 6-5 对照组青少年在简单任务和复杂双任务中的地形图

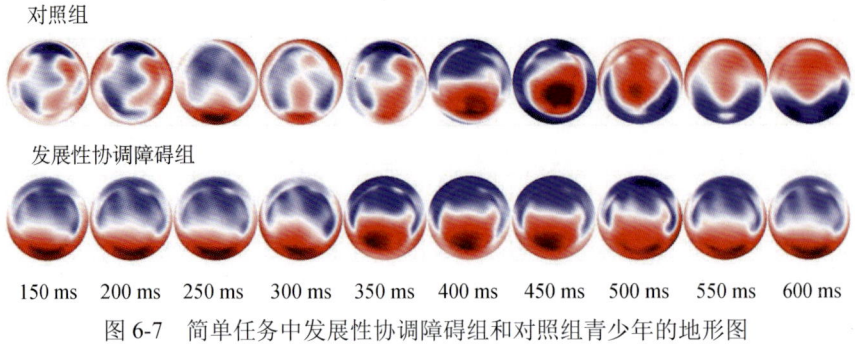

对照组

发展性协调障碍组

150 ms 200 ms 250 ms 300 ms 350 ms 400 ms 450 ms 500 ms 550 ms 600 ms

图 6-7 简单任务中发展性协调障碍组和对照组青少年的地形图

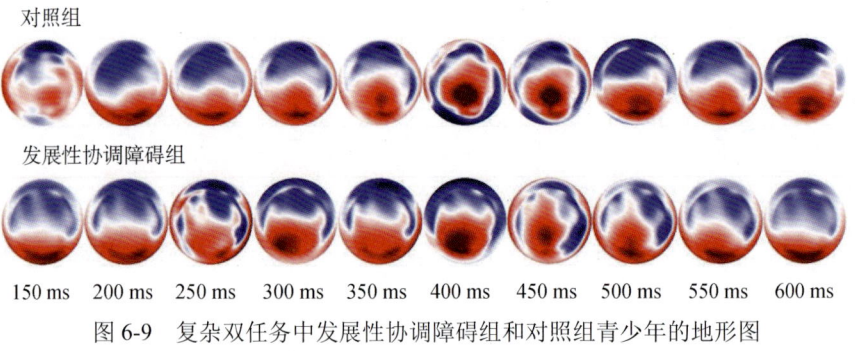

对照组

发展性协调障碍组

150 ms 200 ms 250 ms 300 ms 350 ms 400 ms 450 ms 500 ms 550 ms 600 ms

图 6-9 复杂双任务中发展性协调障碍组和对照组青少年的地形图

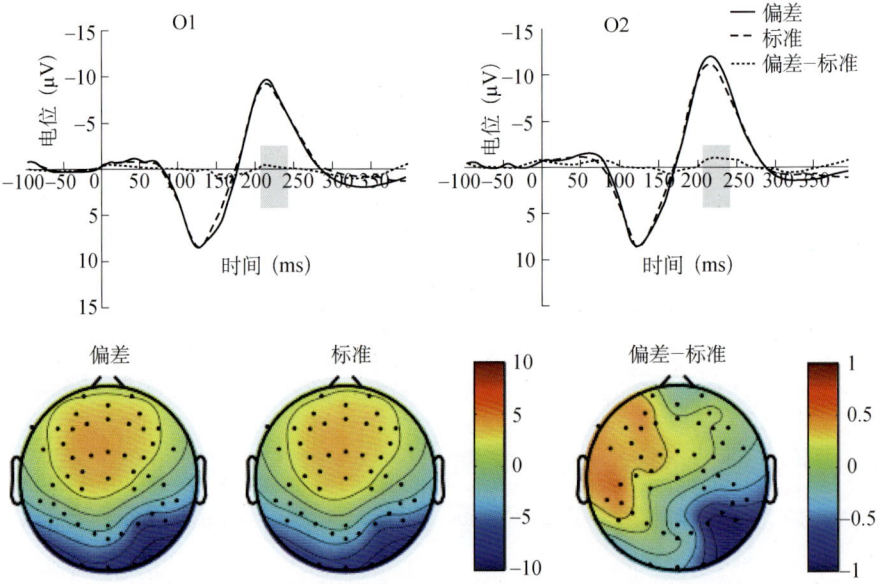

图 7-2 发展性协调障碍组青少年的 MMN 波形图和地形图

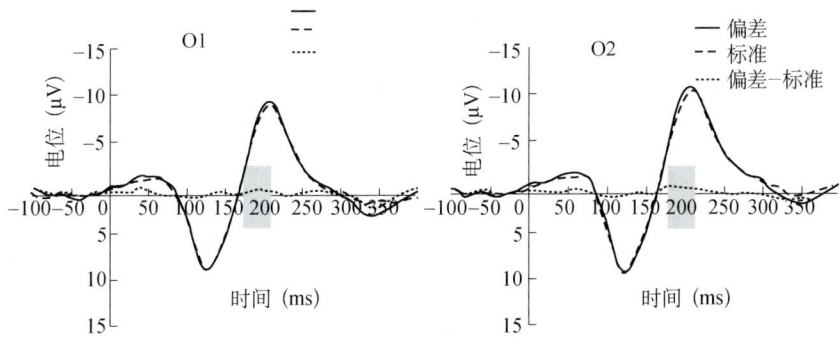

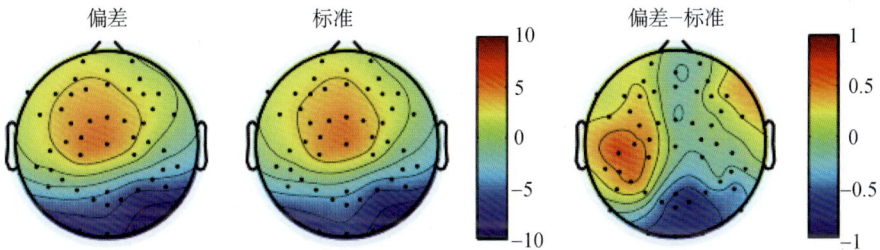

图 7-3 对照组青少年的 MMN 波形图和地形图

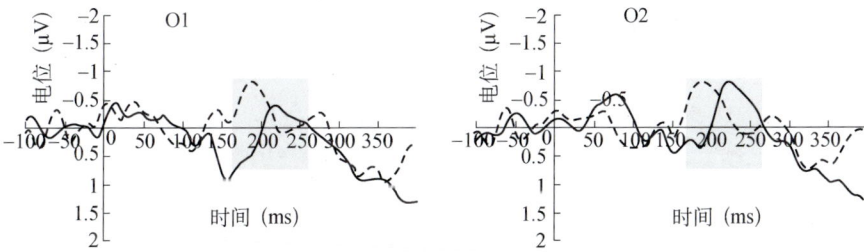

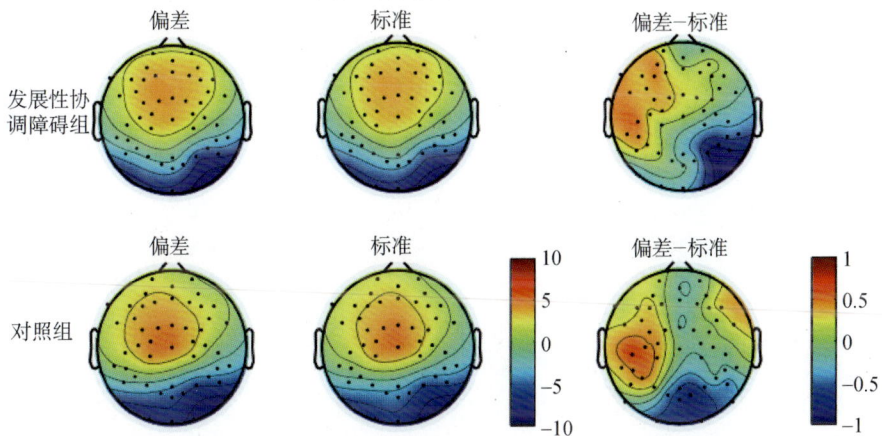

图 7-4 两组青少年差异波的波形图和地形图